普通高等教育新工科机器人工程系列教材

机器人智能检测与先进控制基础

Foundation of Robot Intelligent Detection and Advanced Control

主　编　戴凤智　乔　栋　温浩康
参　编　郝宏博　芦　鹏　张添翼
　　　　赵继超　尹　迪　叶忠用

机械工业出版社

本书分上下两篇，上篇为机器人的智能检测（第1~4章），下篇为机器人的先进控制基础（第5~9章），介绍了机器人感知层与执行层的核心技术基础以及最新的脑机接口控制基础。书中主要内容包括：机器人及其检测系统概述、机器人的检测系统、机器人的视觉基础、工业机器人的视觉检测、机器人控制基础、机器人的自适应控制、机器人的模糊控制、机器人的神经网络控制、基于脑机接口的机器人控制基础。章后设有“本章小结”和“思考与练习题”。

本书为高等院校机器人工程、自动化类、测控等控制类、电气类、电子信息类、机械类、计算机类等相关专业的教材，也可作为相关专业机器人通识课的教材（可以根据课程计划灵活选择相关内容授课），还可供相关领域的工程技术人员参考。

本书配有PPT电子课件，免费提供给选用本书作为教材的授课教师。需要者请登录机械工业出版社教育服务网（www.cmpedu.com）注册后下载。

图书在版编目（CIP）数据

机器人智能检测与先进控制基础/戴凤智，乔栋，温浩康主编．—北京：机械工业出版社，2022.10

普通高等教育新工科机器人工程系列教材

ISBN 978-7-111-71437-8

Ⅰ.①机… Ⅱ.①戴…②乔…③温… Ⅲ.①机器人-智能技术-检测-高等学校-教材②机器人-自动控制系统-高等学校-教材 Ⅳ.①TP242

中国版本图书馆CIP数据核字（2022）第150033号

机械工业出版社（北京市百万庄大街22号 邮政编码100037）
策划编辑：刘 涛 责任编辑：刘 涛 周海越
责任校对：郑 婕 张 薇 封面设计：张 静
责任印制：郜 敏
三河市国英印务有限公司印刷
2022年11月第1版第1次印刷
184mm×260mm·10.75印张·262千字
标准书号：ISBN 978-7-111-71437-8
定价：39.00元

电话服务	网络服务
客服电话：010-88361066	机 工 官 网：www.cmpbook.com
010-88379833	机 工 官 博：weibo.com/cmp1952
010-68326294	金 书 网：www.golden-book.com
封底无防伪标均为盗版	机工教育服务网：www.cmpedu.com

序

从第一台商用工业机器人被开发生产，机器人技术经历了60多年的发展，人类社会已经进入了机器人快速发展的年代。机器人技术是一门相当复杂的综合性交叉技术，需要结合机械设计、电气设计、力学分析和建模、自动控制、计算机编程等学科。控制论、信息论、系统论都在机器人这个领域中表现出了高度的融合。我们将机器人的研究大致分为3个方面，即感知、决策与执行。

许多传统的机器人概论等书籍，主要论述机器人的控制与执行问题。在“纯控制”时代，机器人表现为一个“没有环境感知能力的机器”，缺乏智能感知与决策能力。要想摆脱传统机器人这种“只是一台自动化机器”的局面，就要使机器人智能化，那么毫无疑问必须要充分开发机器人的感知与决策能力，才能为机器人装上各种“感觉器官”和“大脑”。本书的编写目的就在于此。

本书主编戴凤智从大学本科到博士阶段，乃至目前作为高校教师，从事的一直是自动化、智能控制与机器人等方向的研究。我与他在日本留学时就相互认识和了解，至今已有近20年。他在日本攻读博士学位时的导师是著名的从事“人工生命与机器人”领域研究的杉坂政典教授。戴凤智作为专业负责人为天津科技大学申报并获批了机器人工程专业，在2019年已经招收了第一届本科生。他也为许多高职和中职院校创立了人工智能专业和工业机器人专业。

本书是戴凤智主编的《工业机器人技术基础及其应用》一书的姊妹篇。《工业机器人技术基础及其应用》对工业机器人的发展、基础知识和一些典型应用做了比较详细的梳理。在此基础上，本书着重于对机器人的感知和执行方面的基础理论和应用进行详细论述。在感知方面，本书主要关注机器人视觉和多传感器融合算法；在执行方面，本书提出了一些可替换传统PID控制算法的策略，以改进执行控制的薄弱环节；在决策方面，本书给出了一些人工智能的决策案例。这既增加了本书的可读性和吸引力，又能够让读者在收获到知识的同时也能感受到机器人未来的发展趋势。

清华大学自动化系主任、教授

张涛

2021年8月

前 言

《机器人学导论》的作者 John J. Craig 曾说："科学家常会感到通过自己的研究工作在不断地认识自我。物理学家在他们的工作中认识到了这一点，同样，心理学家和化学家也认识到了这一点。"

在机器人学的研究中，研究领域和研究者之间的关系尤为明显。这是因为机器人与人本身有着千丝万缕的联系，我们开发机器人就是希望机器人能够部分替代人甚至超过人在某些领域的工作能力。因此机器人研究与纯粹的基础学科不同，机器人学是一门学科高度交叉的综合性学科。也正因为如此，这个领域需要大量综合性的理论与工程人才。

各种基础学科和基础工程领域的进展很大程度上取决于对数学应用的程度，这也奠定了数学在机器人学中的地位。目前的机器人研究需要数学意义上的建模与仿真，研究者要有好的数学基础。机器人技术还运用了力学理论、传感器技术、控制理论、计算机系统等多个学科的知识。因此可以看出，机器人领域的人才培养是比较困难的。既然是挑战，就要迎难而上。

机器人技术一般分为三个层面：感知层、认知层（决策层）、执行层。一个完整的机器人系统应该具备感知、认知和执行能力。现在主流的机器人范式在执行层已经发展得较为成熟，在感知层会涉及机器视觉等多传感系统，在认知层将更多地引入人工智能技术。

机器人感知层面的主要表现是使用各种传感器，既用于机器人的内部检测与控制，也用于与外部环境的交互。在各种传感技术中，机器人视觉检测是本书的一个重点，它和运动控制系统高度融合。本书的前 4 章讲述了机器人感知层面的智能检测。

就机器人的执行层面而言，涉及驱动技术、控制策略、本体设计等。因为机器人是一个复杂的多输入、多输出的非线性系统，具有时变、强耦合和非线性的动力学特征，因此带来了控制的复杂性。目前采用和正在大力研究的先进控制方法包括变结构控制、鲁棒控制、自适应控制、模糊控制、神经网络控制、智能控制等，本书的第 5~8 章讲述了机器人执行层面的先进控制方法。

对于机器人的认知层面，需要人工智能决策、智能语音、智能会话等以人工智能为技术基础并融合传统的机器人技术，还需要结合对人脑本身的研究成果。机器人认知层面的技术突破还需要将机器人的感知层面和执行层面结合起来。本书限于篇幅无法将这一部分作为重点，正在考虑将研究成果和应用实例撰写成新的书籍以飨读者。

综上所述，本书内容主要包括两个方面，即智能检测和先进控制。书中本着先基本介绍、后理论基础、再应用事例的顺序安排内容和知识点，尽最大可能让读者在阅读、学习时不会出现知识点和逻辑混乱的情形。当然，如果读者具备一些高等数学、线性代数、控制论方面的知识，甚至有过一些传感器的使用经验（例如图像处理），阅读、学习起来会更加自如。

全书共 9 章。第 1~4 章介绍机器人的智能检测。其中，第 1 章介绍机器人及其发展，并对机器人的检测系统进行概述，第 2 章介绍机器人的内部状态和外部环境的检测系统，第 3、4 章分别从机器人的视觉基础和以工业机器人为例对机器人的视觉检测进行分析。第 5~8 章为对机器人先进控制的论述。其中，第 5 章介绍机器人的控制理论基础，第 6、7 章分别讨论机器人的自适应控制和模糊控制，第 8 章介绍神经网络在机器人控制上的理论基础和应用。最后，第 9 章结合本书的智能检测与先进控制介绍了最新的脑机接口控制基础和一些成果。

本书曾经以讲义形式在天津科技大学、河南理工大学、山西大同大学等多所高校使用，并经过多次修改。本书的部分内容和工作获得 2018 年高等教育天津市级教学成果二等奖。编写团队于 2019 年获得天津市级“智能控制与机器人设计核心课程群教学团队”称号. 本书得到了 2021 年教育部高等学校电子信息类专业教学指导委员会教改项目（2021-JG-03）的支持。

本书具体编写分工如下：第 1 章由戴凤智、赵继超编写，第 2 章由戴凤智、叶忠用编写，第 3~4 章由温浩康编写，第 5~6 章由乔栋、芦鹏、郝宏博编写，第 7~8 章由乔栋、张添翼编写，第 9 章由戴凤智、尹迪编写。刘岩、高一婷、王虎诚、李家新、贾芃、戴晟、张佳岫等参与了本书的文字校对等工作。

在本书编写过程中，编者得到了清华大学自动化系张涛教授的鼓励与支持，张涛教授还为本书作序，在此表示感谢。本书在中国人工智能学会智能空天系统专业委员会、中国自动化学会普及工作委员会和天津市机器人学会的指导下，融入了由天津科技大学戴凤智、山西大同大学乔栋、河南理工大学宋运忠与刘群坡、湖南科技大学李智靖、江汉大学魏强等高校教师组成的人工智能与机器人教材编写组的集体智慧。天津科技大学戴凤智科研团队成员陈晓艳、刘玉良、王世明、杜萌、杨国威、申雨千、袁亚圣、程宇辉、康如明、高龙雨、肖芷晴、李鹏飞、吴永豪、速杨等人也参与了本书编写的辅助工作。天津天科智造科技有限公司、博睿康科技（常州）股份有限公司分别为本书第 4、9 章提供了设备支持和技术指导，清华大学高小榕教授和李晓阳博士审阅了第 9 章内容。在此表示感谢。

在编写过程中，编者参考了相关的教材、论著和线上资料，在此一并对原作者致以衷心的感谢。

由于编者水平有限，书中不妥之处在所难免，恳请读者批评指正。

编　者

目　录

下篇 机器人的先进控制基础

上篇

机器人的智能检测

第1章 机器人及其检测系统概述

1.1 机器人简介

机器人是随着工业化的生产需求而产生和发展起来的，并逐步在各领域发挥越来越大的作用。机器人及其技术作为人工智能和机电一体化发展的代表，也是整个智能制造的核心。在我国制定的制造强国战略中，机器人是重点发展方向之一。

根据不同的应用场景，对机器人的分类如图 1-1a 所示。2021 年全球机器人市场的分布如图 1-1b 所示，2021 年我国机器人市场的分布如图 1-1c 所示。

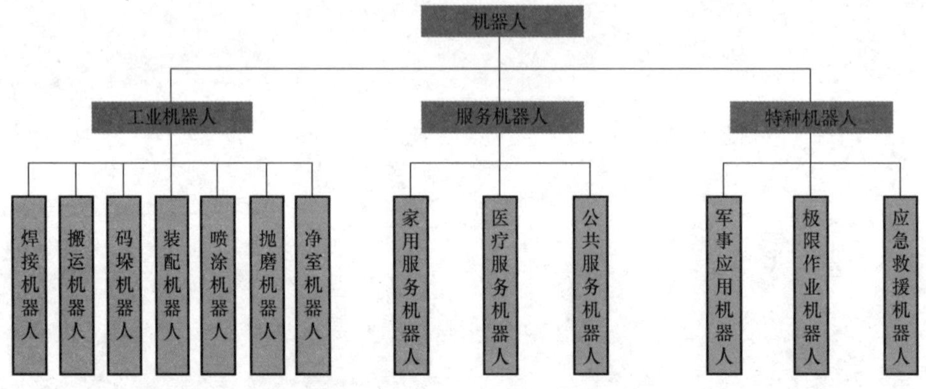

a) 根据应用场景的机器人分类

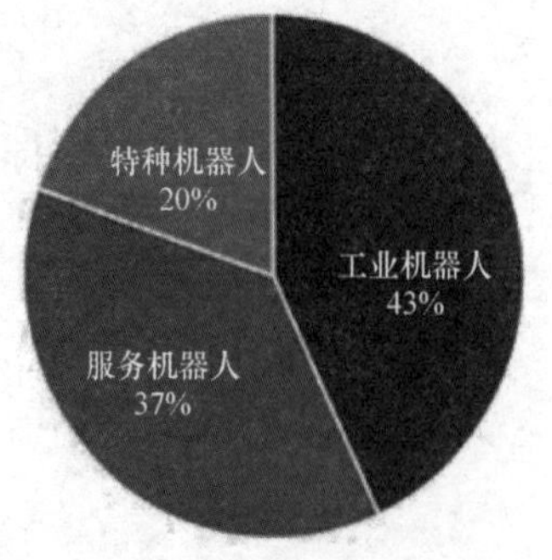

b) 2021年全球机器人市场的分布

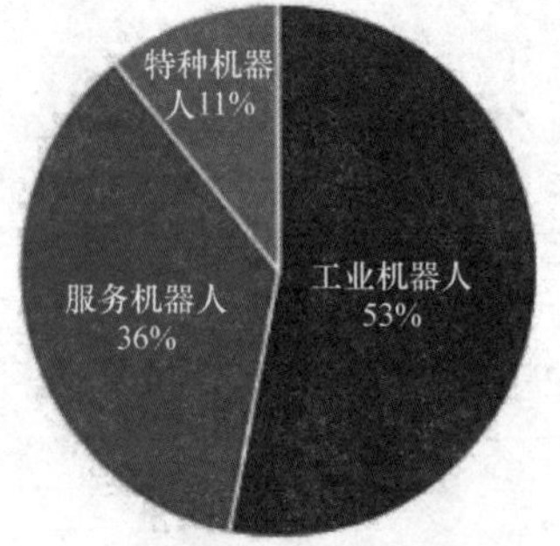

c) 2021年我国机器人市场的分布

图 1-1　根据不同应用场景的机器人分类及其市场分布图

可见我国的机器人应用主要还是在工业上，但服务机器人和特种机器人的需求与发展潜力巨大。行业专家一致认为，在未来 10 年内，中国的工业机器人装机量将呈现指数级增长，年装机量将突破 200 万台。

1.1.1　机器人的发展

最初的机器人是面向工业领域的多关节机械手或多自由度的机械装置，它能依赖预先编制的程序自动执行工作，是靠自身的控制能力实现各种功能的一种机器。

由于对机器人的定义不同，导致了对世界上第一台机器人的诞生时间有不同的说法，但普遍认为是享有“机器人之父”美誉的恩格尔伯格创立了第一家机器人公司 Unimation，并于 1959 年研制出了世界上第一台真正意义上的机器人。

经过 60 多年的发展，美国机器人技术雄厚，现已成为世界上的机器人强国之一。日本和德国虽然对机器人的研发晚于美国，但是在机器人核心技术方面几乎包揽了高端工业机器人领域。日本发那科（FANUC）和安川电机（YASKAWA）、德国库卡（KUKA）和瑞士 ABB 被称为工业机器人的“四大家族”，占据约 50%的全球市场份额。

德国于 2011 年率先提出“工业 4.0 计划”。“工业 4.0”时代的机器人不再是独立的单元，而与物联网、大数据、云计算、人工智能紧密关联，需要具备与其他智能设备高度互联并具有实时交流、快速处理复杂信息等多种能力，具备柔性、安全、精确、高速、易操作等特点，实现机器人之间以及人与机器人之间更协调的合作。

日本于 2015 年 1 月发布了《新机器人战略》，提出了日本机器人包括强化易用性、柔性、简便性、自主化、信息化和网络化的新发展方向。为了发展下一代机器人，强调加强质量管控，提升售后服务能力，不断提升自主智能装备的影响力。

我国的机器人研发起步于 20 世纪 70 年代初期。经过 50 多年的发展，已经经历了 3 个阶段，即 20 世纪 70 年代的萌芽期、20 世纪 80 年代的开发期和 20 世纪 90 年代的适用期。目前正处于一个新的阶段——机器人的智能化开发与市场化阶段。

现阶段，由于全球经济的发展以及智能制造业的激烈竞争，国内外对工业机器人的需求和应用迅猛增加，特别是我国当前已占全球工业机器人市场份额约 1/3，成为全球最大的工业机器人市场。

目前，我国的工业机器人应用领域主要分布于汽车制造、3C 电子电气、金属加工、塑料及化学制品等行业，其中汽车制造行业约占 33%，3C 电子电气行业约占 27%，两者合计占据了 60%的市场份额。

机器人是国家智能制造战略计划的关键因素，其中工业机器人的产业发展是我国从制造大国走向制造强国的重要推手。为了加速机器人技术的发展、推动智能制造产业前进，我国各地方政府根据自身优势和发展规划都相继出台了支持机器人产业发展的政策，见表 1-1。

表 1-1　部分地方政府促进机器人产业发展的规划和政策

地区	主要规划和政策
北京市	重点针对战略性新兴产业发展所需的智能化、自动化装备，加速传统专用装备研发及产业化，提升自动化成套能力。积极发展搬运、装配等工业机器人及安防、救援、医疗等专用机器人 是目前为止的 8 个国家人工智能创新应用先导区之一，集中力量加快核心算法、基础软硬件等技术研发，加速智能基础设施建设，打造全球领先的人工智能创新策源地

（续）

地区	主要规划和政策
广东省	在智能制造装备方面，重点放在中高档数控机床、工业机器人和工业自动控制系统以及智能仪器仪表上 广州和深圳均为目前为止的8个国家人工智能创新应用先导区之一，将聚焦发展智能关键器件、智能软件、智能设备等核心智能产业，面向计算机视觉等重点技术方向和工业、商贸等重点应用领域，高标准建设人工智能与数字经济实验区
上海市	重点发展搬运码垛、拾拣、包装、焊接、装配、喷涂等工业机器人及机器人系统，应用于民生的助老助残机器人、仿人型机械臂，以及电机、驱动器、控制器、传感器、网络控制系统等机器人核心部件。是目前为止的8个国家人工智能创新应用先导区之一
天津市	着重对发展机器人整机及配套零部件进行规划，将重点发展工业机器人、服务机器人、特种机器人以及机器人零部件、机器人用先进材料与加工技术等 是目前为止的8个国家人工智能创新应用先导区之一，将推动智能制造、智慧港口、智慧社区等重点领域突破发展。着力建设人工智能基础零部件、“人工智能+信创”产业集群，打造共性技术硬平台和创新服务软平台，推动人工智能产业补链、强链
杭州市	提出一系列扶持机器人行业发展的金融、税收、项目和人才政策，同时加大装备首台（套）的政策支持力度 是目前为止的8个国家人工智能创新应用先导区之一，将着力打造城市数字治理方案输出地、智能制造能力供给地、数据使用规则首创地
芜湖市	是国家芜湖机器人产业集聚区。设立机器人产业集聚发展专项资金，采取参股投资、股权激励、项目补助、发债补贴、贴息补助等方式，支持该市机器人产业集聚发展

1.1.2 工业机器人的分类

1987年国际标准化组织对工业机器人的定义为：“工业机器人是一种具有自动控制的操作和移动功能，能完成各种作业的可编程操作机器”。1990年10月，国际机器人领域的工业界人士在丹麦首都哥本哈根召开了一次工业机器人国际标准大会，并在这次大会上把工业机器人按照作业类型分为四类：顺序型、沿轨迹作业型、远距作业型和智能型。

工业机器人既可以在人的指导下完成动作，也可以使用预编程序。现代工业机器人还可以按照人工智能技术制定的原则行事。在工业生产领域，工业自动化设备与工业机器人可以相互补充、相得益彰。如图1-1a所示，主要的工业机器人包括以下几类。

1. 焊接机器人

焊接机器人主要应用于汽车、航空、船舶等行业。焊接对工人的操作技术要求很高，由于不同工人或者同一工人不同时期的工作质量都不同，因此人工焊接的长期稳定性较差。同时，焊接工作环境中的噪声和空气质量都可能使工人的身体受到伤害，因此在焊接生产中使用机器人具有明显的优势：

1）具有稳定性和焊接均一性，能够保证和提高焊接质量。

2）提高劳动生产率，可以一天24小时连续作业。

3）能够适应艰苦的劳动条件，可在有害的环境下长期工作。

4）可实现批量产品焊接自动化。

2. 搬运机器人

搬运机器人是指可以进行自动化搬运作业的工业机器人，多用于机械行业，实现加工过程的完全自动化。末端执行器多为集成机械手夹具，可以实现对圆盘类、长轴类、板类、不规则形状工件的自动上下料和工件的翻转、工件转序等工作，具有很高的生产效率。

3. 码垛机器人

码垛机器人用于货物的码垛，主要特点如下：

1）合理规划、节约仓库面积，使得货物摆放更加整齐。

2）具有高速度的最大化吞吐量。

3）规避了人工码垛可能存在的倒塌致伤风险。

4）节约了大量人力资源。

4. 装配机器人

装配机器人主要用于各种家用电器（如电视机、洗衣机、电冰箱）、汽车及其部件、计算机、玩具、机电产品及其组件的装配等方面。末端执行器根据装配对象的不同可以是各种手爪或手腕等。由于装配机器人大多是进行轴与孔的装配，因此必须具备较高的精度和很好的柔顺性，其特点如下：

1）工作范围较小，要具有更大的灵活性。

2）可以通过机器视觉识别来减小失误率。

3）工作速度快，并且可以一天 24 小时连续作业。

4）能够大幅降低批量产品的生产成本。

5. 喷涂机器人

喷涂机器人可以自动喷涂漆或其他涂料，主要应用在汽车、飞机等制造行业。其末端执行器多为手腕。其主要特点为：

1）柔性大，具有更大的灵活性。

2）具有稳定的性能和喷涂质量。

3）能够适应艰苦的劳动条件，可在有害的环境下长期工作。

4）能够大幅降低批量产品的生产成本。

6. 抛磨机器人

抛磨机器人是可以进行抛光打磨、改善工件表面质量的机器人，主要用于机械行业，其末端执行器多为腕部。其特点如下：

1）能提高打磨质量，降低产品表面粗糙度，保证打磨效果的一致性。

2）能够适应艰苦的劳动条件，避免粉尘对工人造成伤害。

3）能提高生产效率。

7. 净室机器人

净室机器人是指应用在洁净大气环境中的硅片传输机器人，具有较高的洁净等级（一般为 10 级，少数可达 1 级）。它的特点是在工作时不能将尘埃粒子带入洁净室环境内并尽量避免尘埃粒子的产生。

1.2 机器人的组成

机器人大多由三大部分组成，即机械部分、传感部分和控制部分。

1）机械部分是机器人所需的操作机械，例如机械手腕、机械臂、行走设备等，这是构成机器人运行的主体。大多数工业机器人有 3~6 个运动自由度，其中腕部通常有 1~3 个运动自由度。

2）传感部分是感知机器人自身状态及其所处外部环境状况的设备。

3）控制部分是按照流程，对驱动程序、执行机构发出指令信息，并对其进行信息控制的部分。

这三大部分又被细分为六个子系统，分别为机械结构系统、驱动系统、感知系统、机器人与环境交互系统、人机交互系统、控制系统，分述如下。

1. 机械结构系统

机械结构系统由末端执行器、手腕、手臂、腰部和基座组成。

末端执行器是机器人直接用于抓取和握紧（或吸附）工件以及夹持专用工具（如喷枪、扳手、焊接工具）进行操作的部件，它具有模仿人手动作的功能，安装于机器人手臂的前端。末端执行器大致可以分为夹钳式取料手、吸附式取料手、专用操作器及转换器、仿生多指灵巧手。

手腕是用来连接末端执行器和手臂的部件，它的作用是调整或改变工件的方位，因而它具有独立的自由度以使机器人末端执行器适应复杂的动作要求。

手臂是机器人执行机构中重要的部件，它的作用是将被抓取的工件运送到指定的位置。

腰部又称为立柱，是支撑手臂的部件，其作用是带动手臂运动。它可以在基座上转动，也可以与基座制成一体。腰部与手臂运动结合起来把手腕移动到工位。

基座是机器人的支撑部分，有固定式和移动式两种。整个执行机构和驱动装置安装在基座上，所以基座必须具有足够的刚度、强度和稳定性。

如果从机械结构和控制特点来看，工业机器人可以分为串联机器人和并联机器人。串联机器人的特点是机器人一个关节的运动会改变相邻另一个关节的坐标原点（例如手臂的运动将直接导致手腕部的坐标变换）。早期的工业机器人都是采用串联机构。而并联机器人的一个轴运动不会改变另一个轴的坐标原点。与串联机器人相比，并联机器人具有刚度大、结构稳定、承载能力强、微动精度高、运动负载小的优点，因此现在对并联机器人的需求越来越大。

2. 驱动系统

驱动系统是向机械结构系统提供动力的装置。工业机器人的驱动系统包括传动机构和驱动装置两部分，它们通常与机械结构系统连成机器人本体。传动机构能够带动机械结构系统产生运动，常用的传动机构有谐波减速器、滚珠丝杆、链、带以及各种齿轮系。驱动装置驱使机器人的机械部分进行运动，其作用相当于人的肌肉和筋络。根据动力源不同，机器人驱动装置的传动方式主要有液压式、气压式、电气式和混合式 4 种。

早期的工业机器人采用液压驱动。由于液压系统存在泄漏、噪声和低速不稳定等问题，并且功率单元笨重和昂贵，因此目前只有大型重载机器人、并联加工机器人和一些特殊应用场合仍在使用液压驱动的工业机器人。

气压驱动具有速度快、系统结构简单、维修方便、价格低等优点。但是气压装置的工作压强低，不易精确定位，一般仅用于工业机器人末端执行器的驱动。气动手爪、旋转气缸和气动吸盘作为末端执行器可用于中、小负载的工件抓取和装配。

电气驱动是目前使用最多的一种驱动方式，其特点是电源取用方便，响应快，驱动力大，信号检测、传递、处理方便，并可以采用多种灵活的控制方式。驱动电动机一般采用步进电动机或伺服电动机，也可采用直接驱动电动机。

混合驱动是根据实际需要采用上述的两种或两种以上方式作为驱动的装置。

3. 感知系统

机器人的感知系统能够把机器人的各种内部状态和外部环境信息转换为机器人自身或者机器人之间能够理解和应用的数据，因此分为内部传感模块和外部传感模块。人类的感知系统对感知自身和外部世界信息的能力是极其巧妙的，然而对于一些特殊的信息，传感器比人类的感知系统更有效。

智能传感器的使用提高了机器人的智能化水平。机器人除了利用内部传感器感知与自身工作状态相关的机械量如位移、速度和力等视觉感知技术更是工业机器人对外部环境感知的一个重要手段。视觉伺服系统将视觉信息作为反馈信号，用于控制和调整机器人的位置和姿态，在质量检测、工件识别、食品分拣、包装等各领域得到了广泛应用。本书第 3、4 章将机器视觉作为主要的外部传感系统加以阐述。

4. 机器人与环境交互系统

机器人与环境交互是指实现机器人与外部环境中的设备相互联系和协调。机器人与外部设备有可能集成为一个功能单元，如加工制造单元、焊接单元、装配单元等。当然也可以是多台机器人共同完成一个复杂任务，这就需要它们之间也要完成信息的交互。

5. 人机交互系统

不同于机器人与环境交互系统，人机交互系统是人与机器人进行联系和参与机器人控制的系统，例如计算机的标准终端、指令控制台、信息显示板、危险信号报警器等，以及与之配套的软件。

6. 控制系统

控制系统的任务是根据从传感器反馈回来的信号以及机器人的作业指令，支配机器人的执行机构完成规定的运动和功能。如果机器人不具备信息反馈特征，则为开环控制系统；如果具备信息反馈特征，则为闭环控制系统。

根据控制特点，控制系统可分为程序控制系统、适应性控制系统和人工智能控制系统。根据机器人被控运动的形式，控制系统又可分为点位控制和连续轨迹控制。有关控制系统及其先进控制技术的知识将在本书第 5~9 章论述。

机器人的控制系统相当于机器人的“大脑”，必须具备“示教再现功能”和“运动控制功能”，这两点也正是工业机器人控制系统必需的基本功能。示教再现功能是指让机器人执行新的任务之前，由操作员预先将任务的完整过程“教给”工业机器人，然后让机器人重复刚刚“学到”的示教内容。运动控制功能是指能够对工业机器人末端执行器的位姿、速度、角速度等进行控制。

由此可见，机器人的控制系统包括硬件和软件两方面。硬件主要是各种传感装置、控制装置和关节伺服驱动部分。软件主要包括运动轨迹规划、关节伺服控制算法和动作程序。

1.3 机器人的检测系统及其应用

机器人的检测系统包括对机器人内部的机械、电气、信号等的检测，以及对外部环境状况和被操作对象的检测。机器人通过各种内部和外部传感器来实现检测功能。机器人的检测系统不仅是保证机器人自身按照规定的轨迹进行运动的前提，也是机器人能够顺利避开障碍、智能运行所必需的。在设计和开发机器人时，通常需要根据机器人的具体结构、所需功能和工作条件并结合实际项目的需求来建立相应的检测方案。

1.3.1 机器人的内部检测系统

以工业机器人为例，机器人的内部检测系统对自身的检测由定位系统、避障系统和压力检测系统等组成。定位系统实现对机器人自身姿态和位置的检测，避障系统可以实时检测在作业环境中是否出现干扰或障碍物，压力检测系统可以实时检测出机器人在运行时各部位驱动压力的大小。

1. 定位检测

实现工业机器人的精确定位不仅是其正常工作的前提，更是开发高性能机器人的基础，包括相对定位和绝对定位两种定位方法。

根据传感器的类型不同，相对定位可分为以下两类：①机器人的位置信息通过方位角传感器、转角电位器及光码盘等感知和测量，并将测量的数据进行累加。这种定位系统简单、成本较低，但定位误差会逐渐积累起来。②利用具有惯性的传感器如陀螺仪和加速度计等对机器人自身的运动状态进行检测，并将检测的数据进行积分运算。该方法对外部环境依赖较小，但随着时间的延长，惯性传感器的误差会逐渐发散，当工作时间较长时，检测误差较大。

机器人的绝对定位可以分为以下两类：①采用视觉传感器、红外线、超声波等获取其工作的外部环境数据信息，并确定其与环境位置之间的关系。该方法具有非接触（传感器与被测物不直接接触）和不破坏性（没有利用高频、辐射等对被测物造成组织损伤），但其弱点是不仅需要建立精确的数学模型，而且比较复杂。②采用 GPS/北斗等定位系统。该方法定位功能强大，但对于某些应用领域而言其定位精度会不满足要求。

2. 避障检测

机器人在工作工程中，可能会遇到某些不确定的障碍物。为了保证机器人能正常工作，需要具有自主检测障碍物的能力。结合机器人的实际工作环境及项目条件，可以采用已有的视觉传感器、红外线、超声波等对其外部环境实现障碍物检测。

3. 压力检测

现在有很多机器人在工作中所需的动力是由气泵提供的。为了保证机器人能准确有序地工作，需要对气压系统进行检测。检测方法是利用集成气压传感器分别测量机器人的工作部件及相关气压部件的压力，然后将气压传感器测量的数据通过传输电路输入控制器处理，从而实现对机器人的压力检测。

1.3.2 机器人检测系统的应用

机器人利用上述内部检测系统和必要的外部检测装置（以机器视觉为主，将在后面章节中论述）就能够完成对自身和环境的检测，采集到需要的信息，完成必要的工作。

在很多应用领域，与人工方式相比，机器人的检测系统能够发挥更加理想的检测效果，也可以采集到更加全面、精确的信息。下面介绍几个比较成熟的机器人检测系统的应用事例。

1. 汽车行驶状况智能数据采集系统

在所有的汽车仪表盘上都安装有速度里程表、水温表、燃油表、信号报警显示等，这些信息反映了汽车的行驶状况和保养数据，它们都是利用汽车内置的各种传感器来采集数据。该系统实现了智能化、全自动、高精度、实时检测。

2. 金属表面自动探伤系统

工业上对金属元器件表面质量都有一定的要求，但人工目视检测易受各种因素的影响。金属表面自动探伤系统是利用机器视觉技术对金属表面缺陷（划痕、凹坑、杂质等）自动进行高速、准确的检测。在此系统中，可以采用工业相机或激光器等作为非接触式采集与测量装置，从而避免了产生新划伤的可能，而且精度高，还可以同时取得金属表面的三维图像信息。

3. 大型工件平行度、垂直度测量仪

采用激光扫描与CCD（Charge Coupled Device，电荷耦合器件）摄像系统的大型工件平行度、垂直度测量仪，以稳定的准直激光束为测量基线，配以回转轴系等部件扫出互相平行或垂直的基准平面，将其与被测大型工件的各面进行比较。机器人在加工或安装大型工件时，可利用该测量仪检测各面间的平行度及垂直度。

4. 螺纹钢外形轮廓尺寸的探测

以频闪光作为照明光源，利用面阵和线阵CCD摄像机作为螺纹钢外形轮廓尺寸的探测器件，可以实现螺纹钢几何参数的动态在线测量。

5. 金属表面的裂纹测量

用微波作为信号源，利用微波发生器发出不同频率的方波测量金属表面的裂纹。微波的频率越高，能够测量的裂纹越狭小。

1.4 机器人的技术发展方向

机器人系统可通过材料和设备的创新开发、结构和算法优化等手段提升性能，向多机器人协调系统、利用深度学习等优化智能控制算法等方向发展。

1. 机器人视觉系统性能的提升及多传感融合

作为一种先进的机器人感官系统，机器视觉不仅能对周围信息进行感知，而且能据此做出决策。随着机器人技术的快速发展以及任务的复杂化，对机器视觉的要求也越来越高。开发出性能更好、符合应用任务的视觉系统将是拓宽机器人应用领域的重要途径。同时，随着各种传感器的性能提升和智能化水平的提高，多传感器信息融合技术也成为提高机器人智能水平的关键。

2. 多机器人协调系统的发展

单体机器人的控制技术已经比较成熟，但无法满足智能工厂、智能制造等领域的新需求。多机器人协调系统具有功能更强、完成任务更复杂、效率更高的优点，越来越成为机器人领域的研究热点，实际需求也越来越大。

3. 利用深度学习等方法优化智能控制算法

深度学习在机器人的智能检测领域得到了广泛的应用，在其网络结构下算法的智能化程度获得提升。强化学习、迁移学习等也在不断地加以改进、完善，并与现有的智能算法相结合。因此，利用这些先进技术对机器人的智能算法进行优化、提高控制系统的智能性具有很大的发展空间。

本章小结

本章以工业机器人为重点，介绍了如下内容：

机器人的分类：工业机器人、服务机器人、特种机器人。其中工业机器人又分为焊接机器人、装配机器人、喷涂机器人等。

机器人的主要组成部分及其子系统：三大部分是机械部分、传感部分和控制部分；六个子系统包括机械结构系统、驱动系统、感知系统、机器人与环境交互系统、人机交互系统、控制系统。

机器人的内部检测系统由定位系统、避障系统和工作压力检测系统等组成。

在本章的最后介绍了几个机器人检测系统的应用，以及机器人的三个技术发展方向。

思考与练习题

1. 机器人是如何分类的？
2. 机器人主要由哪几部分组成？其子系统有哪些？
3. 简述机器人的内部检测系统。
4. 介绍几个机器人检测系统的应用实例。
5. 调研机器人及其相关技术的若干发展方向。

第2章 机器人的检测系统

人类拥有五官，因此具有视觉、听觉、触觉、嗅觉、味觉。同样，机器人也需要通过检测系统获得自身状况和外部环境的信息。机器人的检测系统是由各种传感器组成的，一切获取信息的仪表器件都可以被称为传感器。

传感器是自动控制系统（包括机器人）必不可少的关键部分。所有的自动化仪表和装置均需要先经过信息检测才能实现信息的转换、处理和显示等，然后达到调节、控制的目的。传感器就是将被测量的物理、化学和生物等信息通过变送器变换为电信号。传感器一般由敏感元件、转换元件、基本转换电路三部分组成，如图 2-1 所示。

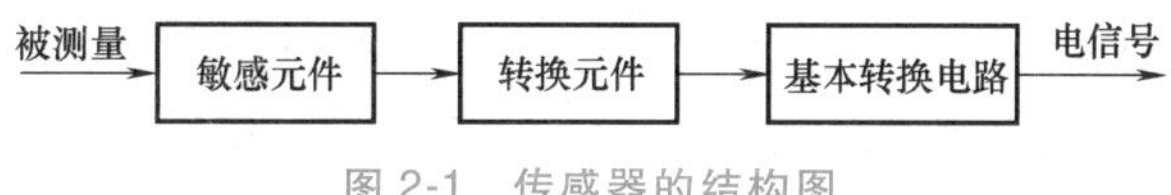

图 2-1　传感器的结构图

敏感元件能直接感受声、光、压力等物理量，如弹性敏感元件可将受到的力转换为位移或应变。转换元件可将敏感元件输出的非电物理量对应转换为电量信号。基本转换电路是把转换元件产生的电量信号转换成便于测量的电压、电流、频率等电信号。

传感器可以分为检测机器人内部状态信息的内部传感器和检测外部对象及外部环境的外部传感器。内部传感器包括检测机器人自身位置、速度、力、力矩、压力、温度等变化的传感器。外部传感器包括视觉、触觉、力觉、接近觉、角度觉（平衡觉）传感器等。

需要说明的是，内部传感器是开发机器人时就设计好的，而搭载多种外部传感器或多传感器融合是智能机器人的重要标志。内部传感器与外部传感器共同作用使机器人具有感知能力。

2.1 机器人的感知

如果把机器人仅仅看作具有一定智能的机器，那么可以认为机器人是具有自动检测、自主学习和智能控制能力的“高级机器”。而如果把机器人看作具有一定智慧的“人”，那么上述的三种能力（自动检测、自主学习和智能控制）用描述人类能力的词汇描述就是感知、认知和执行。具体而言，对于机器人就是表现为环境感知、交互识别和运动（行为）控制。

与人一样，感知是机器人交互识别和运动控制的前提条件。一旦机器人失去感知能力，将无法完成具体的工作任务。基于此，深入学习和研究机器人的感知技术显得尤为重要。本节将以人的角度分析机器人的智能检测系统，即机器人的感知。

1. 感知的逻辑性

感知是机器人稳定运行、高效控制的重要前提。机器人为了能够对客观事物有精准判断，需要多渠道整合各种数据信息资源，从嗅觉、触觉、视觉、听觉、味觉等触发相应的传感器。机器人的感知能力就是对搭载的各种传感器采集的大量数据进行实时分析处理获得的。如果只对种类单一的信息进行识别和处理，就会使机器人的感知能力和范围变窄。

但是必须要注意，如果存在大量不同类型的数据而需要同时处理，就可能存在问题，即有可能破坏机器人感知上的逻辑性。例如目前的自动驾驶汽车在自驾模式下会发生交通事故，而汽车内置的各种传感器质量都没问题，而问题就在于多种传感器之间的布局和处理（硬件布局和数据之间的逻辑关系处理）。

综上所述，自动驾驶汽车为了完成自驾模式就需要搭载种类繁多的传感器，这就造成了控制上的复杂性。自动驾驶汽车在自驾模式时，如果突然出现意外情况，则搭载的距离传感器、视觉传感器和路径规划之间的数据与决策就有可能发生矛盾，从而导致汽车感知的逻辑性出现错误而造成交通事故。

2. 出现感知问题的原因

为了保证机器人正确的感知逻辑性，需要分析产生问题的原因并据此做出相应的处理。

（1）数据存在“污染”性　机器人对客观事物的感知以数据为依托，为适应复杂的环境，需要采集丰富的数据信息资源。在数据采集过程中不乏各种冗余和噪声等污染性数据。

（2）处理存在“动态”性　受机器人所处环境的影响，检测和决策处理系统需要不断采集、分析、整合和应用大量数据，在这一动态过程中有可能丧失稳定性，并对综合感知能力产生影响。

（3）技术存在“失配”性　不同种类的传感器对采样周期、工作频带等有不同的要求，处理不当就会导致数据信息与感知功能很难匹配，也会降低机器人的感知质量。

3. 感知技术的融合

基于上述原因，需要在理清机器人感知逻辑的基础上加大融合型感知技术的研究，将视觉、触觉等感官功能均纳入其中。例如，发展“视觉 + 触觉融合技术”，使机器人对客观事物的轮廓、大小、位置有一定了解的同时，通过触摸对其质地、质量、软硬等性能也有更加正确的判断。

不同检测系统（传感器）采集的信息反映了客观事物的不同侧面，需要将这些信息关联起来才能确定事物更为全面的性质。以现阶段的技术水平，机器人还与人的感知能力相差甚远，为此需要加强数据的分析处理能力、推动多模态机器人感知技术的融合，以此来解决机器人感知逻辑上存在的问题，为机器人在现实生活中的有效应用夯实技术基础。

2.2 机器人的内部状态检测

如前所述，机器人的传感器分为感知自身内部状态的内部传感器和感知外部环境的外部传感器。内部传感器主要用来检测机器人内部系统的状况，如各关节位置、运动速度、加速度、温度、电机速度、电机载荷、电池电压等，并将所测得的数据作为反馈信息送至机器人的控制器形成闭环回路。而外部环境感知传感器用来获取机器人的作业对象和外部环境等方面的信息，是机器人与外界的信息交流通道，用来执行视觉、接近觉、触觉、力觉等功能。

本节介绍检测机器人内部状态的传感器。

2.2.1　位移传感器

位移传感器可以检测直线移动，也可以检测角转动。位移传感器种类很多，这里介绍应用广泛的电位器。

电位器是一种典型的位移传感器，可分为直线型（测量直线位移，见图 2-2）和旋转型（测量旋转角度，见图 2-3）。传感器内部由棒状滑线电阻（用于直线型电位器）或环状电阻（用于旋转型电位器）配以电刷组成，电刷接触电阻发出电信号。电刷与机器人的驱动器连成一体，将其直线位移或旋转角度转换成电阻值的变化，在电路中以电压或电流的形式输出。

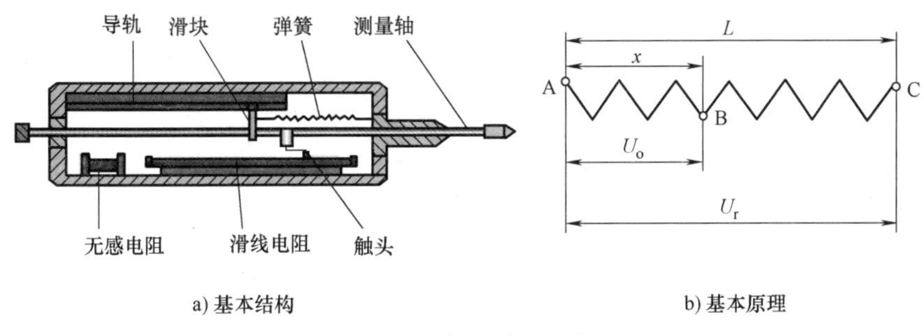

a) 基本结构　　b) 基本原理

图 2-2　直线型电位器

如图 2-2b 所示，在长度为 L 的直线型电阻 AC 两端加上电压 U_r，若电阻丝 AC 的总电阻为 R_0，当测量轴位移 x 时，可得滑线部分的电阻为

$$R(x)=\frac{x}{L}R_0 \tag{2-1}$$

因此，输出电压 U_o 为

$$U_o=\frac{R(x)}{R_0}U_r=\frac{x}{L}U_r \tag{2-2}$$

式（2-2）中输出电压 U_o 可以直接测得，而 L 和 U_r 已知，因此可以求得直线位移为

$$x=\frac{U_o}{U_r}L \tag{2-3}$$

对于旋转型电位器，如图 2-3b 所示，在环状电阻 AC 两端加上电压 U_r，若电阻丝的总电阻为 R_0，当转轴转过 θ 时，通过电刷滑动部分的阻值 $R(\theta)$ 为

$$R(\theta)=\frac{\theta}{360°}R_0 \tag{2-4}$$

因此，输出电压 U_o 为

$$U_o=\frac{R(\theta)}{R_0}U_r=\frac{\theta}{360°}U_r \tag{2-5}$$

式（2-5）中输出电压 U_o 可以直接测得，而 U_r 已知，因此可以求得旋转角度为

$$\theta=\frac{U_o}{U_r}\times 360° \tag{2-6}$$

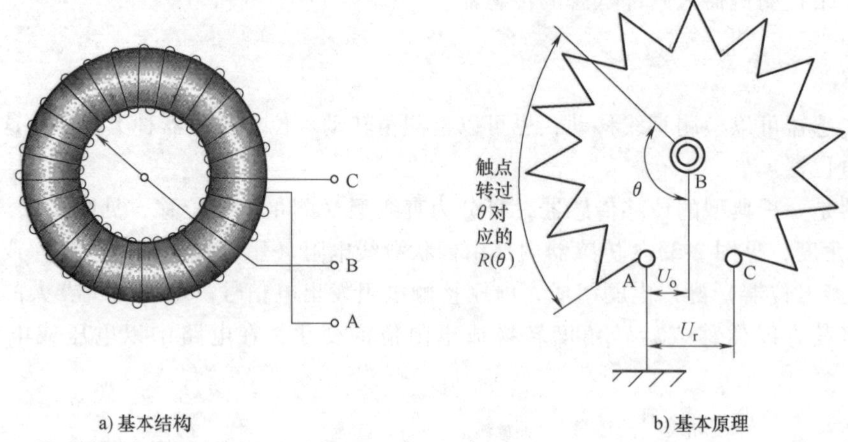

图 2-3 旋转型电位器

A—滑线电阻起点 B—旋转型动触点 C—滑线电阻终点

2.2.2 测速发电机

测速发动机是利用电磁转换原理，通过内置的速度传感器或角速度传感器进行转速测量的检测装置。在讲述测速发电机之前，有必要介绍一下直流发电机的工作原理。

1. 直流发电机的工作原理

图 2-4 所示为直流发电机的工作原理，N 和 S 是固定不动的主磁极，线圈 abcd 装在可以转动的铁磁圈体上，线圈的两端分别接到两个圆弧形的换向片上。通过在空间静止不动的电刷 A、B 与可旋转换向片的接触来完成磁电转换，并对外电路供电。

当原动机拖动电枢以恒速逆时针方向旋转时，线圈中有感应电动势。感应电动势的方向可用右手定则确定。在图 2-4a 所示状态下，整个线圈的电动势方向是由 d 到 c、再到 b，最后到 a。此时 a 端经换向片接触电刷 A，而 d 端经换向片与电刷 B 接触，所以电刷 A 为正极而电刷 B 为负极。如果在 AB 之间接上负载，就有电流从电刷 A 经外电路的负载流向电刷 B。

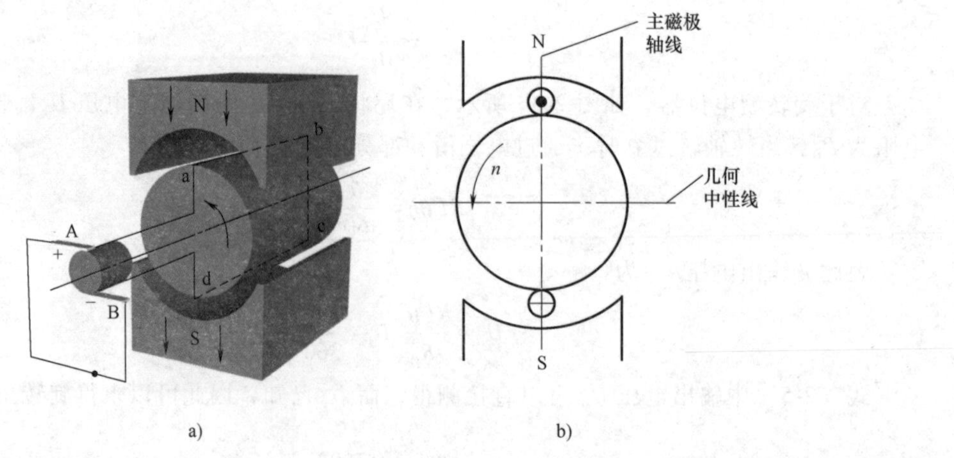

图 2-4 直流发电机的工作原理

当电枢转过 180°时，d 端与电刷 A 接触，而 a 端与电刷 B 接触，A 仍为正极性，B 仍为负极性。流过负载的电流方向也不变。但此时线圈中电流的方向改变，从 dcba 的顺序变成了 abcd。

从以上分析可以看出，在线圈中的电动势及电流方向是交变的，但是经过电刷和换向片的整流作用，对于外电路就变成了直流电。这就是直流发电机的工作原理。

2. 直流测速发电机

上述的直流发电机工作时，在恒定磁场中的线圈会发生旋转，而线圈两端的感应电动势与线圈内交链磁通的变化速率成正比。根据这个原理可以测量旋转的角速度。

直流测速发电机的定子是永久磁铁，转子是励磁绕组，图 2-5 所示为直流测速发电机的结构图。转子产生的电压通过换向器和电刷以直流电压的形式输出，可以测量 0~10000r/min 的旋转速度，线性度为 0.1%。在停机时不易产生残留电压，因此适宜作角速度传感器。电刷需要机械接触，所以要定期维修。而换向器在切换时会产生脉动电压导致测量精度降低，因此出现了无刷的直流测速发电机。

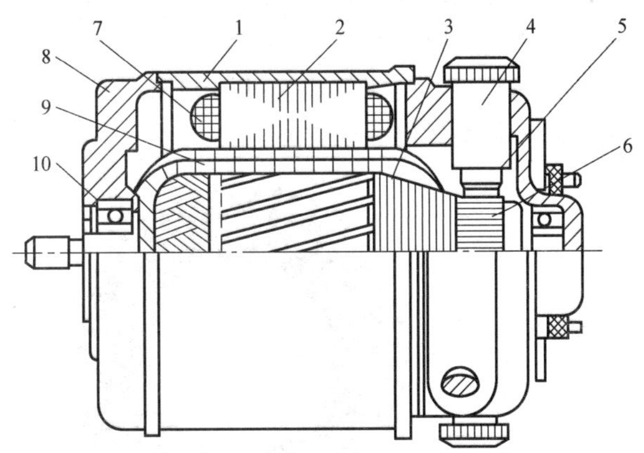

图 2-5　直流测速发电机的结构图

1—机壳　2—定子铁心　3—电枢　4—电刷座　5—电刷　6—换向器　7—励磁绕组　8—端盖　9—气隙　10—轴承

与直流测速发电机相对应，还有永久磁铁式交流测速发电机。它的构造和直流测速发电机恰好相反，在转子上安装有永久磁铁，因此定子绕组输出的是交流电压，电压值与旋转速度成正比，通过测量电压值就可以计算出旋转的角速度。

2.2.3　编码器

编码器是将信号或数据按照一定的规律进行编制，转换为可用于通信、传输和存储形式的设备。编码器的种类很多，以其高精度、高分辨率、高可靠性被广泛应用于机器人上各种位移和角度的测量。

1. 光电编码器

光电编码器是机器人关节伺服系统中一种常用的检测装置，将机械轴的转动角度或是直线运动的位移转换成相应的电脉冲。光电编码器分为增量式和绝对式两种。增量式编码器累计角位移或线位移的变化量（增量），故称为增量式编码器。而绝对式码器以码盘的固定位置为起始点，检测角位移或线位移。下面将详细说明这两种编码器。

（1）光电编码器的基本工作原理　光电编码器是由圆形码盘和光电检测装置组成。码盘上刻有环形透光与不透光的等间距狭缝，叫作码道。旋转轴与码盘同轴同速旋转，透过狭缝的脉冲信号经检测装置输出。因此，旋转轴的角度和角速度可以通过计算每秒的光电编码器输出脉冲个数来反映，如图 2-6 所示。

（2）增量式光电编码器　增量式光电编码器的码盘和信号输出如图 2-7 所示。由图 2-7a

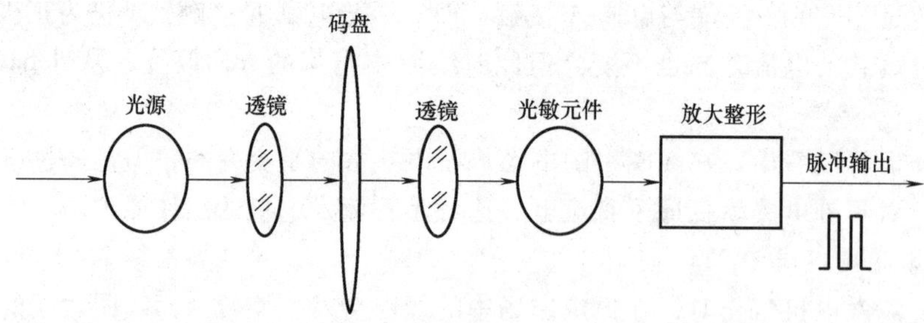

图 2-6 光电编码器的工作原理

可知，增量式光电编码器的码盘由外圈到内圈共有 3 层码道，分别输出 A 相、B 相和 Z 相三组方波脉冲。其中 A 相和 B 相的码道相似，其脉冲数相同但相位相差 90°，因此通过对比 A 相和 B 相输出信号的相位差就可以判断码盘的旋转方向。而 Z 相则用于基准点定位，码盘每转一圈 Z 相就发出一个脉冲。

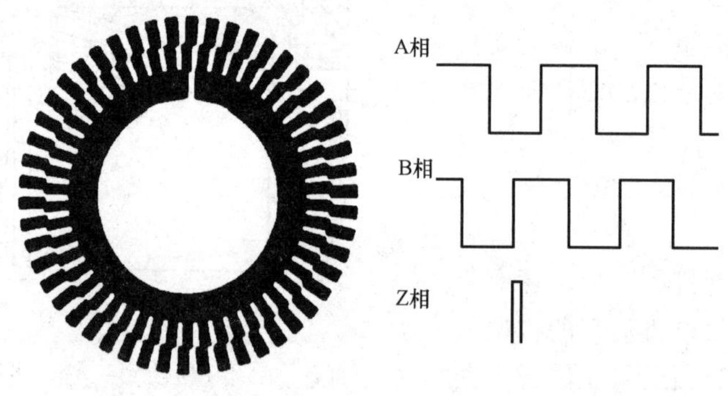

a) 增量式光电编码器的码盘　　b) 输出的三相脉冲信号

图 2-7 增量式光电编码器的码盘和信号输出

（3）绝对式光电编码器　绝对式编码器的圆形码盘上沿径向有若干同心码道，每条码道上由透光和不透光的扇形区组成，如图 2-8a 所示，光源在码盘的一侧，光电二极管在码盘的另一侧。码盘旋转到不同位置时光电二极管收到的光照信息是不同的，转换成相应的电平信号就形成了二进制数。因此，这是由圆形码盘上的环形光栅与光电二极管构成的检测电路。图 2-8b 为码盘的二进制编码，白色和黑色的扇形区域分别代表数字 1 和 0，显示的 4 位编码值是依此由码盘的内层向外层读取。图 2-8c 是另一种更为常见的编码形式，被称作格雷码。

2. 电磁式编码器

电磁式编码器的主要部件就是霍尔式传感器，还包括磁钢等部分及其信号处理电路，它是利用霍尔式传感器检测角度和位移的变化，通过测定输出信号的频率或周期来计算电机的位置和旋转速度。电磁式编码器的结构如图 2-9 所示。

电磁式编码器是在光电编码器之后发展起来的。光电式编码器容易受到潮湿气体和污染的影响。与之相比，电磁式编码器是一种以磁敏元件为基础的检测装置，具有体积小、转速高、成本低、抗干扰、抗冲击、抗振动、不易受油污和水汽等外界因素影响的特点。因此，在工业生产、自动化控制方面的应用不断扩大。

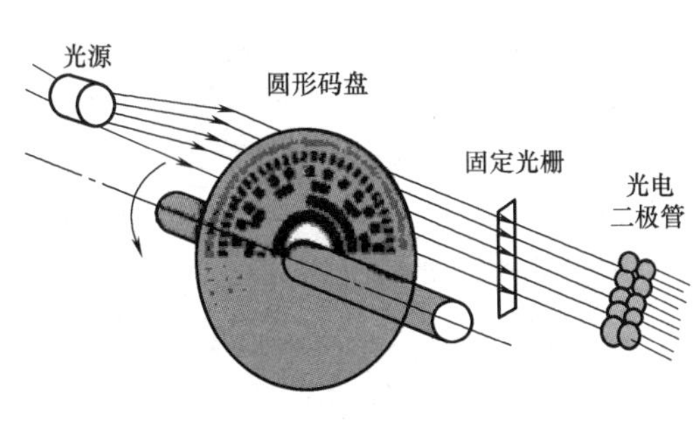

a) 绝对式光电编码器主要结构

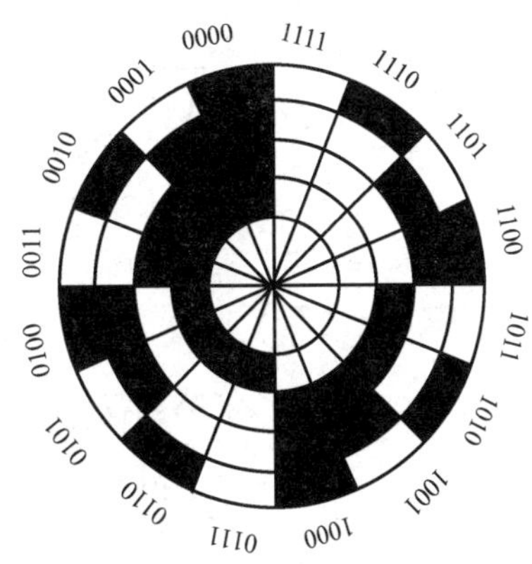

b) 码盘的二进制编码

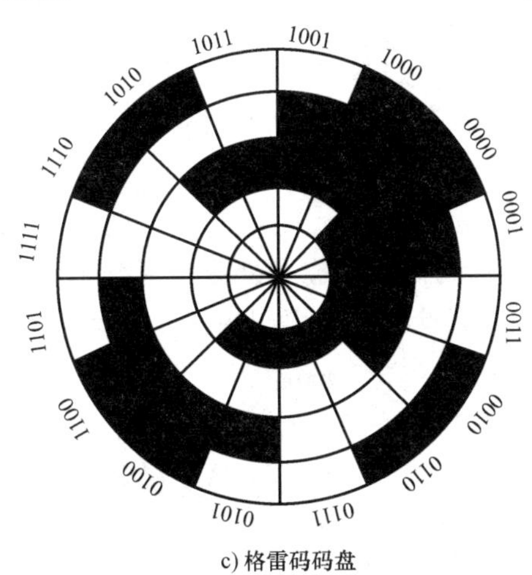

c) 格雷码码盘

图 2-8　绝对式光电编码器

3. 电感式编码器

电感式编码器利用电磁感应原理测量线位移或角位移，由定子和转子两个码盘组成。在码盘上敷有铜箔，利用印刷、腐蚀等方法在盘面上刻制出不同形状的图形。图 2-10a 为定子盘上的图形，是分段的扇形分布。图 2-10b 是转子盘上的图形，是连续的扇形分布。如果在转子的连续绕组上加有激励电信号，就会产生感应电动势，电动势随转子在转动时的相对位置变化呈现正弦或余弦的信号变化，将这一变化的信号进行处理就可以得到轴的转动角度和角速度。

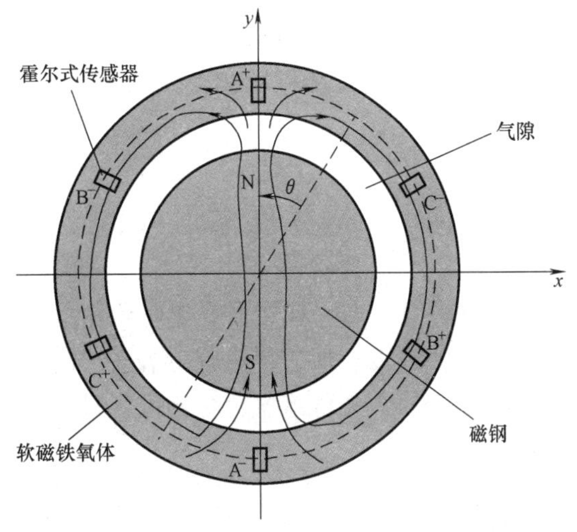

图 2-9　电磁式编码器的结构

电感式编码器的工作状态仅取决于磁通量的变化率。因此，油污、粉尘、温度等外界环境对它的干扰很小，测量精度和分辨率较

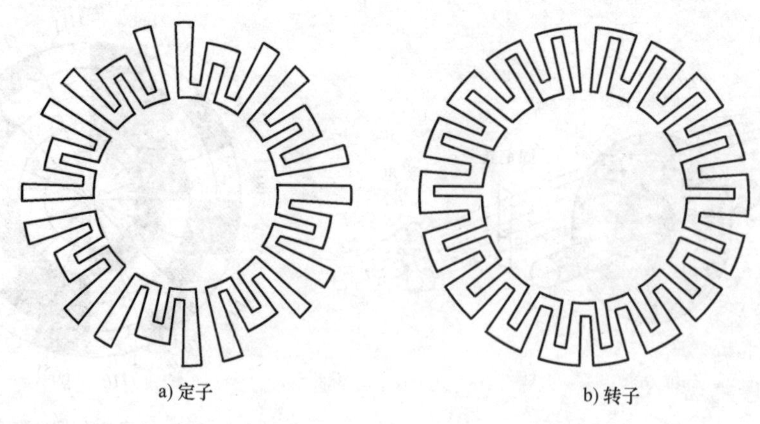

图 2-10　电感式编码器结构

高。而且由于转子和定子间没有机械接触，因此使用寿命长、抗振、抗冲击性能好。所以，电感式编码器多用于精度要求高的回转工作台、惯性导航测试台、天文望远镜以及高精度的机床等设备。

4. 容栅式编码器

如图 2-11 所示，容栅式编码器由动栅和静栅两部分组成。其原理是通过动栅和静栅之间的相对运动对电场进行调制，检测由此引起的耦合电容变化来确定旋转的位置。

动栅和静栅都是采用精密印刷制成的电路板。动栅上印有发射极、屏蔽极和接收极，静栅上有反射极和屏蔽极。周期信号从动栅的发射极发出，经过动栅发射极与静栅反射极、静栅反射极与动栅接收极的两次极间耦合，在动栅接收极上形成测量信号，就可以计算出动栅与静栅的相对角位移。

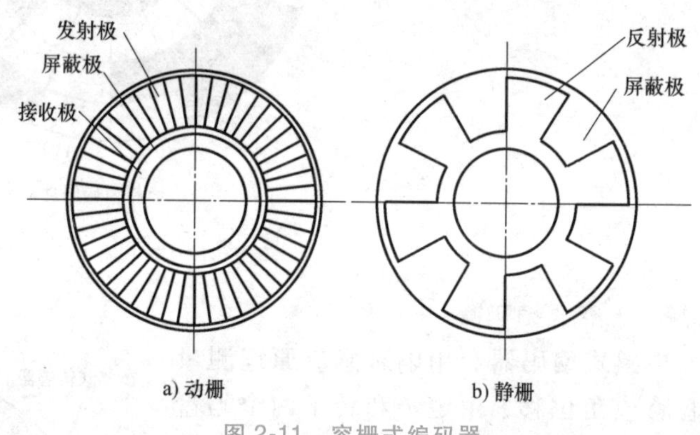

图 2-11　容栅式编码器

2.3 机器人的外部环境检测

机器人在动作时，除了需要实时感知本体内的各关节状态，例如利用内嵌编码器感知各关节的位移、速度、加速度等运动信息，还需要感知外部环境。机器人对外部环境的感知需要触觉传感器、力觉传感器、视觉传感器等检测装置。

2.3.1 触觉传感器

触觉是仅次于视觉的一种重要知觉形式，机器人触觉主要是感知外部环境或物体的温度、湿度、压力和振动等物理量，以及确定目标物材质的软硬程度、物体形状和结构大小等。

1. 触觉传感器的分类

压阻式触觉传感器利用了固体受到压力后电阻率发生变化的现象。它能够很好地反馈外力信息，为实现机器人手指的抓取工作提供力的控制保障。

光电式触觉传感器是基于光电效应原理（在高于某特定频率的电磁波照射下，物质内部的电子会被光子激发形成电流）将被测压力的变化转换成光量变化，再通过光电元件把光量变化转换成电信号。

电容式触觉传感器是指当施加压力时，电容极板间的相对位移发生微变，从而使电容发生改变，通过检测电容的变化量来计算施加的压力大小。

压电式触觉传感器基于压电效应。压电效应是指当晶体受到沿一定方向的外力作用时，内部会产生电极化现象，在两个相对的表面将产生极性相反的电荷。当撤掉外力后晶体又恢复到不带电的状态，而当外力方向发生改变时，电荷的极性也会发生变化，施加外力的大小与晶体产生的电荷量成正比。

电感式触觉传感器原理是在外力作用下磁场会发生变化，磁场的这种变化通过磁路系统转换为电信号，将电信号通过计算就可以得到接触面上的压力信息。

通过对可变接触力的持续感知就可以判断机器人是否接触了外界物体，以及接触的部位和接触力的大小分布等。表 2-1 对比了 5 类触觉传感器。

表 2-1　5 类触觉传感器的对比

分类	优点	缺点
压阻式	较高的灵敏度，过载承受能力强	漏电流稳定性差；体积大，不易实现微型化；功耗高；易受噪声影响；接触表面易碎
光电式	较高的空间分辨率，电磁干扰影响较小	多力共同作用时的线性度较低、数据实时性差、标定困难
电容式	测量量程大、线性度好、制造成本低、实时性高	尺寸大，不易集成化；易受噪声影响，稳定性差
压电式	动态范围宽、有较好的耐用性	易受热响应效应影响，稳定性差
电感式	制造成本低、测量量程范围大	磁场分布难以控制，分辨率低；不同接触点的一致性差

为了克服各种触觉传感器的不足，可以将不同的传感技术进行融合。例如一个压电式薄膜可以测量动态力并感知物体间的滑移程度（即滑觉），却不能很好地测量静态力。但如果添加了电阻或电容敏感元件，就可以制造出一个既可以感知滑觉又可以测量静态力的传感器。

目前，这种多模式结合的触觉传感器已经应用于机器人的手爪中，如图 2-12 所示的 BioTac 传感器。当 BioTac 传感器阵列接触目标物时，可以检测出传感器与目标物间的接触力以及目标物的微小振动和温度。

此外，如果将近距离传感器和压力传感器结合起来应用到机器人的指尖上，就可以增强指尖的自主抓取能力。而一些新兴的触觉传感器也相继出现，例如：

1）量子隧道效应传感器（QTCs）由金属体和弹性导电体材料组成，这些材料的电阻值可以随着外界压力的变化而改变，在压缩作用下可以由绝缘体变为导体。

2）微机电（MEMS）技术触觉传感器具有高空间分辨率，但以目前的制造技术使用该

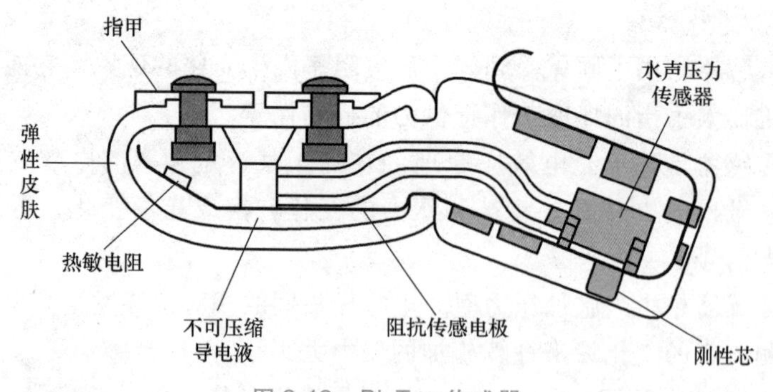

图 2-12　BioTac 传感器

传感器的设备容易遭到损坏。

3）有机场效应晶体管（OFET）传感器的加工工艺简单，造价低，适合大面积应用，但这种传感器敏感度比较低，反应相对迟钝，仅局限于压力传感。

4）结构声触觉传感器和纳米触觉传感器等的研究目前仍处于实验室水平，其商业化制造以及应用还处于探索阶段。

2. 触觉传感器在机器人中的应用

触觉传感器的主要目的是使机器人的手臂能够实现对目标物的安全抓取。随着触觉传感技术的发展，触觉传感器在机器人中的应用越来越广，下面举例说明。

图 2-13a 是一款普通的三指机器人手爪产品，三个指端（F1、F2 和 F3）只具有传统的压力传感器。与此相比，图 2-13b 是 Barrett 公司生产的机械手，它使用的是图 2-12 所示的多模式触觉传感器，能够像人体触觉一样感应力、振动和温度。

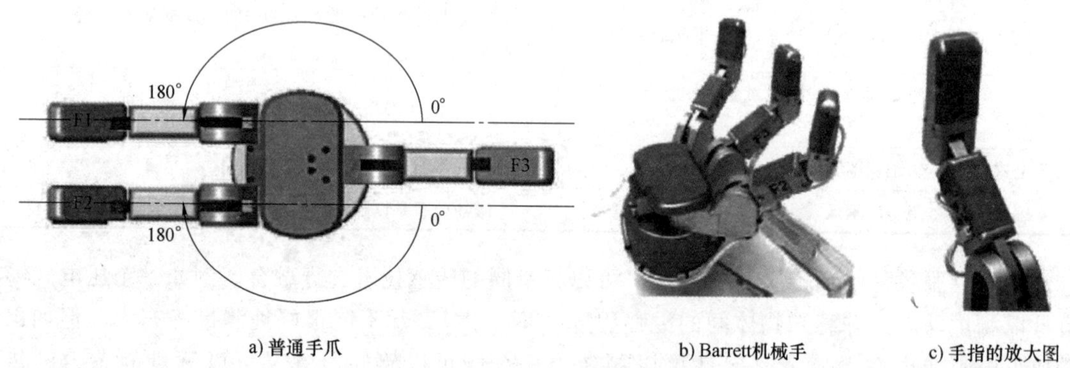

图 2-13　普通手爪和 Barrett 手爪

在 Willow Garage PR2 机器人上，也使用了 Barrett 公司生产的电容触觉传感器来实现触觉传感。在每一个机器人手爪的指尖上都有一个压力传感阵列，这个装置由 22 个传感元件组成，压力传感器阵列装置和 PR2 机器人手爪如图 2-14 所示。这种传感器是通过测量每个感知区域受到的垂直压缩力来实现的。传感器表面覆盖了一层硅橡胶，可以通过提高摩擦来抓取目标物。

2.3.2　力觉传感器

力觉传感器是一类特殊的触觉传感器，它在机器人和机电一体化设备中应用广泛。力觉

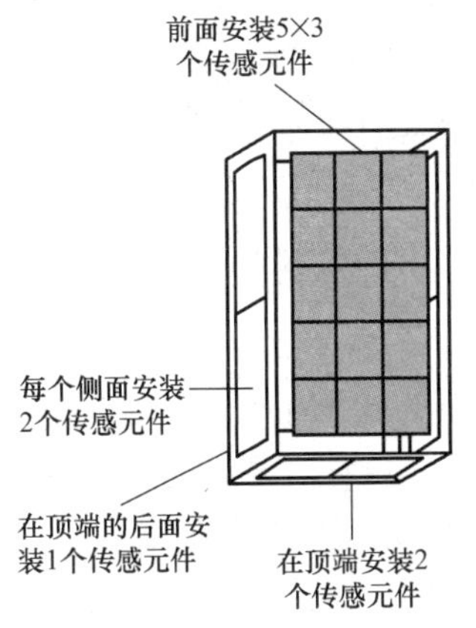

a) 压力传感器阵列装置

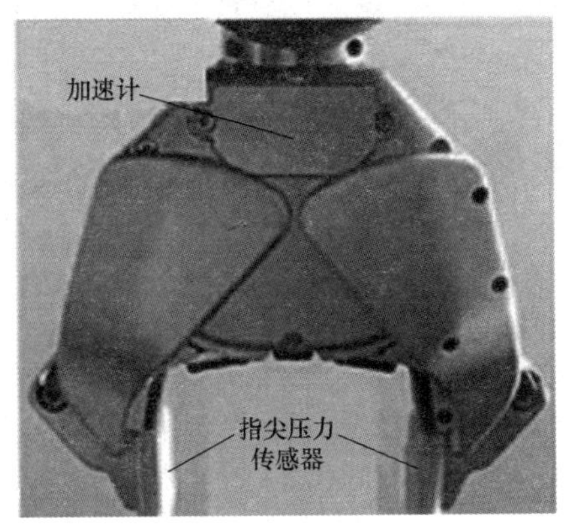

b) PR2 机器人手爪

图 2-14　压力传感器阵列装置和 PR2 机器人手爪

传感器（包括力和力矩）用来检测机器人与外部环境和被抓取对象之间的相互作用力，主要的测量方法包括：

1）通过检测物体弹性形变来测量力，如检测应变片、弹簧的形变。

2）通过检测物体压电效应来测量力。

3）通过检测物体压磁效应来测量力。

4）对于采用电动机、液压马达驱动的设备，可以通过检测电动机电流及液压马达油压等方法测量力或转矩。

5）对于装有速度、加速度传感器的设备，可以通过速度与加速度的测量推导出作用力。

力觉传感器使用最多的元件是电阻应变片。电阻应变片贴在力的方向上，用导线接到外部电路上，利用金属丝拉伸时电阻变大的现象可测定输出电压，从而得出电阻值的变化。

图 2-15a 所示为包含电阻应变片的电桥电路，可改成图 2-15b 的形式。在不加力的状态下，电桥的 4 个电阻值相等，均为 R。假若电阻应变片被拉伸，其电阻值将增加 ΔR。由图 2-15b 可得

$$U=(2R+\Delta R)I_1=2RI_2 \tag{2-7}$$

$$U_1=(R+\Delta R)I_1,\ U_2=RI_2 \tag{2-8}$$

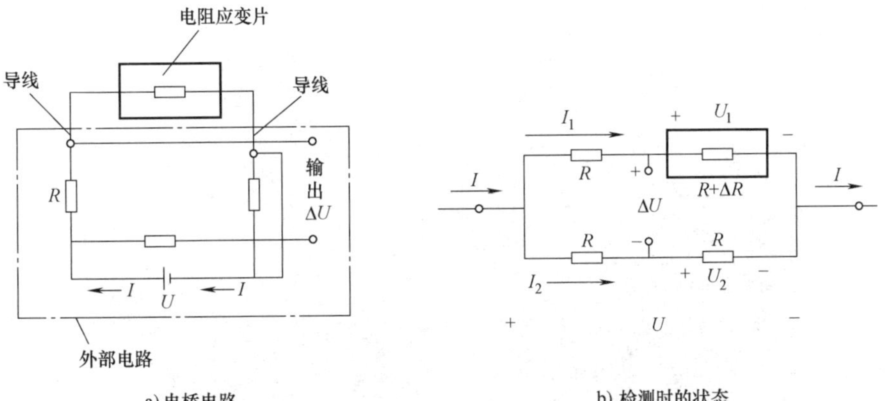

a) 电桥电路　　b) 检测时的状态

图 2-15　电阻应变片组成的电桥

结合式（2-7）和式（2-8）可得

$$\Delta U = U_1 - U_2 = \frac{I_1 \Delta R}{2} \approx \frac{U\Delta R}{4R} \tag{2-9}$$

因而，电阻值的变化为

$$\Delta R = 4R\frac{\Delta U}{U} \tag{2-10}$$

如果已知力和电阻值的变化关系，就可以由 ΔR 计算出力的大小。上述电阻应变片测定的是一个轴方向的力，如果要测定任意方向上的力，则应在三个轴方向分别贴上电阻应变片。故根据需要测量力的维数不同，分为单维力传感器和多维力传感器。

1. 单维力传感器

图 2-16 所示为安装于机器人手腕的力矩传感器结构图，这是常见的单维力传感器。驱动轴通过装有应变片的腕部与手部连接。当驱动轴回转带动手部拧紧螺钉时，手部所受力矩的大小可以通过应变片电压输出测得。

图 2-17 所示为无触点检测力矩的方法。在传动轴的两端都安装了分度圆盘 A，分别用磁头 B 检测两圆盘之间的转角差，用转角差和负载 M 之间的比例关系就可以测量负载力矩的大小。

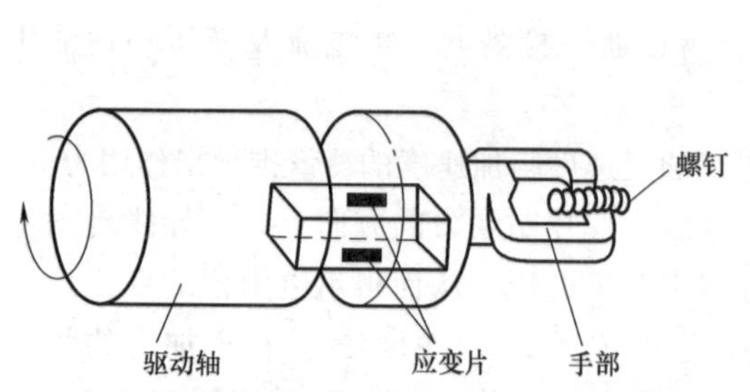

图 2-16 安装于机器人手腕的力矩传感器结构图

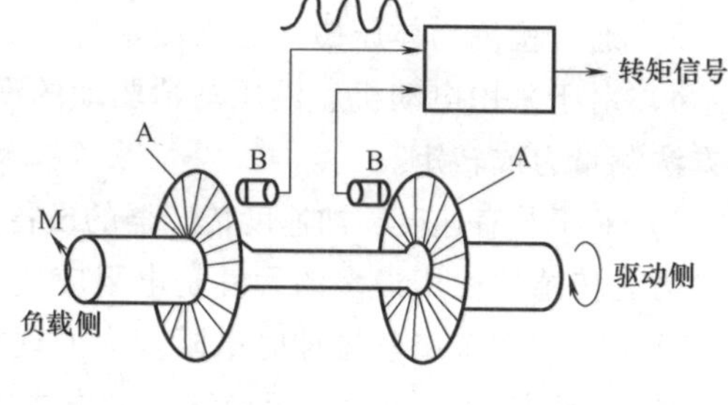

图 2-17 无触点检测力矩的方法

下面是几种力矩传感器的实物图。图 2-18 所示的力矩传感器成功应用于机器人手臂的碰撞检测，它在应变梁上设计了腰型孔以提高传感器的灵敏度。图 2-19a 和图 2-19b 分别为基于应变计和基于偏编码器的力矩传感器。

图 2-18 带腰型孔的关节力矩传感器

a) 基于应变计的力矩传感器

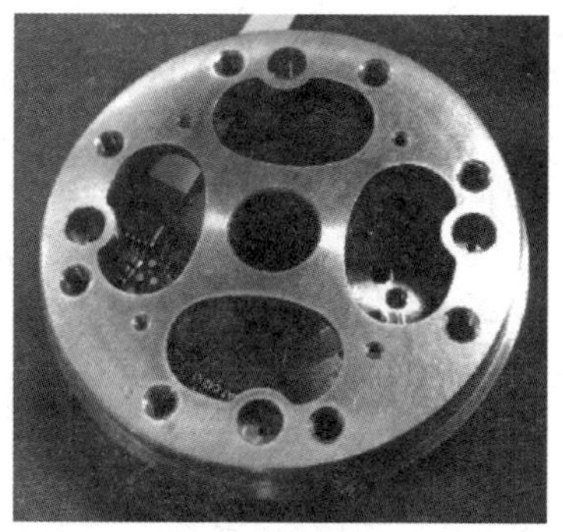
b) 基于偏编码器的力矩传感器

图 2-19　两种不同的力矩传感器

KUKA-IIWA 型机器人的关节力矩传感器结构如图 2-20 所示。该传感器由 4 个应变梁和 4 个保护梁组成。应变梁上的腰型孔为菱形孔，而不是常见的圆角矩形孔。菱形孔不但提高了传感器的灵敏度，而且提高了应变梁的有效应变面积，使得应变梁有足够的空间粘贴应变片。

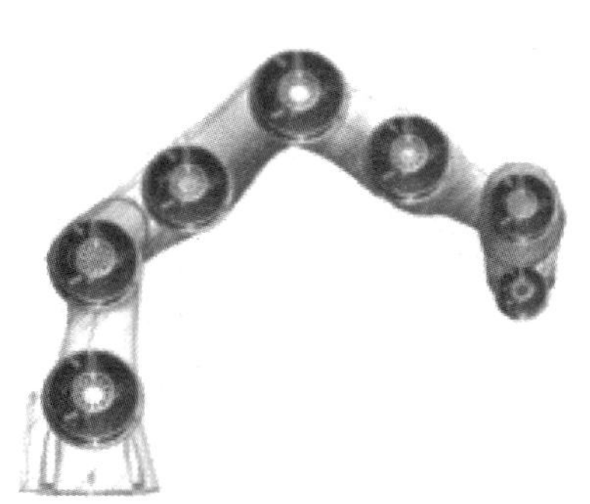

图 2-20　KUKA-IIWA 的关节力矩传感器结构

2. 三维力传感器

三维力传感器能够同时检测三维力空间的三个力或力矩信息。通过它不但能检测和控制机器人抓取物体的握力，而且还可以检测被抓物体的质量，以及在抓取过程中是否有滑动、振动等。

完整的三维力传感器系统由传感头和数据采集接口电路两部分组成。传感头由敏感元件、应变电桥和放大电路组成，用于完成力信号的产生和放大；数据采集接口电路是指 USB 接口电路。整个系统如图 2-21 所示。

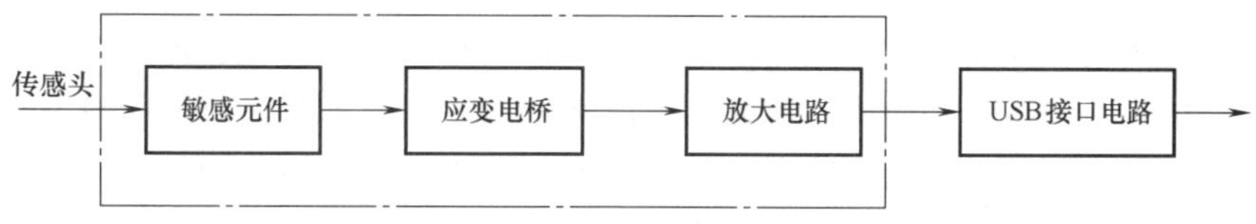

图 2-21　三维力传感器系统框图

图 2-22 所示为十字梁型三维力传感器的应变片分布图。应变片贴在十字梁靠近中心台的部位，贴片位置选择的原则是灵敏度高，有较大的分辨率，维间干扰小。

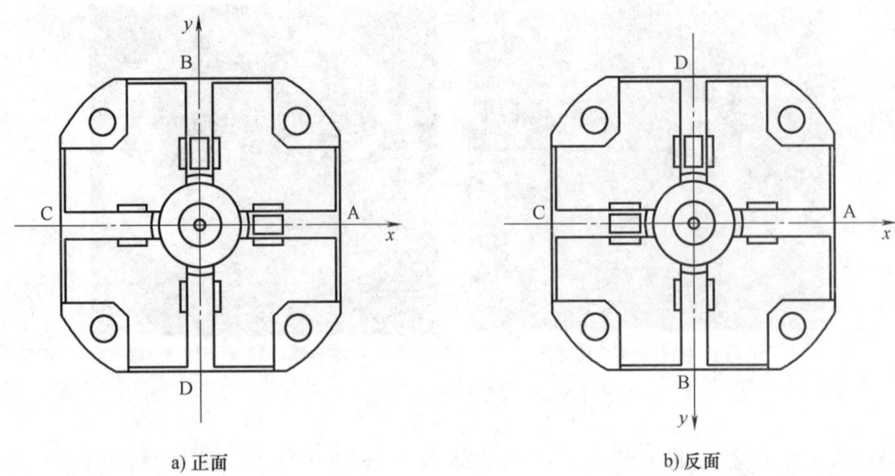

图 2-22 十字梁型三维力传感器的应变片分布图

3. 六维力传感器

因为单维力传感器的测力信息过于单一，若要进行全面检测就需要安装多个单维或三维力传感器，这样不但增加了成本，而且在很多情况下机器人并没有足够的空间位置安装多个力传感器。

六维力传感器能够同时检测空间中的三维正交力（F_x、F_y、F_z）及三维正交力矩（M_x、M_y、M_z）。在六维力传感器中，力敏元件的形式和分布将直接影响传感器的灵敏度、刚度、线性度、动态特性、维间耦合等关键因素，这在很大程度上决定了传感器性能的优劣。

图 2-23 所示为用于风洞测试的筒形六维力传感器。它具有良好的线性和重复性，并且对温度有补偿。该类力传感器不仅在机器人智能化领域有着广泛的应用，而且在航空航天及机械加工、汽车、军事等领域也有重要的应用价值。但是它也有缺点，其结构复杂、不易加工，而且刚度较低。

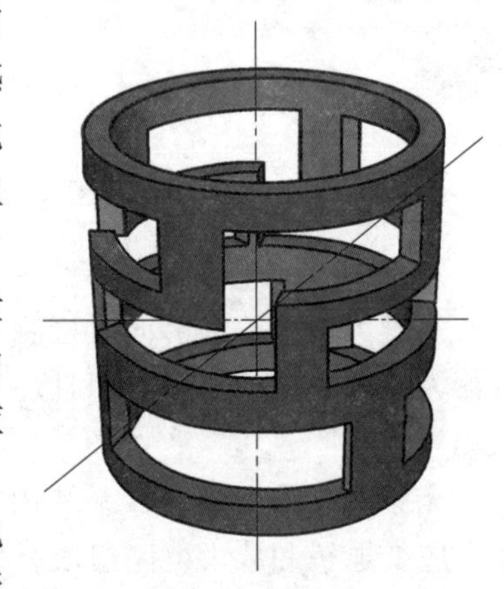

图 2-23 筒形六维力传感器

六维力传感器是在单维力传感器基础上提出来的，测量的力学信息更加丰富，当然结构也更加复杂。常见的六维力传感器根据力矩测量方式可分为压电式、电容式和电阻应变式。

（1）压电式六维力传感器　其工作原理就是利用压电材料特有的属性，即在外力荷载的作用下材料产生机械形变，引起压电材料表面的电荷发生变化并使内部产生电位差，也就是在外力的作用下引起输出电压的变化。压电材料可以将机械形变和电位差变化相互转化：外力可以导致电压的改变，同时给定一个电压也会引起弹性体的机械变形。由于机械形变和电压变化之间的转换特别敏感，因此这种压电式六维力传感器非常适合动态测量，能够实时监测外力的变化信息。但是由于材料的特殊性，压电式传感器的工作条件受到较大限制，对环境的要求比较高。

（2）电容式六维力传感器　与压电式六维力传感器相同，其也是将机械形变与电势差直接联系起来，其核心部件是一个电容器，通过电容器电容量的变化来反映外界的力学信息。其工作原理是：在外荷载的作用下，电容器两个电极之间的距离发生变化并引起电容量的改变。压力越大，其电容量变化就越大，它们之间呈现正相关关系。电容式六维力传感器的灵敏度高，而且量程比较大。但是内部连接线路复杂，非线性误差比较大。

（3）电阻应变式六维力传感器　其工作原理是：在外力的作用下，弹性受力体发生形变，导致粘贴在弹性体上的应变片伸长或缩短，从而引起应变片电阻值的变化。电阻应变式六维力传感器的输出是电压信号，因此是用电压信号反映外界的力信息。它的测量精度高，线性度好，是目前使用最为广泛的一种六维力传感器。但是它不适于动态测量，这是因为它的动态响应较低，固有频率和灵敏度之间存在较大的矛盾。

六维力传感器按照结构可分为直接输出型（无耦合型）和间接输出型（耦合型）。直接输出型即六维空间力是由测力元件直接检测或经简单计算求得，如压电式六维力传感器就是直接由 6 组石英晶石分别检测 F_x、F_y、F_z 及 M_x、M_y、M_z。而间接输出型检测的六维输出力与传感器检测到的每一个力分量和力矩分量相关，需要通过各分力的耦合才能得到六维输出力。

六维力传感器是机器人实现柔顺化、智能化控制的重要传感器之一。它不仅能够应用在工业机器人抛光、打磨等工业环境下，还能够应用到空间机器人的螺钉旋拧、接插件装配和深海机器人的文物抓取、水生物捕捉等特殊环境下的精细化操控上。随着机器人技术的不断发展和应用领域的不断扩大，六维力传感器的发展主要包括以下 4 个方面。

1）六维力传感器的微型化和智能化。随着应用领域的扩大，很多情况下机器人尺寸更加趋于小型，其使用的传感器安装空间受到限制，所以需要配置更加微型化的传感器。另外，新型传感器除具有测量功能外，还需要具备判断能力和容错机制，达到一定的智能化水平。

2）六维力传感器测量的多元化。目前的六维力传感器大部分是基于电阻应变式的测量。基于压电、电容和光纤等原理测量的传感器虽然已有一定的理论研究和实验，但并未获得广泛应用。随着相关研究的不断深入，不同测量机理的传感器必将发挥各自优势而被应用到各种场合，进而推动传感器向多元化方向发展。

3）六维力传感器应用领域的推广。随着机器人技术和人工智能技术的不断发展，六维力传感器已经成功应用在工业机器人打磨、抛光等操作上，将工人从恶劣环境中解放出来，展示出良好的社会效益。在生物医学、航空航天、类人机器人等高技术领域的应用将对六维力传感器技术性能提出更高的要求。

4）六维力传感器感知的类人化。六维力传感器的弹性体大部分采用刚性材料，很难实现类似皮肤的多方向柔性感知功能。随着材料技术和电子学技术的不断发展，从仿生学角度出发，开发出类似于皮肤感知的六维力传感器也是其发展的重要方向。

本章小结

本章讨论了机器人的检测系统。从机器人的感知出发，机器人的检测系统包括内部状态检测和外部环境检测。

内部状态检测使用位移传感器、测速发电机和编码器等内部传感器。本章分别介绍了各传感器的分类、结构、工作原理和应用领域。

外部环境检测使用触觉、力觉、视觉等外部传感器。本章介绍了触觉和力觉传感器的分类、结构、工作原理和应用事例。

作为机器人感知外部环境最重要的视觉传感系统，将在下面的章节中介绍。

思考与练习题

1. 传感器一般由哪三部分组成？它们的作用是什么？
2. 机器人的感知出现问题的原因主要有哪些？
3. 机器人的内部状态检测使用哪些传感器？简述其结构和工作原理。
4. 机器人的外部环境检测使用哪些传感器？
5. 说明触觉传感器的种类及其优缺点，给出触觉传感器的应用事例。
6. 力觉传感器可以分为哪几种？给出力觉传感器的应用事例。

第3章 机器人的视觉基础

在工作和生活中，人们总是通过五官从周围环境中获取信息，并根据这些信息来指导自己的行动，其中视觉最为重要。如何发挥各渠道信息交换能力，特别是研究有效利用视觉信息，是促进认知的十分重要的课题。

目前，大多数智能机器人也在很大程度上依赖视觉信息来获取与定位、判断、控制有关的输入信息。由于视觉的重要性，对它的研究始终是机器人领域关注的重点问题之一。

本章介绍有关机器人的视觉基础。以生物视觉系统作为切入点，介绍 Marr 的计算机视觉理论框架以及当前有关计算机视觉的技术及其应用。在图像处理方面着重介绍边缘检测技术的几种常见算法以及滤波、增强等有关的图像处理技术。本章的最后还将介绍摄像机标定技术的理论及发展现状。

需要指出的是，针对机器人的视觉，本书在不同的地方分别使用计算机视觉和机器视觉来描述。在强调图像和视频处理的算法与技术时使用计算机视觉这一名称，而在介绍机器人的视觉系统组成等硬件设备时使用机器视觉这一词汇。

3.1 机器人的视觉理论基础

机器人的视觉系统是一种复杂的控制系统，可以从控制论的角度来研究它。以人的视觉为例，它不仅涉及眼的活动，而且和脑干、小脑、大脑等神经活动有关，从医学上讲这是一个跨学科的复杂系统。对于机器视觉系统的研究也从不同侧面有着许多不同的研究方法，既有生理生化方面的研究方法，也有临床应用方面以及系统与信息方面的研究方法。

3.1.1 生物视觉通路

对于哺乳动物，物体在可见光的照射下经眼的光学系统在眼底视网膜上形成物像。视网膜上的感光细胞将接收的光能信息转换成神经冲动，经视交叉组织交换神经纤维后形成视束，传到中枢的许多部位，包括脑的外膝状体或外膝状核、四叠体上丘（与眼动等视反射有关）、顶盖前区（与调节反射、瞳孔反射有关）和视皮层等。这里的外膝状体和视皮层都直接与视觉有关。

图 3-1 所示为人类视觉通路示意图，了解视觉的产生与传输过程有利于机器视觉的学习。神经节细胞轴突在外膝状体交换神经元后，由外膝状体神经元直接经视放射到视皮层，这是视束的大部分纤维的去向，称为视觉第一通路。还有视束的小部分纤维经上丘臂到达上

丘和顶盖前区。上丘浅层神经元投射到丘脑枕交换神经元后再投射到视皮层；上丘还有部分纤维也直接投射到视皮层。由于这条通路不经外膝状体，故称膝状体外通路（或视觉第二通路）。

进一步分析由眼、外膝状体和视皮层等组织形成的视觉通路可以看到，由它们构成的视觉信息处理系统中，尤其是视皮层还有更为复杂的分块、分层结构。分块表明了视觉信息处理的并行性质，使得不同区域的神经细胞具有不同的功能。而分层则表明了视觉信息处理的串行性质。因此，生物视觉系统是一个串行与并行处理相结合的复杂系统。

视觉是人类和一些动物的基本功能，也是认识世界、了解客观世界的主要感知手段。研究视觉系统的目的就是探索该系统是如何感知视觉世界的空间存在，了解视觉世界的空间结构、特点、组成以及它们的空间运动变化规律。

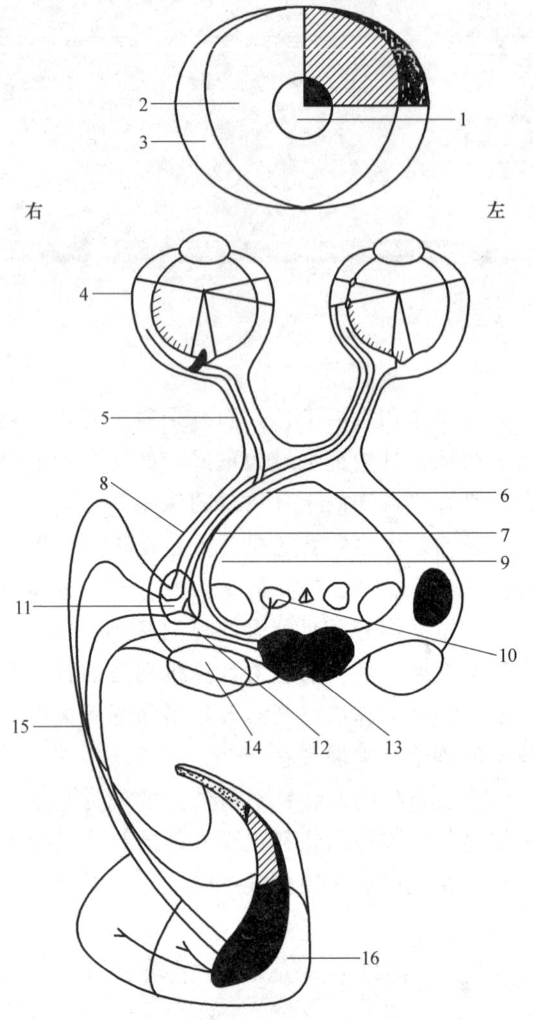

图 3-1 人类视觉通路示意图

1—中央部 2—双眼部 3—单眼部 4—视网膜 5—视神经 6—视交叉 7—视束 8—视束外侧根 9—视束内侧根 10—顶盖前主核 11—外膝体 12—上丘臂 13—上丘 14—丘脑枕 15—视放射 16—距状裂

3.1.2 Marr 的视觉理论

1982 年，Marr 将哲学上意识的表示理论应用到视觉研究领域，提出了视觉表示理论，第一次明确地将视觉定义为一个信息处理问题，奠定了视觉研究的理论基础。

Marr 视觉理论认为视觉可分为三个阶段，如图 3-2 所示。第一阶段是早期视觉（Early Vision)，目的是提取观察者周围景物表面的物理特性，如距离、表面方向、材料特性（反射、颜色、纹理）等。具体来说包括边缘检测、双目立体匹配、由阴影确定形状、由纹理确定材质、光流计算等。第二阶段是二维半简图（2.5 维图，2.5D Sketch）或本征图像（Intrinsic Image)，它是在以观察者为中心的坐标系中描述物体表面的各种特性，根据这些描述可以重建物体边界，按表面和体积分割景物。由于在以观察者为中心的坐标系中只能得到可见表面的描述，得不到遮挡表面的描述，故称二维半简图。第三阶段是三维模型（3D 描述)，是用二维半简图中得到的表面信息建立适用于视觉识别的三维形状描述。这个描述应与观察者的视角无关，即在以物体为中心的坐标系中，用各种符号和几何结构描述物体的三维结构和空间关系。

为此，Marr 提出计算机视觉系统的开发要归为三个要素：

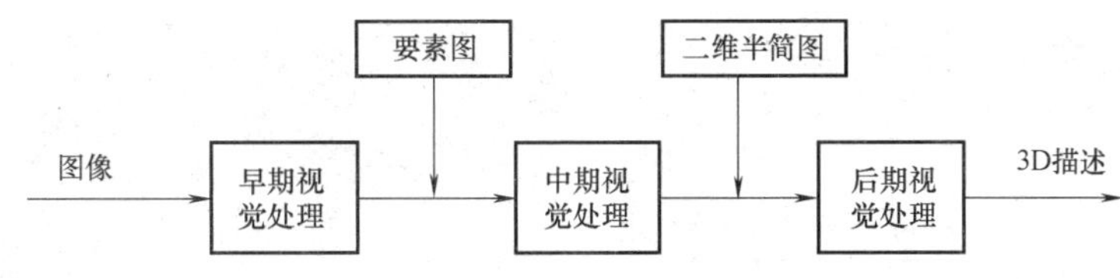

图 3-2　Marr 视觉的三个阶段

1）数学理论，即研究计算机视觉系统需要考虑数学计算层面的目标及可以引入的合理约束条件。

2）描述和算法，需要重点解决计算机视觉中输入和输出的数据格式问题，并设计合理的算法实现其系统功能。

3）硬件的合理使用，使用符合算法要求的硬件并考虑该硬件对所需要的算法和描述的反作用。这里需要说明的是，当今流行的图形处理器（Graphics Processing Unit，GPU）的加速技术及多核处理使该问题变得更加具有现实意义。

按照 Marr 的视觉理论并针对上面的三个要素，可以对应地从三个层次来理解一个复杂的视觉信息系统：

1）第一个层次是计算理论层次，即探讨外部客观世界的物理约束与问题的可计算性。

2）第二个层次是算法设计层次，即设计出完善、高效的算法。

3）第三个层次是算法实现层次，即在具体的硬件（神经元或计算机）上可靠地实现算法。独立的层次划分有助于不同层次的视觉研究的独立开展。

3.1.3　机器视觉研究现状

人类视觉的研究发展得益于神经生理学、心理学与认知科学对生物视觉系统的研究，但机器视觉（计算机视觉）计算理论与算法的发展却可以相对独立一些。主要原因一是目前生物视觉在更高层次上的机理尚未完全搞清楚；二是基于 Marr 理论，有不少学者认为可以从信息转换的角度真正理解视觉信息处理过程并发展出一套信息处理的计算理论；三是一般而言，计算机视觉系统要观察的工作环境相对比较简单。

计算机视觉处理是利用计算机和摄像机来代替人眼，完成对图像中相关目标的识别、跟踪和检测。在这一过程中要经过相关的图像处理技术生成更适合人眼观看或适用于仪器检测的相关图像或视频数据。随着人工智能的出现和发展，在人工智能算法下的计算机视觉技术也在不断蓬勃发展。当前，计算机视觉技术主要的研究可归纳为如下五个方面：

1. 图像分类

图像分类是指在对一组图像进行测试之前，已经规定好图像的分类标签（如猫、狗等）。当对测试图像进行图像分类操作时，通过对比和匹配已有的图像分类标签和被测图像来实现图像的分类，图 3-3 所示为分类结果，并且显示出了与分类标签的近似度。图像分类技术广泛应用在医学图像和遥感图像等很多领域，例如结合人工神经网络对遥感图像分类，可以反映出不同的地形特征，如水体、植被、山地、平原等。

2. 目标检测（识别）

与图像分类不同，目标检测是指识别出图像中的某个特定目标事物并确定该目标的位置，从而有利于下一步的目标跟踪工作。如图 3-4 所示，目标检测并不是将图中的事物分类

图 3-3 图像分类示例（用不同矩形分类不同的事物）

图 3-4 识别足球这一特定目标

为人、足球、草地等，而是要直接在图中检测出足球这一特定目标并完成定位。

随着深度学习技术的发展，从 2013 年开始，目标检测算法已经从基于人工标识特征的传统目标识别转向了基于深度神经网络的目标识别技术，并已广泛应用于车牌号识别、无人驾驶、交通标志识别等多个领域。

3. 目标跟踪

目标跟踪是在不同的图像集合（或视频流）中对一些特定目标进行连续跟踪的过程。首先是要目标检测，确定特定目标在该图像中的位置、大小。然后通过后续的若干帧图像判断该目标的位移和方向及其移动速度等。最后利用这些数据结果来预测该目标的下一步行为轨迹，从而对该目标进行更高级别、长时间连续检测。

目标跟踪常常应用于监控监测、无人驾驶等领域。如图 3-5 所示，通过目标跟踪，可以在多帧视频流中连续跟踪某一辆或多辆赛车。

图 3-5 目标跟踪示例

4. 语义分割

图像的语义分割是以像素共同点为分割依据，从像素级别来处理图像。首先根据像素值相等或相近与否（规定一个范围）对图像中的内容或对象进行划分，每个像素范围有其对应的标签与分类，从而实现对图像中不同内容或对象的类别分割。如图 3-6 所示，在经过语义分割后的图中，每一种类别的事物（例如道路、树木、人等）内部是用同一种像素颜色来描述的，因此边界划分更清晰。语义分割是场景理解的技术基础，对智能驾驶、机器人认知层面的自主导航、无人机着陆系统以及智慧安防监控等无人系统具有至关重要的作用。

图 3-6　语义分割示例

5. 实例分割

语义分割可以以像素为单位来分割不同的事物，但是由于同一对象内部的像素完全一致，导致无法描述事物内部的细节。而目标的实例分割可以解决这个问题，它在检测出图像中每个目标的同时，还能够得到区分目标前景和背景像素的“掩膜”，这可以理解为日常生活中对图片进行“抠图”。因此，如图 3-7 所示，利用实例分割既能够明显地分割每个实例并确定复杂背景下不同实例的边界，同时还可以确定同类但不同实例之间存在的差异和关系。

图 3-7　实例分割示例

以上这些计算机视觉理论基础对于机器人的智能检测和先进控制是非常重要的。在数字图像和视频数据中蕴含着丰富的视觉资源，如何智能地提取和分析其中的有用信息既是研究热点，也是研究难点。计算机视觉是人工智能的主要研究方向之一，可广泛应用于社会生活中的各个领域，例如生产制造、智能安检、图像检索、医疗影像分析、人机交互等。

例如，在现代医疗体系中计算机视觉技术起到了很大的作用，通过借助人工智能领域的机器学习算法并结合医生的专业判断，能够对医学影像等医学数据做出更加精准地判断。通过图像处理技术提高医学图像的清晰度，有利于准确提取目标对象，从而使人们能够更加清晰地看到图像中的相关信息，例如清晰地界定某个医学影像中病变细胞的扩散区域。

计算机视觉技术在工业等领域也应用广泛，例如零件检验与尺寸测量、零件的缺陷检查、零件装配、无人驾驶、遥感技术、机器人的引导等。

因为本书讨论的是机器人的智能检测与先进控制基础，而计算机视觉是机器人识别外部环境的重要手段，所以在本章和第 4 章分别对计算机视觉的理论和应用加以论述。但是图像处理并非本书的主要内容，所以下一节仅以边缘检测为例来说明计算机视觉中的这一功能。如果需要详细了解计算机视觉及机器学习的算法，请参阅相关的参考文献。

3.2 边缘检测

数字图像的数据量大，并且包含大量冗余、不相关的信息，从大量的数据中提取有用的信息是数字图像处理的基本要求。基于 Marr 的视觉理论，人类对物体的感知在很大程度上依赖于物体的边缘，这是因为边缘是图像中一个区域与另一个区域的交接处，是属性发生突变的地方，既是图像中不确定性最大的地方，也是图像信息最集中的地方。

由此可见，边缘是图像基本的、不变的特征，它能在保留图像中物体形状特征的前提下大大地减少所要处理的信息量。因此边缘检测是图像处理中最基本的问题，它对于高层次的特征提取、特征描述、目标识别和图像理解等有着极其重要的影响。自从 20 世纪 50 年代出现边缘检测的研究以来，人们对边缘检测算法的研究一直未停止过，本节介绍边缘检测的概念及其几种常用算法。

3.2.1 边缘检测与微分算子

边缘主要存在于不同目标之间，以及目标与背景、区域与区域（包括不同色彩）之间，在图像上表现为局部灰度发生急剧变化（也被称为梯度）的不连续处。边缘检测就是要将图像中灰度不连续的地方检测出来作为不同事物或同一事物不同部分的边界。因此边缘是以灰度突变来检测的，所以通常使用微分算法（计算函数在哪个方向上的变化最为明显）来进行边缘检测。

图像中的边缘通常被分为阶梯边缘、脉冲边缘、屋脊边缘，它们的剖面形态及其一阶和二阶导数如图 3-8 所示。在对图像进行采样时，边缘在实际的数字图像中总会有一些模糊，

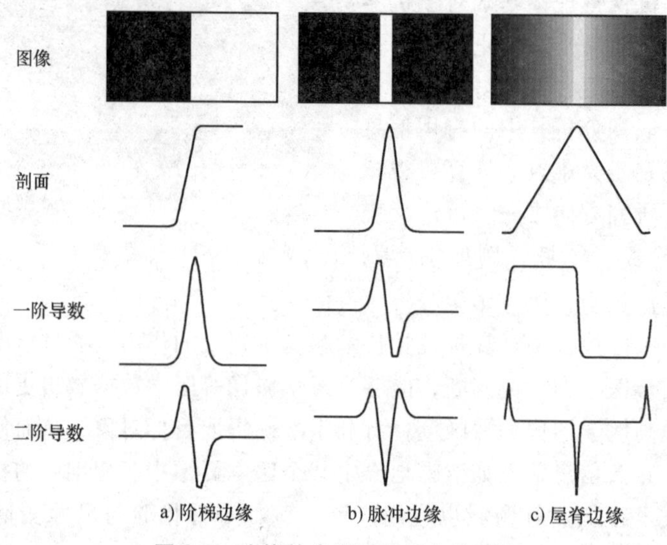

图 3-8 边缘的类型及其相应的导数

所以原本应该是黑白分明的边缘剖面都显示为灰度逐步变化的斜坡状，即边缘区有一定的宽度。

图 3-8a 为阶梯边缘，处于图像中两个具有不同灰度值的相邻区域之间。它的名称来自于其灰度值剖面的形状像一个阶梯。该剖面的一阶导数（在图像处理中常被称为梯度）在图像由暗变明的位置处有一个向上的脉冲，而在其他位置为零，这表明可用一阶导数的幅度值来检测该类边缘的存在，而幅度峰值的地方就是边缘的位置。它的二阶导数在一阶导数脉冲的位置形成了方向相反的两个脉冲，这两个脉冲之间有一个过零点，对应原图像中的边缘位置，因此也可用二阶导数的过零点来检测阶梯边缘的位置。

图 3-8b 为脉冲边缘，主要对应细条状的灰度值突变区域，因其灰度剖面形状像脉冲而得名。与阶梯边缘的二阶导数类似，脉冲边缘的一阶导数存在方向相反的两个脉冲，通过检测一阶导数的上下峰值出现的位置就可确定脉冲边缘的范围。而脉冲边缘的二阶导数有两个过零点，分别对应剖面的上升沿和下降沿，这表明通过检测脉冲剖面的两个二阶过零点也可以确定脉冲边缘的范围。

图 3-8c 为屋脊边缘，图像中灰度值的上升和下降变化都比较缓慢，是个渐变过程，因此其灰度剖面可看作是逐渐上升后再逐渐下降的三角形，也可以看作是将图 3-8b 所示脉冲边缘的剖面底部拉开得到的（成为模糊范围比较大的边缘）。通过检测一阶导数的过零点可以确定屋脊边缘的中心位置，通过计算二阶导数向下大脉冲的起止边界可以确定屋脊的宽度。

综上所述，图像中事物的边缘可以通过一阶或二阶导数来表征，而导数在图像处理中是用微分算子来处理的。在图像处理中，算子也被称为滤波器，因此微分算子也可以称为微分滤波算子。下面将介绍几个常用的微分滤波算子，在此之前先说明一下微分滤波的计算方法。

1. 图像的微分滤波

数字图像是由一个个按照行与列排序的像素组成的，每个像素都可以展现红绿蓝（Red、Green、Blue）三色素数值的一个组合，这些颜色不同的像素共同组成一幅图像。

在图像处理领域，通过 3×3 或 5×5 的滤波器可以对数字图像进行局部范围的处理，例如去除图像中的孤立点，获取图像中物体的边界等。图像滤波是逐次改变图中的每一个像素值。方法是根据处理前的某图像像素及其相邻区域像素值的大小和滤波器的数值来计算该像素在处理后的像素值。因此，图像滤波是一种依赖于像素的区域处理方法，而不是针对图像整体的全域处理方法。

图像滤波根据滤波器的不同分为平滑处理、微分处理等。下面以图 3-9 为例介绍滤波器如何处理图像。

图 3-9a 表示一个图像的一部分区域，每一个小格代表一个像素，里面的数值代表这个位置像素的灰度值。需要说明的是，如果原图是彩色的，且 $R(x,y)$、$G(x,y)$、$B(x,y)$ 分别为图像中某点 (x,y) 的红、绿、蓝元素值，设 $I(x,y)$ 为图像中该点 (x,y) 的灰度值（像素值），那么

$$I(x,y)=0.3R(x,y)+0.59G(x,y)+0.11B(x,y) \tag{3-1}$$

利用式（3-1）可以把彩色图转换成灰度图，进而完成图像滤波。式（3-1）中的系数 0.3、0.59 和 0.11 是根据人眼对不同颜色视觉的适应度而定的。

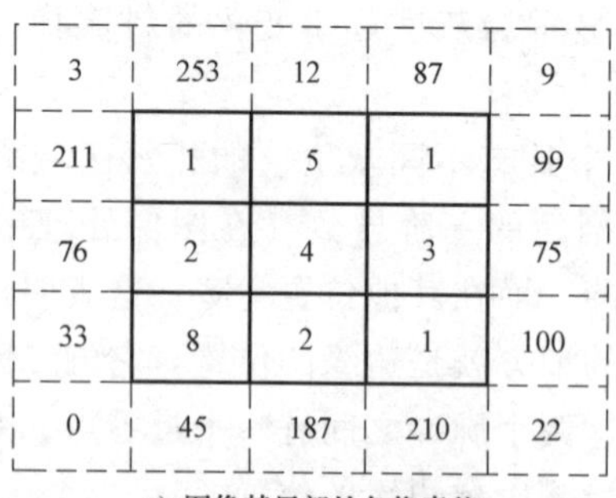

3	253	12	87	9
211	1	5	1	99
76	2	4	3	75
33	8	2	1	100
0	45	187	210	22

a) 图像某局部的各像素值

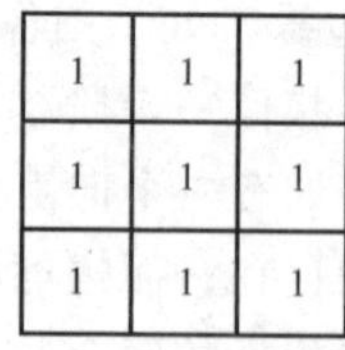

1	1	1
1	1	1
1	1	1

b) 3×3滤波器

图 3-9　图像滤波的说明

图 3-9b 是一个 3×3 的滤波器，这个滤波器中的数值全部是 1，相当于当前像素点（x，y）及其周围各像素值的滤波作用相同，因此它是均值滤波器（也叫平滑滤波器）。现在说明如何利用这个滤波器对图像进行滤波处理。

滤波处理就是将滤波器像一个罩子（mask）一样放于原图像的左上角并通过下面的计算得到处理后的某一点像素值。然后这个罩子在原图上逐次向右移动到图像的右上角，到达最右边之后下移一行，又从图像中第二行最左边像素开始计算并右移，直到原图像的右下角位置为止，结束滤波处理。

图 3-9a 中实线部分的中心像素（数值是 4）通过式（3-2）完成滤波处理后得到新数值

$$\frac{(1\times1+5\times1+1\times1+2\times1+4\times1+3\times1+8\times1+2\times1+1\times1)}{9}=3 \tag{3-2}$$

也就是说被罩子罩住的原图像各个像素值与滤波器中对应的各值分别相乘后再相加，得到的结果再除以 9，其结果就是被罩子罩住部分的中心位置像素在滤波处理后的数值。这种操作要历遍原图像的每一个像素，在数学计算上叫作卷积运算，因此图 3-9b 的滤波器也叫作卷积核。如果滤波器是 5×5 或 7×7，那么计算量会更大。

图 3-10 所示为经过 3×3 平滑滤波（即均值滤波）后的效果。可见，经过平滑滤波后，图像显得有些模糊，这是将原图中各个像素点的灰度值与其周围像素值做了数值平均的结果。

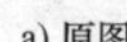

a) 原图

b) 平滑滤波后的效果

图 3-10　经过 3×3 平滑滤波后的效果

2. 一阶微分算子

上面的平滑滤波并不能做边缘检测，一阶微分算子是最基本的边缘检测方法，可以检测出图像中灰度发生变化的位置，相当于图 3-8 中的一阶导数。

人们提出了许多不同的一阶微分算子，经典的有 Roberts 边缘算子、Sobel 边缘算子、Prewitt 边缘算子等。这些一阶微分算子的目的都是求取图像中事物的边缘，只是算子中的系数和计算方法各有不同。

设 $I(x, y)$ 为图像中某点 (x, y) 的像素值，$I(x-1, y)$ 和 $I(x+1, y)$ 为该点在 x（水平）方向上的左右两个相邻点的像素值，$I(x, y-1)$ 和 $I(x, y+1)$ 为该点在 y（垂直）方向的上下两个相邻点的像素值。上述各算子的计算公式如下所示。

1）Roberts 边缘算子：设 $g(x, y)$ 为经过式（3-3）的 Roberts 算子计算后得到的点 (x, y) 处的一阶微分滤波后的像素值，则

$$g(x,y)=\{[\sqrt{I(x,y)}-\sqrt{I(x+1,y+1)}]^2+[\sqrt{I(x+1,y)}-\sqrt{I(x,y+1)}]^2\}^{1/2} \tag{3-3}$$

将图像中所有的像素点利用式（3-3）计算后，总的 $g(x, y)$ 即为图像灰度值在 Roberts 边缘算子意义上一阶导数的分布。对于图像的上下左右四个边缘的所有像素，是无法通过式（3-3）进行求解的，可以将其像素值记为零，也可以对图像边缘的所有像素不做任何处理。

2）Sobel 边缘算子：包括图 3-11a 和 b 所示的两个 3×3 算子，分别对图像中的垂直和水平方向求微分运算，取这两个结果中的最大值作为 Sobel 边缘算子处理后的中心像素的灰度值结果（见图 3-13a），处理前的原图为图 3-10a。

3）Prewitt 边缘算子：包括图 3-12a 和 b 所示的两个 3×3 算子，分别对图像中的垂直和水平方向求微分运算，取这两个结果中的最大值作为 Prewitt 边缘算子处理后的结果（见图 3-13b），处理前的原图为图 3-10a。

−1	−2	−1
0	0	0
1	2	1

a) Sobel边缘算子1

−1	0	1
−2	0	2
−1	0	1

b) Sobel边缘算子2

图 3-11　Sobel 边缘算子

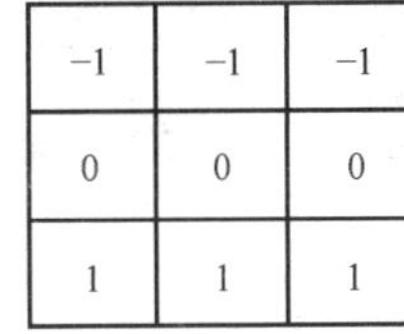

−1	−1	−1
0	0	0
1	1	1

a) Prewitt边缘算子1

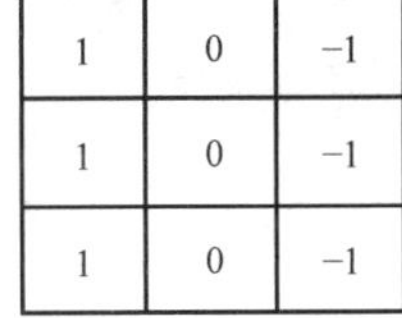

1	0	−1
1	0	−1
1	0	−1

b) Prewitt边缘算子2

图 3-12　Prewitt 边缘算子

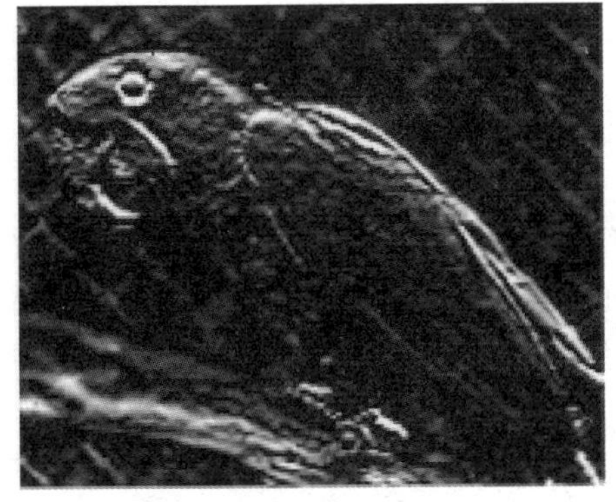

a) Sobel边缘算子处理后的效果

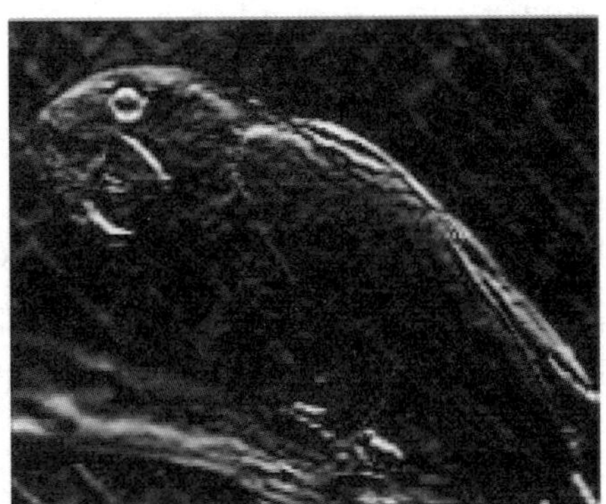

b) Prewitt边缘算子处理后的效果

图 3-13　两种一阶微分算子处理后的效果

3. 二阶微分算子

一阶微分算子在处理数字图像时在物体边缘附近存在一定的模糊性，因此上述算子检测到的边缘通常还需要做细化处理，这在一定程度上影响了边缘定位的精度。

针对一阶微分算子的不足，为了提高边缘定位的准确性，根据“边缘处灰度的变化率最大（达到极值），因此其对应的二阶导数应该为过零点”这一特点，产生了以二阶导数为基础的边缘检测算子，常用的是具有线性和旋转不变性的拉普拉斯算子（Laplacian），它对灰度突变非常敏感，适于边缘检测。Laplacian 也有很多种，图 3-14 所示为其中 3 种算子及其处理后的效果，处理前的原图为图 3-10a。机器人在进行计算机视觉处理时可以根据实际环境状况和工作情况选择合适的算子。

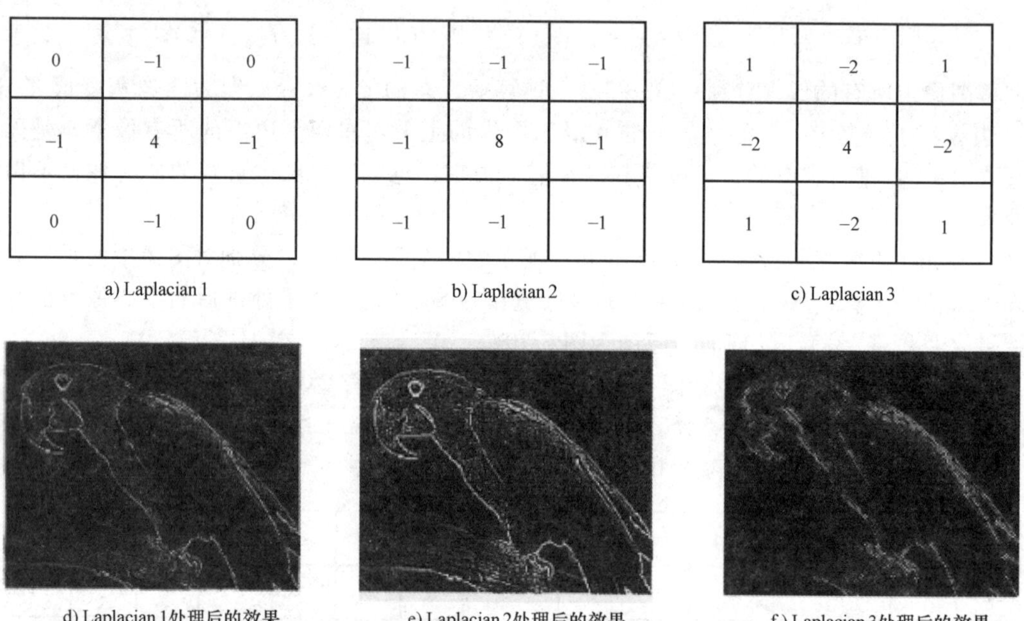

0	−1	0
−1	4	−1
0	−1	0

a) Laplacian 1

−1	−1	−1
−1	8	−1
−1	−1	−1

b) Laplacian 2

1	−2	1
−2	4	−2
1	−2	1

c) Laplacian 3

d) Laplacian 1处理后的效果

e) Laplacian 2处理后的效果

f) Laplacian 3处理后的效果

图 3-14　3 种 Laplacian 及其处理后的效果

3.2.2　最优边缘检测滤波器

边缘和噪声在图像中都表示为灰度的急剧变化，均属于高频成分。若直接利用上述的微分运算来检测边缘，噪声信号会极大地影响检测结果。为此，一些学者在微分算子的基础上，根据信噪比（Signal-to-Noise，SNR）获得了检测边缘的最优滤波器，典型的有 LOG 算子和 Canny 算子。

LOG 算子（Laplacian-Gauss 算子）是 1980 年由 Marr 和 Hildreth 提出的，它是在 Laplacian 的基础上实现的。首先利用具有正态分布的高斯函数对图像进行平滑处理，然后采用 Laplacian 根据二阶导数过零点来检测图像的边缘。LOG 算子在计算机视觉领域得到了广泛的应用。它具有如下优点：

1）用 DOG（Difference of Gaussian，高斯差分）函数来近似实现 LOG 算子，可提高运算速度。

2）所用的高斯滤波器能同时在空间域和频域达到最佳。当尺度减小时可以出现新的过零点，但已有的过零点不消失，这是其他滤波器所不具备的。

3）抗干扰能力强，边界定位精度高，连续性好，而且能提取出对比度弱的边界。

除了上述优点，也存在不足之处：

1）当边界距离宽度小于算子宽度时，区域边界细节会丢失。

2）在实际图像中，高斯滤波的零交叉点不一定全部是边缘点，还需要进一步确定。

1986 年 Canny 从最优滤波器的角度提出了 3 个最优准则，即好的信噪比、好的定位性能、对单一边缘仅有唯一响应（单个边缘产生多个响应的概率要低并且最大限度地抑制虚假边缘响应）。Canny 将上述判据用数学的形式表示出来，采用最优化数值方法得到了最佳边缘检测模板，其一般过程为：

1）使用高斯滤波器对图像进行平滑处理。

2）基于平滑后的图像计算一阶梯度。

3）根据梯度方向进行非极大值抑制。

4）利用双阈值判定边缘像素。

在二维情况下，Canny 算子的方向性使得边缘检测和定位性能比 LOG 算子要好，具有更好的抗噪性能，而且能产生边缘梯度方向和强度两个信息，为后续处理提供了方便。但不足之处在于为了得到较好的结果通常需要使用较大的滤波尺度，容易丢失一些细节。

在 Canny 算子的影响下，又产生了许多类似的最优滤波算子，如 Deriche 将 Canny 算子做了一定的简化，根据与 Canny 相同的最优准则推出了无限脉冲响应滤波器的函数形式等，这些根据最优准则得到算子的方法都在边缘检测的研究和应用中取得了一定的成果。

3.2.3　边缘检测快速算法

Kirsch 算子在图像边缘检测中也有着广泛的应用。Kirsch 算子由 8 个 3×3 的模板（即卷积核）构成，每个模板都代表一个特定的检测方向，每相邻两个模板之间的夹角为 45°，如图 3-15 所示。需要同时用这 8 个模板来处理一幅图像的每一个像素，取最大值作为该像素边缘检测的结果。

Kirsch 算子虽然能够最大限度地检测图像中的物体在各方向上的边缘，但运算量大，应

5	5	5
−3	0	−3
−3	−3	−3

a)

−3	5	5
−3	0	5
−3	−3	−3

b)

−3	−3	5
−3	0	5
−3	−3	5

c)

−3	−3	−3
−3	0	5
−3	5	5

d)

−3	−3	−3
−3	0	−3
5	5	5

e)

−3	−3	−3
5	0	−3
5	5	−3

f)

5	−3	−3
5	0	−3
5	−3	−3

g)

5	5	−3
5	0	−3
−3	−3	−3

h)

图 3-15　Kirsch 算子

用范围在一定程度上受到限制。例如机器人在完成环境的自动检测或识别的过程中将有大量的图像需要处理，如果运用 Kirsch 算子提取图像中的边缘特征，所花费的时间不容忽视。

近些年，有不少学者在 Kirsch 算子的基础上提出了很多有效的快速边缘检测算法，例如 FKC 算法、TDIIKA 算法等。

FKC 算法（快速 Kirsch 算法）有效地解决了原始 Kirsch 算法运算量过大的问题，它采用移行推算的办法来计算 8 个方向的边缘强度，然后选取最大值作为最终边缘强度。移行推算是先用一个模板与图像进行卷积，算出与该模板方向相应的边缘强度，其余 7 个方向均采用前一方向边缘强度的计算结果来推算下一相邻方向的边缘强度。

TDIIKA 算法是基于模板分解和积分图像的快速 Kirsch 边缘检测算法（Templates decomposition and integral image based Kirsch algorithm，TDIIKA）。该算法将 Kirsch 算子的 8 个方向模板分解为差值模板和公共模板，然后对各差值模板进行比较，找出边缘强度的最大方向并计算出相应的边缘强度值，避免了将各方向模板都作用于图像后全部算出边缘强度，大大减少了模板与图像的卷积运算。公共模板和图像的卷积则利用图像灰度信息处理时得到的积分图像来加速。

3.2.4 图像处理中的一些问题

1. 图像滤波

从前面的讨论可以看出，一阶微分算子如 Roberts、Prewitt、Sobel 等和二阶微分算子如 LOG、Laplacian 等，或多或少地存在导数的计算对噪声敏感这一问题。下面探讨如何改善与噪声有关的边缘检测器的性能。

采用传统的高斯滤波来平滑图像是去除噪声的一种方法。主要思路为用原图像 $I(x, y)$ 与高斯算子（也可称为掩模）$G(x, y)$ 作卷积之后可得到图像 $H(x, y)$，得到的图像与原始图像相比噪声减少。图像 $H(x, y)$ 可以表示为

$$H(x,y)=G(x,y)I(x,y) \tag{3-4}$$

其中，$G(x, y)$ 为二维高斯分布

$$G(x,y)=\frac{1}{2\pi\sigma^2}\mathrm{e}^{\frac{x^2+y^2}{2\sigma^2}} \tag{3-5}$$

其中，σ 是标准差，其值与平滑的效果正相关，即 σ 越大平滑效果越明显。

除此之外，针对传统边缘检测算法抗噪性较差、误判率高和漏判等问题，也有不少学者提出了一些改良的算法，例如选用平滑聚类滤波取代高斯滤波对有噪声图像进行预处理，以及对传统 Canny 边缘检测算法的改进等。

2. 图像增强

图像增强是指有目的地强调图像的整体或局部特性，将原来不清晰的图像变得清晰或强调某些感兴趣的特征，扩大图像中不同物体特征之间的差别，抑制不感兴趣的特征，使之改善图像质量、丰富信息量，加强图像判读和识别效果，满足某些特殊分析的需要。简而言之，就是给定图像的应用场合后，通过图像处理来增强图像中的有用信息或改善视觉效果。

在此简单介绍一种图像增强的算法，即小波变换，它能够有效增强高频边缘的细节信息。小波是一种具有时频局部变化的函数，可以在有限的持续时间和变化的频率下对信号进

行多尺度分析，因而可以同时提供时间和频率信息。

小波变换的基本原理是通过对基函数（母小波）进行伸缩、平移得到小波基来对时变信号进行分解与重构。根据所要分析信号的不同，可以选择不同的小波基，通过对时移因子和尺度因子的计算可以分析信号在不同频率范围内的响应。

小波变换增强图像实质上是对比度的增强。它将图像分解为低频和高频信号，通过对图像做锐化处理，即突出高频信号、抑制低频信号，从而达到图像增强的目的。小波变换增强图像原理如图 3-16 所示。首先对图像进行小波分解，可以分别压缩低频和放大高频系数，然后再对图像进行重构。经过重构，图像的高频信号得到增强，后续可以对增强后的图像进行边缘检测。

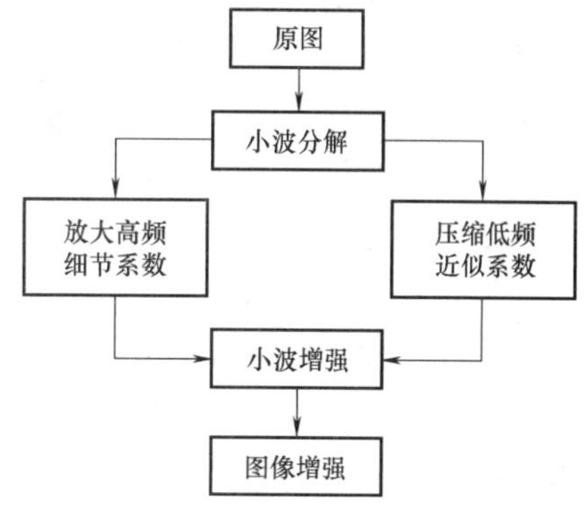

图 3-16 小波变换增强图像原理

3. 定位

机器人在完成抓取工作时，对抓取物品的定位是关键。定位从类型上可分为基于边缘检测、基于颜色、基于机器学习等方式。由于包含环境内容的实际图像中干扰因素较多，因此会大大影响识别与定位效果，不少学者提出了多种解决方法。

例如，基于改进 Canny 算子边缘检测和数学形态学的算法。该算法首先使用边缘检测改进 canny 算子进行一次粗定位，大致确定图像中物品所在区域；再对边缘检测后的二值图像进行膨胀、腐蚀等一系列数学形态学操作，完成对物品的二次精确定位。

改进的 Canny 边缘检测算法在噪声环境下具有较好的自适应性，在车牌自动识别等领域已经广泛应用。例如经过粗、精两次定位后可以得到轮廓真实、边缘清晰、符合要求的车牌图像。这种算法能够避免一定的噪声影响，解决目标图像噪声干扰及边缘模糊的问题，具有较好的鲁棒性。

3.3 摄像机的标定

完成计算机视觉的任务，首先就要从摄像机获取图像并由此计算三维空间中物体的几何信息，然后重建和识别物体。而物体表面某点的三维几何位置与其在图像中对应点之间的相互关系是由摄像机成像的几何模型决定的，这些几何模型参数就是摄像机参数。在大多数条件下，这些参数必须通过实验与计算才能得到，这个过程被称为摄像机标定。

摄像机标定的参数主要有内部参数（几何和光学特性的有关参数）和外部参数（相对于某个世界坐标系的三维位置和方向）。迄今为止，对于摄像机标定大体可以归结为两类：传统的摄像机标定方法和摄像机自标定方法。

传统摄像机标定的基本方法是在一定的摄像机模型下基于特定的定标参照物，利用一系列数学变换和计算方法求取摄像机模型的内部参数和外部参数。而摄像机自标定方法是利用摄像机在运动过程中周围环境图像之间的对应关系来自行进行标定的方法。

1. 摄像机的线性标定与非线性标定

摄像机标定技术根据所用的模型不同分为线性标定和非线性标定。摄像机的线性标定用的是线性模型，线性模型是指传统的小孔成像模型，而其他模型就称为摄像机的非线性模型。

利用线性模型完成摄像机标定，所用的线性方程求解简单、快速，目前已有大量研究成果。但是线性模型不能完全、准确地描述成像的几何关系，尤其是在使用广角镜头时，在远离图像中心处会有较大的畸变，影响测量精度。

非线性模型下的摄像机标定在处理过程中由于考虑了畸变参数，所以引入了非线性优化，准确性相对较好。但是需要注意，如果引入过多的非线性参数，往往不仅不能提高精度，反而会引起标定解的不稳定。同时非线性标定较为烦琐、速度慢，对初值选择和噪声比较敏感，因此改进的余地还很大。

2. 立体视觉的摄像机标定

立体视觉是由多幅图像（一般是两幅）获取物体三维信息的方法。在计算机视觉系统中，可以利用双摄像机从不同角度同时获取景物的两幅图像，也可以用同一台摄像机在两个不同位置分别获取景物的两幅图像，然后通过计算机进行三维重建以恢复景物的三维形状和位置。因此，双目立体视觉测量系统一般由两台摄像机或者由一台可移动摄像机及其软件构成。

双目立体视觉测量是基于视差、利用三角定位原理进行三维信息的获取，即由两个摄像机的图像平面（或单摄像机在两个不同位置拍摄的图像平面）和被测物体之间构成一个三角形。已知两摄像机之间的位置关系，便可以获取两摄像机公共视场内景物特征点的三维空间坐标。

3. 机器人的手眼标定

在机器人抓取物体之前，要先对机器人视觉系统的手眼（机械手的末端抓取装置和摄像机）关系进行标定，这样才能保证机器人利用视觉控制机械手完成抓取动作。手眼关系的标定是指机器人坐标系（世界坐标系）与摄像机坐标系之间位置关系的确定。

机器人末端执行器（机械手的末端抓取装置）在世界坐标系中的空间位置可以通过机器人内部的高精度传感器获得（参见 2.2 节）。而当末端执行器在摄像机拍摄的图像中显示出来时，就获得了末端执行器在摄像机坐标系中的位置。通过坐标变换即可推导出机器人的手眼关系。机器人比较典型的手眼标定方法有以下 3 种。

(1) 离线标定　它是最简单、直接的对摄像机的标定方法，主要利用成像几何性质将需要标定的参数分解并建立方程组，然后将离线测量一些特殊点得到的位置坐标和方向带入，就能够反解出需要标定的参数值。

(2) 在线标定　它是将标定技术与控制理论方法结合，形成自治系统。当出现任何的冲击、振动及外部干扰时都能够实时校正，因此能很好地消除离线标定引起的一些误差，具有较好的鲁棒性。它的基本思路是将手眼关系代入方程并求解逆动力学方程，然后对运动轨迹和目标进行控制。在线标定同时实现了参数的在线确定和实时校准。

(3) 无标定　为了克服系统建模误差的影响以及实际摄像机参数标定的复杂性，提出了一系列的无标定视觉伺服机器人控制方法。思路是通过一些外部传感器获取机器人的位置或速度参数，再通过控制器估计和在线校准所需参量，从而达到无标定或减少标定参数的目的，同时也减少了标定参数和标定建模引起的误差。

4. 摄像机的自标定

摄像机自标定技术是指当摄像机在移动时，同一事物或不同事物之间在连续拍摄的各帧图像中都会形成一定的对应关系，通过这种关系来对摄像机进行标定的技术就是摄像机自标定。这种方法无须依赖参照物，比传统的摄像机标定方法有很大的改进和提高，已成为摄像机标定技术的主流方法。摄像机自标定主要有以下 4 种方法。

（1）基于主动视觉的自标定法　它是摄像机自标定中应用最为普遍的方法。摄像机在移动过程中通过对比多幅图像中的某一个或多个特定目标在图中的位置变化就可以建立对应关系并求出待标定参数。整个标定过程不需要精密的标定物，因此使得标定问题简单化。

（2）基于 Kruppa 方程的自标定方法　它是在整个摄像机自标定过程中导入了 Kruppa 方程，通过对该方程直接求解得到整个摄像机的具体参数。这种标定方法不需要对整个图像的序列进行射影重建，通常是对两个图像之间的信息建立一个方程。但是这种方法还是存在一定的局限性，它无法保证在无穷远处保持所有图像具有一致性。而且当摄像机拍摄的图像序列较长时，基于 Kruppa 方程的自标定方法就显得不稳定，因而不能很好地计算出摄像机的内外参数，会对标定造成影响。

（3）分层逐步标定法　该方法在应用过程中首先需要对整个拍摄的图像序列进行摄影重建，这点和基于 Kruppa 方程的自标定方法一样，然后利用绝对二次曲面加以约束，最后再确定出无穷远处平面方程中的映射参数以及摄像机内部的参数。分层逐步标定法的特点是建立在射影定标的基础之上，利用某一幅图形作为特征基准点进行射影对齐，进而减少了整个摄像机自标定的未知数的数量，之后再运用非线性优化算法来求解未知数。这种方法的不足之处就是在进行非线性优化算法时，初值是通过事前预估得到的，不能够保证方程的收敛性。

（4）基于二次曲面的自标定方法　它与基于 Kruppa 方程的自标定方法在本质上是一致的，这两种方法都是利用了绝对二次曲面在欧式变换下维持不变性进行的。在输入了多幅图像并且在进行统一的射影重建状态下，基于二次曲面的自标定方法包含了绝对二次曲面和无穷远处平面的所有信息，进而能够保证整个图像在无穷远处平面的一致性，所以基于二次曲面的自标定方法比基于 Kruppa 方程的自标定方法更加实用。

本章小结

作为机器人最重要的对外部环境的智能检测手段，本章介绍了计算机视觉的基础知识。首先，介绍了视觉的生物学基础和 Marr 的视觉理论，并据此分析了机器视觉研究的现状。然后以边缘检测为主介绍了计算机视觉中的图像处理。最后总结了摄像机标定的一些基本方法。

本章从理论方面综述了计算机视觉技术，下章将以工业机器人的视觉系统为例做详细介绍。

思考与练习题

1. 了解 Marr 视觉理论。
2. 了解机器视觉（计算机视觉）的主要研究方向及其在机器人领域的应用状况。
3. 了解边缘检测的几种常用方法。
4. 了解摄像机的标定技术。

第4章 工业机器人的视觉检测

近些年随着大数据、云计算、互联网等技术的发展，制造业与信息技术深度融合，使自动化程度不断提高，机器人在现代制造业的生产线上得到了广泛的应用，尤其是在精度要求高、危险程度高、复杂多变的环境中进行生产作业，都已经离不开机器人。喷漆、焊接、搬运和码垛等都是工业机器人在生产制造中的典型应用。

在这些任务中，如果没有匹配的视觉系统，工业机器人将无法适应复杂多变的生产环境，也就很难顺利地完成任务。而如果将视觉系统与工业机器人相结合，就能使机器人感知和认知外部环境并具有一定的适应能力，可以大大提高工作效率和准确度，这将对制造业的发展产生巨大推力。

本章将围绕工业机器人视觉系统展开介绍。首先介绍视觉系统的重要组成部分，如工业相机、工业光源、图像采集卡和视觉处理软件等，对工业机器人视觉系统在软、硬件层面形成初步认识。在此基础上，介绍工业机器人视觉系统中关键的图像处理流程以及数据压缩等技术方法。最后介绍工业机器人视觉检测的应用实例。

4.1 视觉系统的组成

图 4-1 所示为工业机器人的视觉系统，可以分为图像采集模块、图像处理模块和控制执行模块，各部分对整个视觉系统都起着至关重要的作用。本节将结合工业相机、工业光源、图像采集卡等硬件以及视觉处理软件来介绍工业机器人的视觉系统。

4.1.1 工业相机

工业相机是机器视觉系统中的一个关键组件，其最基本的功能就是以工业级的高品质将光信号转变成有序的电信号。工业相机相比于传统的民用相机而言，具有高图像稳定性、高传输能力和高抗干扰能力等优势。选择合适的相机是机器视觉系统设计中的重要环节，它的选择不仅直接决定所采集图像的分辨率、图像质量和采集频率等性能，同时也与整个系统的运行模式直接相关。

较早的相机都是模拟信号的相机，需要配合图像采集卡使用。通过图像采集卡将模拟量的光、电信号转换成数字电信号，再传送至计算机。随着 USB 3.0、GigE、Camera Link、CoaXPress 等数字接口技术的发展和成熟，数字照相机逐渐取代了模拟相机，成为机器视觉系统中的主流。

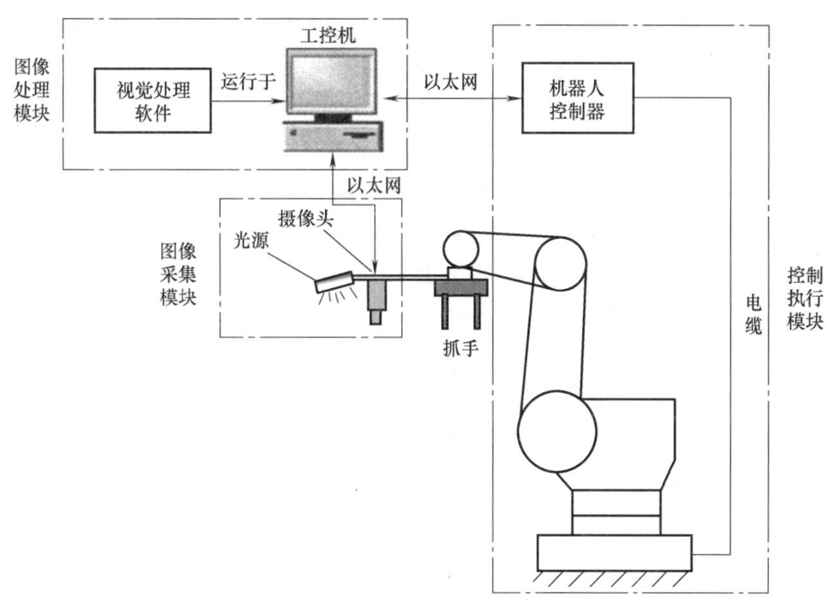

图 4-1　工业机器人视觉系统

1. 工业相机的主要参数

工业相机可以看作是一个智能的微型视觉系统，内部包括传感器芯片，防尘片/滤光片，控制与信号转换电路板、光学接口、数据接口等。工业相机的主要参数包括：

1）分辨率（Resolution）：相机每次采集图像的像素（Pixels，也被称为像元）点数。对于数字照相机，分辨率一般直接与光电传感器的像素数对应，对于模拟相机则是取决于视频制式，PAL 制的分辨率为 768×576，NTSC 制的分辨率为 640×480。分辨率越高，图像质量越好，即画面越细腻。

2）像素深度（Pixel Depth）：即像素数据的位数，一般常用的是 8bit，有的数字照相机即可以达到 10bit、12bit、14bit 等。像素深度越高，画面颜色越丰富。

3）最大帧率（Frame Rate）/ 行频（Line Frequency）：相机采集传输图像的速率，对于面阵相机一般为每秒采集的帧数（f/s，Frames/s），对于线阵相机为每秒采集的行数（Lines/s）。该指标数值越高，视频中描述动态的效果越好。

4）曝光（Exposure）方式和快门（Shutter）速度：线阵相机都是采用逐行曝光的方式，可以选择固定行频和外触发同步的采集方式，曝光时间可以与行周期一致，也可以设定一个固定的时间。面阵相机有帧曝光、场曝光和滚动行曝光等方式，数字照相机一般都提供外触发采图的功能。快门速度一般可到 10μs，高速相机还可以更快。

5）像素尺寸（Pixel Size）：一个像素在长和宽方向上所代表的实际尺寸。数字照相机的像素尺寸为 3~10μm。像素尺寸越小，描述同一事物的像素个数越多，图像效果会更好，但制造难度也会增大。

6）光谱响应（Spectral Range）特性：像素传感器对不同光波的敏感特性，一般响应范围是 350~1000nm。例如，在相机的靶面前加入一个红外光的滤镜，就可以滤除红外光（只有去掉该滤镜才可以感应红外光）。

7）接口类型：随着数字接口技术的发展，已有众多视觉信息传输接口类型，如 Camera

Link 接口、以太网接口、IEEE 1394 接口、USB 接口、CoaXPress 接口等。

8）精度：在图像中每个像素代表的实际事物的物理尺寸。在实际应用中，为了提高系统的稳定性，通常要求机器视觉的理论精度高于所需求的精度。

2. 工业相机的分类

常见的工业相机大多是以 CCD 或 CMOS（Complementary Metal Oxide Semiconductor，互补金属氧化物半导体）这两种加工工艺制成的图像传感器为核心。以 CCD 图像传感器为核心的相机简称为 CCD 相机，以 CMOS 图像传感器为核心的相机简称为 CMOS 相机。

CCD 图像传感器具有灵敏度高、抗强光、体积小、寿命长、抗振动等优点，包含的像素数越多，提供的画面分辨率越高。它集光电转换及电荷存储、电荷转移、信号读取于一体，是典型的固体成像器件。它的突出特点是以电荷为信号（其他器件是以电流或者电压为信号）。这类成像器件通过光电转换形成电荷包，然后在驱动脉冲的作用下转移、放大输出图像信号。典型的 CCD 相机如图 4-2 所示，主要由 CCD 图像传感器、驱动电路、信号处理电路、视频输出模块、电子接口电路、光学机械接口等组成。

CMOS 图像传感器的开发要晚于 CCD 图像传感器，之后随着超大规模集成电路制造工艺技术的发展，CMOS 图像传感器得到迅速发展。它将光敏元阵列、图像信号放大器、信号读取电路、A/D 转换电路、图像信号处理器及控制器集成在一块芯片上，还具有局部像素的编程随机访问等优点。CMOS 相机以其良好的集成性、低功耗、高速传输和宽动态范围等特点在高分辨率和高速拍摄场合得到了广泛的应用。图 4-3 所示为 CMOS 相机，虽然从外形较难看出与 CCD 相机的区别，但采像原理和内部传感器件的制造是不同的。

图 4-2　CCD 相机

图 4-3　CMOS 相机

一般来说，CCD 与 CMOS 相机二者的区别体现在以下几个方面：

1）灵敏度：在像素尺寸相同的情况下，CMOS 图像传感器的灵敏度要低于 CCD 图像传感器。这主要是由于 CMOS 图像传感器的每个像素由 4 个晶体管与一个感光二极管构成，使得每个像素的感光区域远小于像素本身的表面积。

2）分辨率：在尺寸相同的条件下，CCD 的分辨率通常会优于 CMOS。CMOS 图像传感器的每个像素都比 CCD 图像传感器复杂，其像素尺寸很难达到 CCD 图像传感器的水平。

3）噪声：由于 CMOS 图像传感器的每个感光二极管都需搭配一个放大器，而放大器属于模拟电路，很难让每个放大器得到的结果保持一致，而且与只有一个放大器放在芯片边缘的 CCD 图像传感器相比，CMOS 图像传感器的噪声会增加很多。

4）功耗：CCD 图像传感器功耗要高于 CMOS 图像传感器。在 CMOS 芯片中，对每个像素的放大器的带宽要求较低，大大降低了芯片的功耗。

5）速度：CCD 图像传感器采用逐个光敏输出，因此只能按照规定的程序输出，速度较慢。CMOS 图像传感器有多个电荷-电压转换器和行列开关控制，读出速度更快，目前大部分 500f/s 以上的高速相机都是 CMOS 相机。

6）成本：CMOS 的集成工艺与生产计算机芯片和存储设备等半导体集成电路的工艺相同，因此 CMOS 的成本相对 CCD 要低很多。

4.1.2　工业光源

光源在物理学中的解释为：能发出一定波长范围的电磁波（包括可见光以及紫外线、红外线、X 射线等不可见光）的物体，工业上通常指能发出可见光的发光体。在工业生产线上，机器人等自动化设备是离不开光源的。

1. 光源产生的途径

光源产生的途径有以下三种。第一种是热效应产生的光，比如蜡烛等物体，通过燃烧的方式产生光。第二种是通过原子跃迁的方式发光，例如荧光灯灯管内壁涂抹的荧光物质被电磁波能量激发而产生光。第三种是物质内部带电粒子加速运动时产生的光，例如，核反应堆发出的淡蓝色微光被称为“切伦科夫辐射”，指带电粒子在介质中的速度可能超过介质中的光速，在这种情况下会发生辐射。

2. 工业光源的作用

机器视觉主要由图像的获取、图像的处理和分析、图像的输出或显示三部分组成。图像的获取系统由光源、工业镜头、工业相机三部分组成。在实际生产中，光源的选取以及打光合理与否可直接影响成像质量。良好的光照环境能够有效地突出物体的识别目标，有利于得到用于计算机分析的高质量图像，降低图像处理难度，所以光源是视觉系统中非常重要的一部分。工业光源的主要作用有：

1）照亮目标，提高目标亮度。

2）突出测量特征，简化图像处理算法。

3）克服环境光的干扰，保证图像的稳定性，提高图像信噪比。

4）提高视觉系统的定位、测量、识别精度，以及系统的运行速度。

5）降低系统设计的复杂度，形成有利于图像处理的成像效果。

3. 常见的工业光源

有多种类型的工业光源可供选择，它们各具特色。合适的工业光源在机器人视觉检测时可提高对比度、增加均匀性、消隐背景、增加一致性等。常见的工业光源有：

1）环形光源：多用于照射圆形或方形物体，例如金属外框划痕检测、电感锡面检测、字符检测等，如图 4-4 所示。

图 4-4　环形光源

2）同轴光源：在成像环节具有较高的清晰度，多用于需要正面垂直照明和表面缺陷检测等场合，例如激光打标、识别二维码，以及反光率高的物体表面划伤检测等，如图 4-5 所示。

3）条形光源：尺寸灵活，可适应不同位置，多用于矩形物体和对照射角度要求较高的场合，例如裂纹检测、边缘检测、丝印文字检测等，如图 4-6 所示。

图 4-5　同轴光源

图 4-6　条形光源

4）点光源：能实现均匀照射，多配合同轴远心镜头使用，较多应用于液晶玻璃线路检测、玻璃表面划痕检测等场合，如图 4-7 所示。

5）线性光源：可产生线性光，具有高强度的特点，输出的光源保持均匀和平滑，可用于手机外壳表面划痕、污渍检测等场合，如图 4-8 所示。

图 4-7　点光源

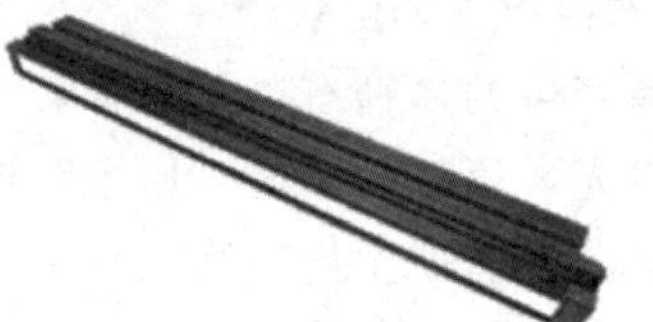
图 4-8　线性光源

6）平行光源：如图 4-9 所示，它产生的光线沿直线传播，且亮度均匀，主要应用于高精度检测，也可作为背光源（位于液晶显示器背后的一种光源，它的发光效果将直接影响到液晶显示模块的视觉效果）使用。

图 4-9　平行光源

一般来说，工业光源最理想的状态是将被照射物体的特征与背景信息做到最大化、最稳定的分离。但是，在实际情况中任何光源都不可能满足所有的检测需求。因此，需要根据实际的检测需求和环境状况来设计特定的照明系统，而当需求或环境变化时光源也要适当地调整。

国外的光源厂家有日本的 CCS 公司以及美国的 AI 公司等，国内的光源厂家有奥普特、康视达、乐视、纬朗等公司。

4. 光源的选择

针对上述多种光源类型，要根据实际需要进行选择。在机器视觉技术应用中，为了使采集的图像达到最佳效果，需要根据环境状况和目标的颜色、材质、形状及检测要求，考虑所需光源的强度、光路和光谱等性能，以及选择合适的照射角度、距离和颜色，以突出目标的特征信息。

在选择与设计光源时，应优先选择主动照明方式，这是因为为了屏蔽自然光干扰，一般都使用人工光源照射被测物。尽量选择 LED 光源或高频荧光灯。从照射对象的特性考虑，在选择光源时还需要考虑其表面平整度和表面反光程度，以及目标的形状、颜色和动静状态等要素。

此外，如果有些机器视觉项目可以使用黑白图像，或者对于颜色没有太多要求，可以考虑黑白相机或单独使用红色、绿色、蓝色等的单色光源。单色光源频谱单一，色差几乎被消除，因此其成像要好于彩色相机使用的白色光源。

总体而言，照明系统的合理配置取决于待检目标的大小、表面特性、几何特性、色彩以及系统需求，应针对具体应用要求来选择不同的照明系统，同时需要用准备好的实验样品对所要实现的照明效果加以验证。

4.1.3　图像采集卡

图像采集卡如图 4-10 所示，它的功能是将摄像机拍摄的图像信号采集到计算机中进行处理，并以数据文件的形式保存在硬盘上。它是图像采集和图像处理之间的环节，是一种可以获取数字图像信息并将其存储或是输出的硬件设备。通过它就可以把摄像机拍摄的视频信号转存到计算机中，然后利用视频编辑软件对数字化的视频信号进行后期编辑处理。

图 4-10　图像采集卡

图 4-11 所示为图像采集卡的组成结构。按照功能可以划分为：视频输入模块、同步分离器、具有采样与保持功能的 A/D 转换模块、图像缓存模块、板上时钟同步与采集控制模块、同步产生器、总线接口及输入/输出端口。图像采集卡的主要技术参数包括：

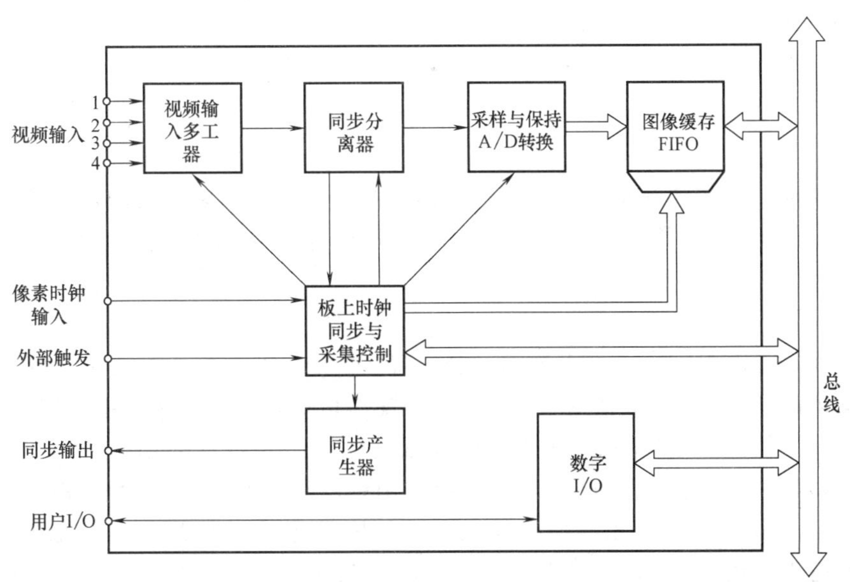

图 4-11　图像采集卡的组成结构

1）图像传输格式。格式是视频编辑中最重要的一项参数，图像采集卡需要支持摄像机所采用的输出信号格式。大多数摄像机采用 RS422 或 EIA644（LVDS）作为输出信号格式。在数字照相机中，IEEE 1394、USB2.0 和 USB3.0 和 Camera Link 图像传输形式得到了广泛应用。

2）图像格式（像素格式）：即图像文件存放在存储设备上的格式，可简单分为黑白图像与彩色图像。黑白图像在通常情况下的灰度等级可分为 256 级，即以 8 位表示，在对图像灰度有更精确要求时可用 10 位、12 位等。彩色图像可由 RGB（或 YUV）等形式表示。

3）传输通道数。当摄像机以较高速率拍摄高分辨率图像时，会产生很高的输出速率，因此需要多路信号同时输出到图像采集卡。此时的图像采集卡应能支持多路输入，一般情况下有 1/2/4/8 路输入，通道数更多的采集卡正在被开发。

4）分辨率：图像采集卡能支持的最大点阵反映了分辨率的性能。普通采集卡可以支持 768×576 点阵，而目前性能优异的图像采集卡最大可支持点阵 64K×64K。单行最大点数和单帧最大行数也可以反映图像采集卡的分辨率性能。

5）采样频率：反映了采集卡处理图像的速度和能力。在高速采集图像时，需要注意图像采集卡的采样频率是否满足要求。高档采集卡的采样频率可达 65MHz。

6）传输速率：主流图像采集卡与计算机主板间都采用 PCI 接口，其理论传输速度为 132MB/s。PCI 是 Peripheral Component Interconnect（外设部件互连）的缩写，它是目前个人计算机中使用最广泛的接口，大多数主板产品都带有这种插槽。

4.1.4 视觉处理软件

下面介绍几种常用的视觉处理软件。对软件的选择应该根据实际工作需求和硬件条件，但精通了任何一种软件都能够较好地完成视觉图像处理工作并可以比较容易地上手其他软件。

1. OpenCV

OpenCV（Open Source Computer Vision Library，开源的计算机视觉库）在科研和商业用途中都可以免费使用，能够工作于大多数操作系统，同时提供了 C++、C、Python、MATLAB 和 Java 等多种语言的接口。

2. LabVIEW

LabVIEW 是一种程序开发环境，由美国 NI 公司研制开发。它使用的是图形化编辑语言 G，产生的程序是框图的形式。LabVIEW 软件是 NI 设计平台的核心，也是开发测量或控制系统的理想选择。

3. HALCON

HALCON 是德国 MVTec 公司开发的一套完善、标准的机器视觉算法包，拥有应用广泛的机器视觉集成开发环境，灵活的架构便于机器视觉和图像分析应用的快速开发，在欧洲以及日本的工业界是公认的具有最佳效能的机器视觉软件。HALCON 软件包由 1000 多个各自独立的函数以及底层的数据管理核心构成。这些函数包含了各类滤波、色彩以及几何、数学转换、形态学计算分析、校正、分类辨识、形状搜寻等基本的几何以及影像计算功能。HALCON 支持大多数操作环境，整个函数库可以用 C、C++、C#、Visual basic 和 Delphi 等多种普通编程语言访问。

4. MATLAB

MATLAB 是美国 MathWorks 公司出品的商业数学软件，用于数据分析、无线通信、深度学习、图像处理与计算机视觉、信号处理、量化金融与风险管理、机器人、控制系统等领域。MATLAB 具有方便的数据可视化功能，可以将向量和矩阵用图形表现出来，并且可以对图形进行标注，作图包括二维和三维的可视化、图像处理、动画和表达式作图，也能完成图形的光照处理、色度处理以及四维数据的表现等。

5. Maxtor Image library（MIL）

MIL 软件包是一种硬件独立、有标准组件的 32 位图像库。它针对图像处理和一些特殊的操作，例如斑痕分析、图像校准、口径测定、二维数据读写、测量、图案识别及光学符号识别等。MIL 能够处理二值、灰度和彩色图像。MIL 的应用程序能够在不同环境中运行，单一应用程序可以控制一种以上的硬件板。

6. eVision

eVision 机器视觉软件包是由比利时 Euresys 公司推出的一套机器视觉软件开发集成环境。eVision 机器视觉软件开发包的所有代码都经过优化，因此它最大的优点是处理速度非常快。

7. HexSight

Adept 公司出品的 HexSight 是一款高性能、综合视觉软件开发包，它提供了稳定、可靠及准确定位和检测零件的机器视觉底层函数。定位器工具能精确地识别和定位物体，无论其是否旋转或大小比例发生变化。HexSight 软件包含一个完整的底层机器视觉函数库，开发人员可用它来建构完整的高性能 2D 机器视觉系统。HexSight 可利用 Visual Basic、Visual C++ 或 Borland Dephi 平台方便地进行二次开发。

4.2 图像处理流程

了解了机器人视觉系统的结构、主要的视觉传感设备、硬件组成和常用软件，下面结合 4.3 节的实例综合介绍图像处理的流程，包括图像预处理（使目标物的特征得到增强，同时抑制非目标物）、图像特征提取（抽取目标物的特征）、图像分类（利用分类器根据目标物的特征将要识别的事物进行分类）、模式识别（利用模板匹配等方法完成物体的识别）、目标定位（通过视觉检测系统提取目标物的位置信息）。

4.2.1 图像预处理

图像预处理的主要目的是消除图像中无关的信息，恢复有用的真实信息，增强有关信息的可检测性和最大限度地简化数据，从而可以改进后续的特征抽取、图像分割、特征匹配和模式识别的可靠性。图像预处理包括图像增强、图像滤波、图像分割、边缘检测等。

1. 图像增强

图像增强是图像处理中的一种常用方法。这种方法可以作为预处理用来增强图像中的有用信息（也有可能会产生失真），其目的是针对给定图像的应用场合，改善图像的视觉效果。通过有目的地强调图像的整体或局部特性，可以将原来不清晰的图像变得清晰，也可以强调某些感兴趣的特征（进而抑制不感兴趣的特征），扩大图像中不同物体特征之间的差别，改善图像质量、丰富信息量，加强图像判读和识别效果。

因此，图像增强有两大主要目标：一是通过相应的处理技术改善图像的视觉效果；二是增强图像细节，改进关注对象信息，为后续的图像分析、分割、识别等提供更好的辨识度。图像增强技术已应用于诸多领域，例如：

1）图像去雾技术可以对细节无法辨认的雾天图像进行去雾处理。

2）图像对比度增强技术能够调整过暗或者过亮图像的对比度。

3）图像清晰度增强技术对压缩后的模糊图像进行去噪处理、优化图像纹理细节。

4）色彩增强技术通过调节图像的色彩饱和度、亮度、对比度，使得图像的内容细节、色彩更加逼真。

图 4-12 是运用 Retinex 图像增强算法进行去雾处理的效果，图 4-12a、b 是雾天拍摄的模糊照片，图 4-12c、d 是经过去雾处理后的效果。

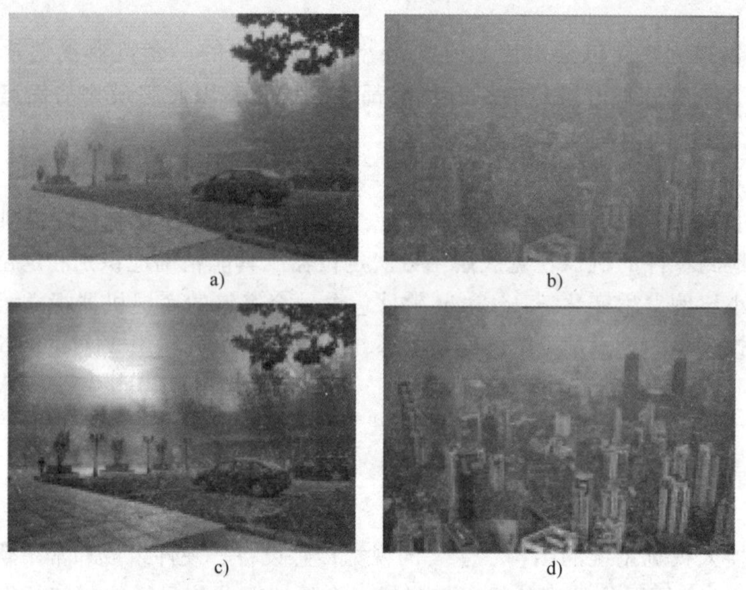

图 4-12 Retinex 图像增强算法的图像去雾效果

2. 图像滤波

图像滤波在图像处理中有很多应用，对图像的滤波一般都是在图像空间借助模板进行操作完成的。这部分内容在第 3 章也有介绍。根据实现的功能不同，模板可以分为两类：

1）低通（平滑）滤波器：它能削弱或消除傅里叶空间的高频分量，但不影响低频分量。高频分量是指对应图像中的区域边缘等灰度值具有较大、较快变化的部分。因此，低通滤波器将这些分量滤去可使图像变得平滑，但也会一定程度地降低清晰度。

2）高通（锐化）滤波器：它能削弱或消除傅里叶空间的低频分量，但不影响高频分量，因此能够明显地使图像锐化，即能够突出图像中各物体的边缘或不同物体之间的边界。这是因为低频分量对应图像中灰度值缓慢变化的区域（因而与图像的整体特性，如整体对比度和平均灰度值等有关），而高通滤波器是将这些低频的分量滤去使图像锐化。

3. 图像分割

在对图像的研究和应用中，人们往往是对图像中的某些部分感兴趣。这些部分常被称为目标或前景（其他部分称为背景），它们一般对应图像中特定、具有独特性质的区域。

为了辨识和分析目标，需要将这些区域分离并提取出来，在此基础上才有可能对目标进一步分析处理（例如进行特征提取和测量等）。图像分割就是把图像分成各具特性的区域并提取出感兴趣目标的技术和过程，这些特性包括灰度、颜色、纹理等。目标可以对应单个区域，也可以对应多个区域。

如图 4-13 所示，图 4-13a、b 是原图，图 4-13c、d 对应分割的结果，可以直观地看到图像分割后的效果。

图 4-13　图像分割示例

图像分割是由图像处理进行到图像分析的关键步骤，也是一种基本的计算机视觉处理技术。这是因为通过图像分割、目标分离、特征提取和参数测量可以将原始图像转化为更抽象、更紧凑的形式，使得更高层的图像分析和理解成为可能。

对图像分割算法的研究已有几十年的历史，借助各种理论至今已提出众多分割算法。尽管人们在图像分割方面做了许多研究工作，但由于尚无通用分割理论，因此现已提出的图像分割算法大多是针对具体问题的，并没有一种比较通用的图像分割算法，这还需要通过各种新理论和新技术的结合才能取得突破和进展。

4. 边缘检测

这部分内容在第 3 章介绍机器人的视觉基础时已经做了较为详尽的说明。传统的 Sobel 算子、Roberts 算子等取得的检测结果并不理想，会导致检测的边缘损失以及边缘的误检等问题。近些年，对于图像边缘的检测研究更加细致，方法也越来越多。众多学者致力于研究能够相对完全、较好的检测边缘算法，或对原始的检测算法进行不同方向的优化，使检测的结果更好。在边缘检测优化中，仅仅只进行图像平衡或增加边缘检测方向或对边缘检测结果进行优化往往不能满足要求。在实际中，还要针对具体事例并结合其他一些手段来达到较好的效果。

4.2.2 数据压缩

在数字化和信息化进程加速的背景下，随着网络的飞速发展，多媒体数据也逐渐呈现出爆炸式增长的势头。例如，对于一幅分辨率仅为256×512的彩色静态图像（RGB），如果每种颜色用8bit表示，数据量就达到了256×512×8×3＝3170kbit，即393KB。若不进行数据压缩处理，图像加上声音即以视频形式在现有的网络带宽上传输将承受很大的压力。

数据压缩是指在不丢失有用信息的前提下缩减数据量以减少存储空间并提高其传输、存储和处理效率，或按照一定的算法对数据进行重组，是减少数据冗余和存储空间的一种技术方法。

1. 数据压缩分类

不同特点的数据有不同的数据压缩方式（也称为编码方式），下面从几个方面对其进行分类。

（1）即时压缩和非即时压缩　例如IP电话，就是将语音信号转化为数字信号并同时进行压缩，然后通过网络传送出去，这个数据压缩的过程是即时进行的。即时压缩一般应用在影像、声音数据的传输中，要用到专门的硬件设备，如压缩卡等。

非即时压缩是计算机用户经常用到的，这种压缩只在需要的情况下进行，因此没有即时性，例如压缩一张图片、一篇文章、一段音乐等。非即时压缩一般不需要专门的设备，直接在计算机中安装并使用相应的压缩软件即可。

（2）数据压缩和文件压缩　数据压缩在涉及的范围上包含文件压缩。数据本来泛指任何数字化的信息，包括计算机中用到的各种文件，但有时数据是专指一些具有时间性的数据，这些数据常常是即时采集、即时处理或传输的。而文件压缩就是专指对将要保存在磁盘等物理介质的数据进行压缩，如对一篇文章、一段音乐、一段程序编码等的压缩。

（3）无损压缩和有损压缩　无损压缩是利用数据的统计冗余进行压缩。因为数据统计冗余度的理论限制为2：1到5：1，所以无损压缩的压缩比一般比较低。它被广泛应用于压缩需要精确（无损）保留原有信息的文本数据、程序和特殊应用场合下的图像等。无损压缩方法的优点是能够比较好地保存图像的质量，也因此导致这种方法的压缩率较低。

有损压缩方法利用了人类视觉和听觉对图像、声音中的某些频率成分不敏感的特性，允许在压缩的过程中损失一定的信息。虽然不能完全恢复原始数据，但是所损失的部分对理解原始图像或声音的影响较小，却换来了比较大的压缩比。有损压缩广泛应用于语音、图像和视频数据的压缩。利用有损压缩后，将有一些数据被删除，而且这些数据也不能再恢复。

2. 数据压缩算法介绍

无损压缩算法在编码上多为统计编码（例如赫夫曼编码、LZW编码以及行程编码等）。有损压缩编码包括预测编码（DPCM编码、ADPCM编码等）、变化编码与分析合成编码（量化编码、小波变化编码、分形图像编码、子带编码等）。下面以赫夫曼编码和LZW编码为例简单介绍数据压缩的基本思想。

1）赫夫曼编码（Huffman Coding）是一种无损压缩算法。虽然压缩率有限，但可以完全无偏差地还原压缩前的数据，用于文本压缩尤为合适。图4-14所示为赫夫曼编码方法的处理步骤（包括压缩与解压）。

2）LZW编码的主要思想是通过扫描文本，对每个出现的符号都需要判断其与前向符号

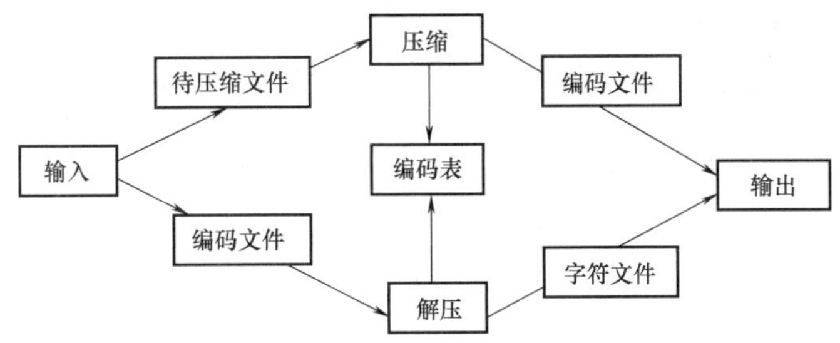

图 4-14　赫夫曼编码方法的处理步骤

能否组成之前曾出现过的符号串。把出现过的符号串映射到一个索引上，借此通过较短的编码来表示较长的符号串，以达到压缩原来庞大信息的效果。因此对于重复出现符号串较多的文本，其压缩效果更好。

4.2.3　图像模板匹配

在实际的机器视觉项目中，当获得工件的轮廓之后一般都会进行模板匹配与目标工件定位的工作。因此，创建模板并通过匹配模板进行图像基准点的分析可以大大提高选取的准确度和效率。例如，利用工业机器人来识别和分拣工件时，可以通过创建待加工工件的模板并与获取的工件轮廓进行匹配，实现目标工件在图像中的定位并输出工件的中心在图像中的坐标。在进行坐标系转换后就能够得到工件在机器人坐标系下的位姿信息并传输至机械手，实现工件的抓取和分拣。

模板匹配是模式识别中最基础的方法，在工业生产领域中的产品识别、定位与检测中应用广泛。其基本原理是首先从一张特征清晰的照片中提取一个目标区域并生成模板图像，之后使用该模板在其他待匹配图像中搜索并计算与这些图像中匹配窗口对应区域的匹配程度（得分），最后输出得分最高的区域作为与模板相匹配的结果。

以 Halcon 软件为例，建立图像模板的主要流程和代码如下：

1）首先读取包含模板的图像 image1. tiff 并存入变量 Image。

read_image (Image,'G:/IMAGE/image1. tiff')

2）然后选择绘制的模板区域。

draw_rectangle1 (WindowHandle,Row1,Column1,Row2,Column2)

3）接着将绘制的模板区域生成矩形 Rectangle。

gen_rectangle1 (Rectangle,Row1,Column1,Row2,Column2)

4）接下来提取该区域 Rectangle 中的图像作为最终的模板图像。

reduce_domain (Image,Rectangle,ImageReduced1)

5）然后创建模板。

create_shape_model (ImageReduced1,'auto',-0. 39,0. 79,'auto','auto','use_polarity','auto','auto',ModelID)

6）最后将创建的模板存成指定路径的文件 F：/modle1. shm。

write_shape_model (ModelID,'F:/modle1. shm')

模板创建完成后，下面进行模板匹配的操作，流程代码如下：

1）首先读取一幅图像 image. tiff 并存入变量 Image1。

```
read_image (Image1,' G:/IMAGE/image. tiff ')
```

2）然后读取已经创建的模板文件 F：/modle1. shm 并存入变量 ModelID1。

```
read_shape_model ('F:/modle1. shm',ModelID1)
```

3）接着在图像 Image1 中查找模板 ModelID1，并返回模板在 Image1 中出现时的中心坐标。

```
find_shape_model (Image1,ModelID1,-0.39,0.78,0.5,1,0.5,'least_squares',0,0.9,Row1,Column1,Angle1,Score1)
```

4）当确认图像中确实存在匹配的模板时，在图像中显示该模板。

```
if(|Row1|>=1)
dev_display_shape_matching_results (ModelID1,'red',Row1,Column1,Angle1,1,1,0)
endif
```

目前针对模板匹配的问题有 3 种解决思路，分别是基于灰度值的匹配、基于形状的匹配和基于组件的匹配。这 3 种方法的共同之处是都具有创建模板和搜索模板的过程。

基于灰度值的匹配方法是最先提出的一种经典的模板匹配方法，该匹配方法的效果主要取决于搜索策略的选择以及相似性度量方法。搜索策略指的是在待检测图像中的模板搜索方法，相似性度量指的是模板与搜索窗口中的图像区域之间的相似性度量标准。目前主流的相似性度量方法有 Hausdorff 距离法和 Minkowski 距离法。由于灰度信息较易受到各类因素（如光照）的干扰，并且只能进行单模板匹配，匹配速度也比较慢，因此基于灰度值的匹配方法应用有限。

由于形状特征包含的信息丰富且具有良好的易获得性，因此基于形状的匹配在目前模板匹配领域中应用最为广泛。其原理是：通过提取目标对象的轮廓特征生成模板并进行匹配。该方法分为两步，即形状特征的提取和形状模板的匹配。首先通过边缘检测或者线条拟合的方式生成特征描述信息，然后在待检测图像中提取轮廓并与模板进行比对，最终确定目标区域。生成特征明显的模板对于匹配是否准确十分关键。由于轮廓特征具有对光照变化不敏感的特点，因此该方法的鲁棒性较强，并且一次匹配可以得到多个匹配结果，对遮挡和重叠等情况也可以在一定程度上进行识别。

基于组件的匹配是一种更为高级的形状匹配方法。相对于传统的形状匹配，其主要变化在于利用多个不同的对象组合成一个模板进行匹配，模板中各个对象的相对位置关系通过模板在多幅图像的训练过程中得到确定。在匹配过程中，只需要检测到其中某一个对象匹配成功就可以迅速确定其他对象的匹配结果，因此大大提高了匹配速度。

4.3 工业机器人视觉检测实例

如前所述，随着工业自动化技术的发展和企业生产自动化的需求，机器视觉已经被广泛地应用。本节介绍几个应用实例，分别是基于机器视觉的金属表面缺陷检测、工业产品的缺陷检测、并联机械手分拣、仪器仪表校准。下面将详细介绍基于机器视觉的金属表面缺陷检测，之后概要介绍其他三个应用。

4.3.1　基于机器视觉的金属表面缺陷检测

本节以金属活塞工件作为检测样本，通过对活塞顶面不同缺陷（包括划痕和凹坑）的分析，设计了特定的光源照明系统，开发了检测算法。金属活塞实物如图 4-15 所示，金属活塞顶面的划痕和凹坑缺陷如图 4-16 所示。

图 4-15　金属活塞实物

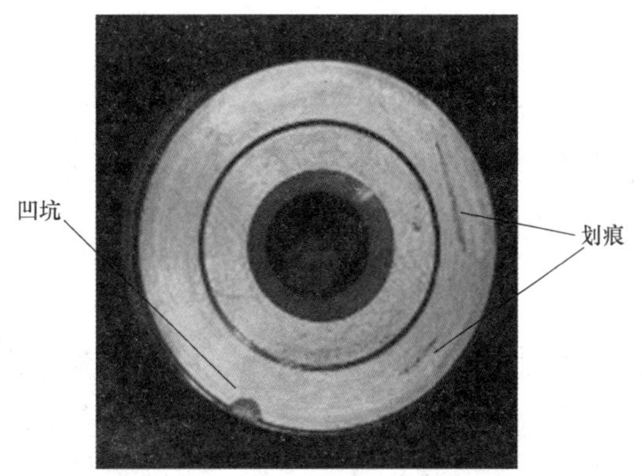

图 4-16　金属活塞顶面的划痕和凹坑缺陷

1. 光源的选择

由于活塞作为一种金属光面物体，其强烈的反光现象将会导致表面细节的丢失。因此，首先要通过对工业常见光源的对比，同时根据不同光照强度和角度下的拍摄取样效果来确定照射光源。

针对金属表面缺陷检测挑选出一些适合的光源进行实验测试。表 4-1 为按照发光原理分类的几种常用光源类型。

表 4-1　常用光源类型

类型	光效/(lm/W)	平均寿命/h	色温/K	特点
卤素灯	12～24	1000	2800～3000	发热量大,价格便宜,形体小
荧光灯	50～120	1500～3000	3000～6000	价格便宜,适用于大面积照射
LED	110～250	100000	全系列	功耗低,发热小,价格便宜,适用范围广
氙灯	150～330	1000	5500～12000	光照强度高,可连续快速点亮

根据金属活塞检测表面积不大的特点，通过上面几种光源的对比可知，LED 光源在亮度、成本、灵活性、寿命等综合性能上是很有优势的。因此，采用 LED 光源进行照明。

接下来需要确定光源的形状。4.1.2 节介绍了多种光源的特点，表 4-2 总结了几种不同形状和特性的 LED 光源。

表 4-2　LED 光源对比及其应用领域

光源	特点	应用领域
LED 环形光源	能突出物体的三维信息,节省安装空间,光线均匀扩散	PCB 基板检测、IC 元件检测、液晶校正、塑胶容器检测等
LED 背光源	突出物体的外形轮廓特征,大面积均匀发光,多尺寸多颜色随意定制,紧凑节能设计利于安装	机械零件尺寸的测量,电子元器件外形尺寸、孔洞缺陷检测,IC 外形检测,胶片污点检测,透明物体划痕检测等

（续）

光源	特点	应用领域
LED 条形光源	是检测较大方形结构体的首选光源,照射角度可调	金属表面检查、图像扫描、表面裂缝检测、LCD 面板检测等
LED 同轴光源	高密度 LED 列阵,亮度高,发光均匀,光损失少,成像清晰	金属、玻璃、胶片、晶片等表面的划伤检测,芯片和硅晶片的破损检测,Mark 点定位,包装条码识别
LED 球积分光源	球面漫反射发光,无影效果好,均匀性高,无死角照射,照射面积大	适于表面起伏、反光物体的检测

经过如图 4-17 所示的各种实验，最终确定可连续调节亮度的 LED 球积分光源可以有效地消除金属活塞表面的高反光现象，能够将金属表面缺陷完全清晰地拍摄下来，结果如图 4-16 所示。

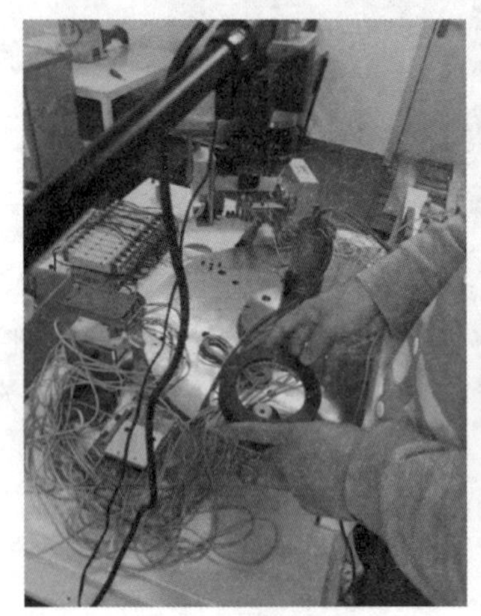

a) LED环形光源

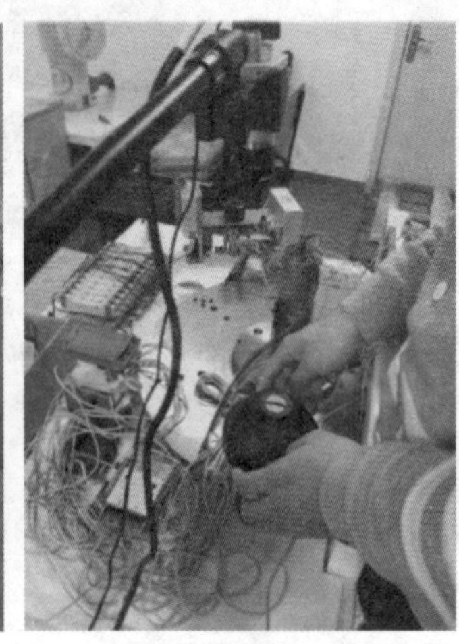

b) LED球积分光源

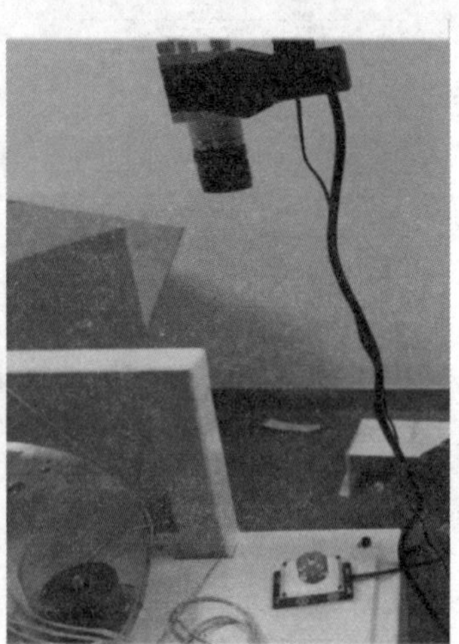

c) LED背光源

图 4-17 不同的照明方式

2. 划痕检测

在算法方面，分别介绍活塞的划痕和凹坑这两种缺陷检测。当然，通过深度学习等训练方法，可以同时检测不同缺陷。但是，学习这方面的知识还需要有数学、计算机等先修知识的支持，超出了本书的篇幅限制，感兴趣的读者可以参阅相关文献。在此仍以目前工业上广泛使用的视觉检测为例来说明。下面先介绍划痕的检测。

活塞在生产过程中可能被硬物磕碰或被尖锐物体划伤，针对这种划痕的检测需要以下步骤：

1）首先通过图像的阈值分割，将金属表面图像与背景分隔开，便于后续的处理。

2）区域填充和形态学处理（图形的腐蚀、膨胀、开运算、闭运算）可以去掉图像中的噪点并完成图中事物的连接。

3）进一步通过提取感兴趣区（ROI）来减少检索范围。

4）前面 3 步都是预处理。现在开始进行划痕的检测。对于划痕检测算法并没有统一的规定，通常是针对不同的被检对象和检测精度与速度等指标采取不同的算法。例如，通过 Hough 变换或变形的 Hough 变换可以直接检测图中的规则线形或其他特定曲线，也可以在空间域或频域（借助傅里叶变换）完成检测，或者将它们结合起来使用。

5）在第 4 步完成后还要进一步通过阈值去掉图像中不是划痕的曲线，例如长度小于 50 像素或者宽度大于 20 像素的也不认为是划痕（因为有一定的宽度，将被认为是凹坑）。结果如图 4-18 所示。

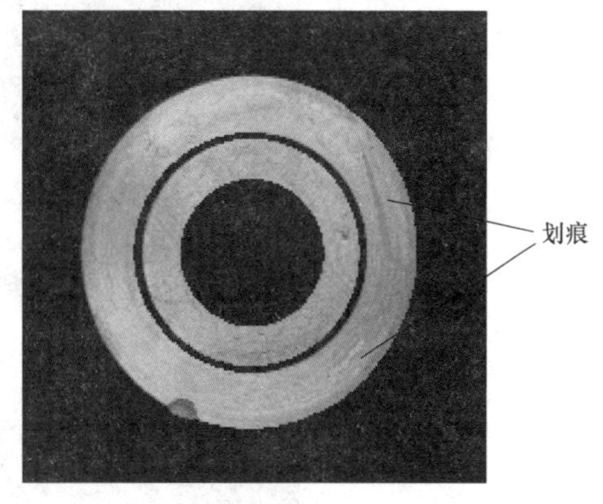

图 4-18　在原始的图像中检测到的划痕区域

3. 凹坑检测

在进行凹坑检测时，步骤大体与划痕检测相似，但也有不同之处。这是因为与划痕不同，凹坑具有一定的长度与宽度，所以判断凹坑缺陷时可以采用“面积”这一图像特征。面积既要大于某个阈值，也要有一定的宽度。

因此，对于图 4-18 所示的金属表面，其凹坑检测的中间步骤及最后结果如图 4-19 所示。其中，图 4-19a 为检测出的待定凹坑，图 4-19b 为待定凹坑在原始图像中的定位。根据对面积阈值的设定，图 4-19b 右侧小的待定凹坑有可能因为面积没有超过阈值而不被判定为凹坑。

a) 检测出的待定凹坑

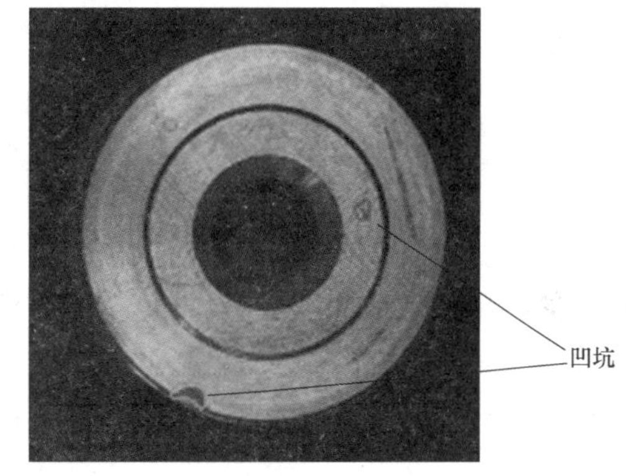

b) 待定凹坑在原始图像中的定位

图 4-19　凹坑的检测结果

4.3.2　其他的视觉检测实例

1. 工业产品的缺陷检测

随着机器视觉的发展，它越来越被广泛地应用于工业生产，尤其是产品的缺陷检测中。产品缺陷（与金属表面的划痕与凹坑不同，包括大小、颜色、残缺等）检测的自动化能克服人工检测固有的缺点，大大提高产品的检测速率和缺陷检测的效率。在确保产品质量的同时，通过机器视觉检测产品缺陷既降低了生产成本，也能提高经济效益。图 4-20 所示为工业机器人进行缺陷检测。

如果将机器人的视觉检测系统看作一个具有思想、能够正常活动的健全人，那么系统的硬件相当于人的四肢，而系统的软件就相当于人的大脑，它凝聚了整个系统最精华的部分。

当设计一个工业产品缺陷的视觉检测系统时，仿照上述的金属表面划痕与凹坑检测，需

图 4-20　工业机器人进行缺陷检测

要考虑如下所示的流程。其中最重要的是定位检测区域、图像和模板的匹配、对差异图像的特征分析和判决这三方面的问题。

1）选择相机：根据实际需求来选择工业相机，选择的工业相机需满足正常采集的指标要求。

2）采集图像：需要控制相机处于连续采集方式或者暂停采集的工作方式，并能将采集到的图像实时显示和传输。

3）设置相机参数：结合实际的需要，可以设置当前相机的帧率、曝光时间和增益等基本参数。

4）产品管理：根据实际需要可以添加新的检测产品或者删除当前检测产品，然后设置当前需要进行检测的产品的各个参数，包括当前产品的名称、图像定位参数等。这是整个软件的核心，需要尽可能地满足实际需要。

5）缺陷检测：固定相机参数并设置好当前待检产品的各项参数后，实时地搜索产品表面缺陷。

6）检测结果显示：检测一个产品时，应该有一个实时的结果信息。比如，可以设置一个文字显示区域，用来实时显示检测结果，包括缺陷个数、每一个检测区域的最大和最小缺陷面积。这些结果还可以形成报表留存。

2. 并联机械手分拣

并联结构在物料高速搬运和分拣领域已实现了商业化应用，其中最具代表性的是 Clavel 发明的 DELTA 并联机构。DELTA 并联机械手是在 DELTA 并联机构基础上开发的由移动副或是转动副驱动的机械手。DELTA 并联机械手因其可将电动机放置在机架上，使机械臂的质量大大减轻，使机械手的系统运转能力有所提高，加快了产品的分拣效率，已经广泛应用于产品分拣、装箱等作业中。

在 DELTA 并联机构的基础上又陆续研制出了很多新型的并联机械手，如 IRB340 型并联机械手、日本 Funac 公司出品的 M-1iA 并联机械手、Yaskawa 公司出品的 MPP 并联机械手、美国 Adept 公司出品的 Quattro 并联机械手。

我国也开发出多种 DELTA 并联机械手，如沈阳新松机器人自动化股份有限公司出品的

SRBD1600 并联机械手、哈尔滨博实自动化股份有限公司出品的 RBD3-1100 并联机械手、辰星（天津）自动化设备有限公司出品的阿童木机器人等。

因为 DELTA 并联机械手具有较高的承载能力和稳定的机械结构，所以被大量应用于食品、轻工等各个行业，开始走上智能化分拣之路。图 4-21 所示的并联机械手占据了可观的市场份额。

图 4-21　并联机械手

在设计并联机械手系统时，计算机视觉是一个重要的组成部分。通常是由计算机视觉测定出传送带上物品的位置或者判定物品是否为合格品，之后再由并联机械手完成正常物品的装箱和不合格品的剔除等分拣工作。

3. 仪器仪表校准

采用计算机视觉技术实现的自动检测系统具有检定准确、重复性好、效率高等优点，得到了越来越广泛的应用。例如，对于没有配备计算机接口的指针式显示仪表，不能直接用计算机构成自动校准系统。传统的校准方法需要操作人员在每个检定点读出指针式仪表的示值，然后计算与标准表的误差，这样检定的效率低，并且检定结果有可能受到人为因素的影响。

图 4-22　用于仪器仪表校准的机器人

为了满足指针式仪表自动检定的需要，将计算机视觉技术应用于指针仪表示值的自动判读，并以指针式压力表为例设计实现了全自动检定系统。由计算机控制标准压力信号发生器输出检定点对应的压力信号后，由计算机视觉系统确认被检表对应的示值，进而可以自动计算求得仪表在该检定点的误差。该装置的工作情景如图 4-22 所示。

本章小结

在第 3 章介绍了计算机视觉的基础上，本章以工业机器人为例说明了视觉检测系统的组成、图像处理的流程和工业机器人视觉检测的几个实例。主要内容包括：

1）工业机器人的视觉系统由图像采集模块、图像处理模块和控制执行模块组成，主要部件包括工业相机、工业光源、图像采集卡和机器视觉处理软件。

2）在图像处理上，结合第 3 章的内容介绍了图像预处理、数据压缩和图像模板匹配方法。其中图像预处理包括图像增强、图像滤波、图像分割、边缘检测等。

3）介绍了金属表面缺陷检测等工业机器人的视觉检测实例。

思考与练习题

1. 以工业机器人为例，说明机器人视觉系统的组成及其主要硬件。

2. 详细了解一种或几种机器视觉处理软件，并尝试利用软件进行图像的简单处理工作。

3. 简述图像处理的流程。

4. 简述数据压缩的意义及其分类。

5. 简述模板匹配的主要流程。

6. 了解检测金属表面划痕和凹坑的方法与步骤。

7. 了解工业机器人视觉检测在不同领域应用时的技术特点。

下 篇

机器人的先进控制基础

第5章 机器人控制基础

机器人已经普遍存在于人类的生产生活中，从最普通的家庭扫地机器人，到用于工业领域的可以自动识别与分类、自动化作业的工业机器人，再到用于重工业领域的重型智能机器人，以及从事特种工作的特种机器人和各种服务机器人等，都已经从最开始的人类设想阶段转化为现有的生产力，在各应用领域都起到了越来越重要的作用。

本书的前几章以机器人的智能检测为主要内容。下面为了对机器人的控制技术有更好的了解和更为深入的认识，也便于更好地展开对机器人技术发展的学习和研究，从本章开始介绍机器人的先进控制。首先介绍机器人的控制基础。

5.1 自动控制、自动化和机器人

机器人的出现使人从传统的生产和生活模式（人与机器）逐步过渡到一种新的模式（人—机器人—机器），把人从生产和生活的劳苦工作中解放出来，逐渐成为自动化生产和生活的组织者与领导者，而使机器人成为执行者。对机器人的控制，从根本上来说仍是经典自动控制技术的延伸与发展。

5.1.1 自动控制与自动化

自动控制（Automatic Control）是指在没有人直接参与的情况下，利用外加的设备或装置，使机器人、生产设备、生活设备或生产过程的某个工作状态或参数自动地按照预定的规律运行。

自动控制是相对于人工控制概念而言的。例如，如果是驾驶人驾驶汽车就是人工控制，而如果是无人驾驶，对于汽车而言就是自动控制。对自动控制技术的研究从根本上是为了将人类从复杂、危险、烦琐的劳动环境中解放出来并大大提高控制效率（包括稳定性、精确性和速度等指标）。

自动控制是工程科学的一个分支。它利用反馈原理对动态系统自动施加影响，使系统的输出值接近期望值。反馈是经典控制理论的基础之一，在下面和5.3节介绍机器人的控制技术时将做介绍。

传统的自动控制系统是指用一些自动控制装置，对制造业生产中某些关键性参数进行自动控制，使它们在受到外界干扰（扰动）的影响而偏离正常状态时，能够被自动调节而回到制造工艺所要求的数值范围内。

自动控制系统可以按照不同的方式分类：

（1）按控制原理分类　自动控制系统可以分为开环控制系统和闭环控制系统。

1）开环控制系统：被控系统的输出只受系统的输入信号控制，因此结构简单。缺点是开环控制无法获知被控系统当前的状态，导致控制精度和抑制干扰的能力都比较差。开环控制系统由检测元件、控制装置、执行机构和被控对象组成。

2）闭环控制系统：又称反馈控制系统，它是自动控制系统的主要研究和应用对象。它建立在反馈基础之上，也就是将控制系统当前的状态通过本书前面章节介绍的各种检测方法检测出来后反馈给控制器，从而求得被控对象实际的输出量与期望值的偏差，以此偏差对系统进行控制并使偏差尽量小，因此可以获得较好的控制性能。

例如在医疗设备、精密仪器、工业自动化控制系统、机器人等领域都需要使用步进电动机，而步进电动机的控制根据需要可以采用开环控制或者闭环控制，原理分别如图 5-1 和图 5-2 所示。图 5-1 为开环控制，通过脉冲信号可以控制步进电动机转动，但是因为没有反馈，控制策略无法根据电动机目前实际的转动状况进行调整。图 5-2 为闭环控制，在系统中增加了检测装置，能够检测步进电动机当前的转动状况并反馈到输入端，从而根据步进电动机实际的状态对控制策略进行实时地调整。

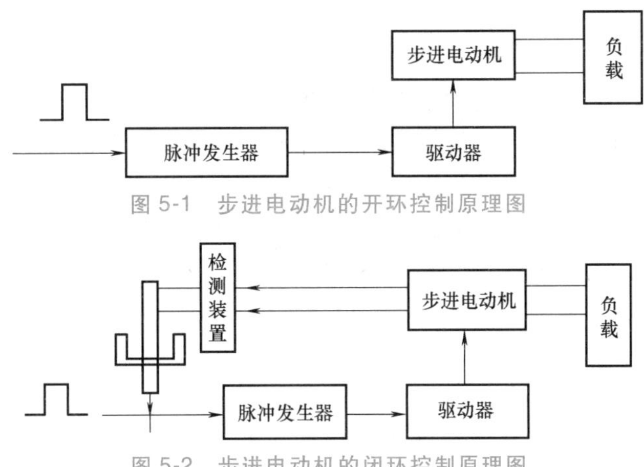

图 5-1　步进电动机的开环控制原理图

图 5-2　步进电动机的闭环控制原理图

（2）按给定信号分类　自动控制系统可分为恒值控制系统、随动控制系统和程序控制系统。

1）恒值控制系统：给定值（即期望值）不变，要求系统的输出以一定的精度接近给定的期望值。例如，生产过程中的温度、压力、流量、液位高度、电动机转速等定值控制就属于恒值控制。

2）随动控制系统：要求控制系统的输出能够跟随输入的改变而变化，如跟随卫星的雷达天线系统以及瞄准敌机的火炮随动控制系统。

3）程序控制系统：输入是预先规定好的按一定时间变化的函数，系统只要按照程序完成这一过程即可。例如，数控机床就是按照预定的计算机程序完成指定形状的工件加工、切割、焊接等任务。

（3）其他分类方式　自动控制系统按是否满足叠加原理可以分为线性系统和非线性系统，按参数是否随时间变化可以分为定常系统和非定常系统，按信号传递的形式可以分为连续系统和离散系统。

自动化（Automation）是指机器设备、系统或过程（包括生产和管理过程）在没有人或较少人的直接参与下，按照人的要求，经过自动检测、信息处理、分析判断、操纵控制，实现预期目标的过程。

因此，自动化是关于人工与自然系统自动、智能、自主、高效和安全运行的科学与技术，它是一个比较大的范畴。与自动化的概念稍有不同，自动控制是涉及比较具体的控制策略和手段。

自动化作为信息科学的重要组成部分，广泛应用于国家战略核心领域，如智能制造、智能机器人、航空航天、经济金融、网络空间等。

自动化以系统科学、控制科学、信息科学等横断学科为理论基础，以电工技术、电子技术、传感技术、计算机技术、网络技术等先进技术为主要技术手段，以实现各类运动体的运动控制、各类生产过程的过程控制、各类系统的最优化等。

20 世纪 40 年代是自动化技术和理论形成的关键时期，逐步形成了分析和设计单变量控制系统的经典控制理论与方法。20 世纪 50 年代，自动调节器和经典控制理论的进一步发展使自动化进入以单变量自动调节系统为主的局部自动化阶段。20 世纪 60 年代，随着现代控制理论的出现和电子计算机的推广应用，自动控制与信息处理的结合使自动化进入到生产过程的最优控制与管理的综合自动化阶段。

20 世纪 70 年代，自动化的对象变为大规模、复杂的工程和非工程系统，涉及许多用现代控制理论难以解决的问题。对这些问题的研究促进了自动化的理论、方法和手段的革新，于是出现了大系统的系统控制和复杂系统的智能控制。

综合利用计算机、通信技术、系统工程等成果的高级自动化系统也相继出现。如柔性制造系统、办公自动化、专家系统、决策支持系统、计算机集成制造系统等。而自动化的应用也正在从工程领域向非工程领域扩展，如医疗自动化、人口控制、经济管理自动化等。

5.1.2 自动化与机器人

自动化的概念是一个动态发展过程。目前自动化主要有 4 个发展方向，分别为过程控制、嵌入式系统与机器人、运动控制、人工智能。每一个方向都是和机器人密切相关的。

过去，人们对自动化的理解是以机械的动作代替人力操作，自动地完成特定的作业。这实质上是让机器设备能够自动地代替人的体力劳动。

随着电子和信息技术的发展，特别是随着计算机、机器人的出现和广泛应用，自动化的概念已扩展为用智能机器人代替人的体力劳动，还代替或辅助人的脑力劳动，以自动地完成特定的作业。

因此，机器人自动化的广义内涵至少包括以下几点：

1）代替人的体力劳动。

2）代替或辅助人的脑力劳动。

3）帮助人进行人机及整个系统的协调、管理、控制和优化。

在功能方面，代替人的体力劳动或脑力劳动仅仅是机器人自动化功能目标体系的一部分。机器人自动化的功能目标是多方面的，不仅涉及制造业的具体生产制造过程，而且涉及人类生产生活全周期的所有过程。

在工业方面，工业机器人是多关节机械手或多自由度的机械装置。如今的工业机器人不但可以按照人类预先编排的程序运行，还可以智能地完成避障和机器人间的协同作业。现代工业机器人的自动化工作场景如图 5-3 所示。

图 5-3　现代工业机器人的自动化工作场景

在军事方面，机器人的应用也取得了突破性进展，形成了用于军事领域的具有某种仿人功能的自动化机械，即军用机器人。这些机器人包括军用航天机器人、危险环境工作机器人、无人侦察机等，如图 5-4 所示。

图 5-4　典型的军用机器人

服务机器人是机器人家族的新成员，是能够代替人来完成家庭和社会服务工作的机器人，可以分为专业领域服务机器人和个人/家庭服务机器人。服务机器人的应用范围很广，主要从事维护保养、修理、清洗、运输、救援、保安、监护等工作。典型的家庭服务机器人如图 5-5 所示。

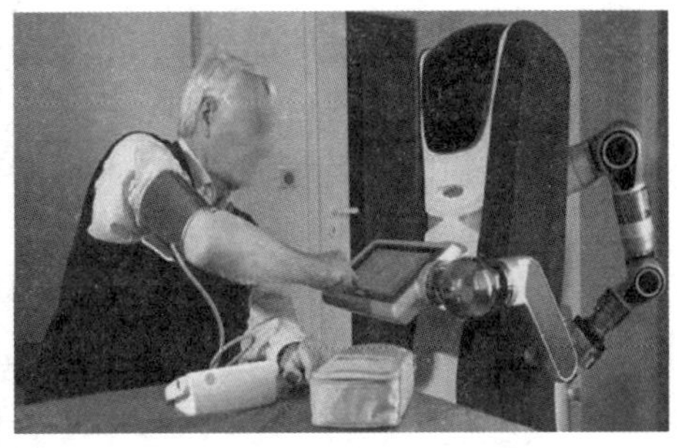

图 5-5　典型的家庭服务机器人

5.2 机器人的控制系统

5.2.1 机器人控制系统的结构

前面章节已经提到，机器人控制系统通常是对多关节（多轴）运动的协调控制。如图 5-6 所示，机器人控制系统可分为三部分：①机器人的感知（包括内部状态感知和外部环境感知）和交互系统；②人机交互和控制系统；③机器人的机械结构和驱动系统。

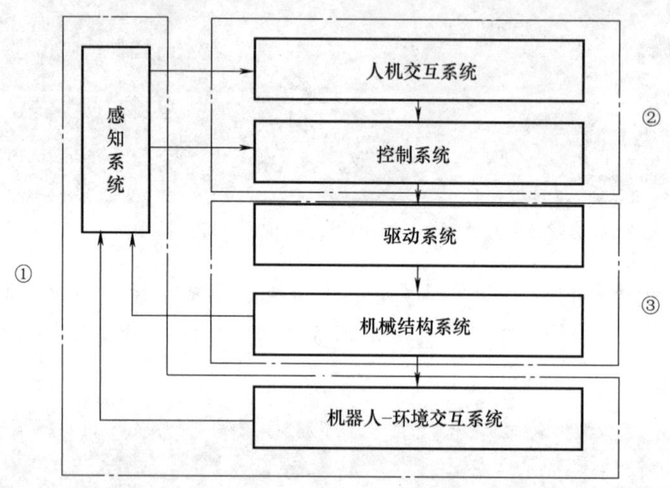

图 5-6 机器人控制系统结构

机器人是由各种机构组成的装置，它通过感知器实现机器人本体与环境状态的检测及信息交互。环境是指机器人所处的外部环境，包括环境中物体的几何条件、相对位置等，如操作目标的形状、位置、几何偏差以及前进路径上的障碍物等。

在人机交互系统中人类为机器人设定要完成的任务，这些任务需要通过适当的程序语言来描述，并把它们存入存储器中。由于各种机器人系统的不同，任务的输入可能是计算机程序，也可能是文字、图形或声音。

控制系统包括软件（控制策略及其算法以及实现算法的软件程序）和硬件两部分。它相当于人的大脑，以计算机或专用控制器运行程序的方式来完成给定任务。

驱动系统相当于人的四肢，它执行控制器发出的控制指令，是机器人实现具体任务的运动控制。

机器人的控制系统在硬件部分采用二级结构，第一级为协调级，第二级为执行级。协调级实现对机器人各个关节的运动协同、机器人与外部环境的信息交互等功能。执行级具体实现机器人各个关节轴的伺服控制，同时具有获得机器人内部运动参数等功能。机器人的控制系统在硬件上包括三部分：

1）传感部分：用来采集机器人的内部和外部信息并发送给控制装置。例如，位置、速度、加速度传感器可检测机器人本体运动的状态，而视觉、触觉、力觉传感器可感受机器人和外部工作环境的状态信息。

2）控制装置：包括计算机及相应的接口，用来处理从传感器收集到的各种信息，完成控制算法，产生必要的控制指令并发送到伺服驱动装置。

3）伺服驱动部分：用来使机器人完成动作。机器人各关节的驱动器按照不同作业的要求可为气动、液压、交流伺服和直流伺服电动机等。

5.2.2　机器人的控制特点

与一般的自动控制系统相比，机器人的控制系统有如下特点：

1）描述机器人状态和运动的数学模型是一个非线性模型，随着机器人自身状态的不同和外部环境的变化，其参数也在变化，并且各变量之间还存在耦合。因此，在控制上仅仅利用机器人的位置闭环反馈是不够的，还要利用速度闭环，甚至加速度闭环反馈。

2）机器人的控制与机器人结构构件的运动学及动力学分析密切相关。机器人的状态可以在各种坐标系下进行描述，应当根据工作需要选择不同的参考坐标系，并做适当的坐标变换（见附录 A）。在设计控制过程时还需要求解运动学正问题和逆问题，并且要考虑惯性力、外力、重力等的影响。

3）即使一个最简单的机器人也至少有 3~5 个自由度，比较复杂的机器人有十几个，甚至几十个自由度。每个自由度都包含一个伺服机构，它们必须协调起来共同组成一个多变量的控制系统。

4）机器人的动作往往可以通过不同的方式和路径来完成（见附录 B），因此存在一个“最优控制”的问题。目前较高级的机器人可以通过人工智能方法用计算机建立起庞大的信息库，借助信息库进行决策、控制、管理和操作。同时，根据传感器采集的信息和模式识别的结果获得对象及环境的工况，按照给定的指标要求自动地选择最佳的控制规律。

5）机器人控制系统必须是一个计算机控制系统，它担负着把多个独立的伺服系统有机地协调起来，使其按照人的意志行动，甚至赋予机器人一定“智能”的任务，这个任务目前只能由计算机来完成。

总之，机器人控制系统是一个与运动学及动力学紧密相连的、有耦合的、非线性的多变量控制系统。同时，机器人的“智能性”要求它必须通过各种不同类型的传感器主动感知自身和外部环境状况。由于机器人控制系统的特殊性，经典控制理论和现代控制理论都不能照搬使用，必须在其基础上建立一个独属于机器人的控制理论体系，这将是一项艰巨但令人向往和无比激动的工作。

5.2.3　机器人的控制方式

机器人的控制方式是由机器人所执行的任务决定的。对机器人控制方式的分类并没有统一标准，但一般可按以下几种方式进行分类。

1）按不同的运动坐标分为：关节空间运动控制、直角坐标空间运动控制。

2）按控制系统对工作环境变化的适应程度分为：程序控制系统、适应性控制系统、人工智能控制系统。

3）按同时控制机器人数目的多少分为：单控系统、群控系统。

4）按运动控制方式的不同分为：位置控制、速度控制、力控制。

下面将主要介绍按机器人运动控制方式的分类。机器人的运动控制是指机器人在空间中从一点移动到另一点的过程或沿某一轨迹运动时，对其位置、姿态、速度和加速度等运动参数的控制。

（1）位置控制　机器人的位置控制分为点位控制和连续轨迹控制两类。

点位控制用于实现点到点的位置控制，保证从一个给定点到下一个给定点的运动，而点与点之间的轨迹却不是最重要的。因此，它的特点是只控制机器人的执行机构在工作空间中某些离散点上的位置姿态（简称位姿）。控制时只要求机器人快速、准确地实现各相邻点之间的运动，而对达到目标点的运动轨迹不做规定。这种控制方式的主要技术指标是定位精度和运动所需的时间，控制方式比较简单，但要达到较高的控制精度则较难。

与点位控制只保证各给定点的位姿不同，连续轨迹控制能够设计各指定点之间的运动轨迹曲线，如直线或圆弧等（见附录 B）。这种控制方式的特点是连续地控制机器人在工作空间中的位置姿态，使其严格按照预先设定的轨迹和速度在一定的精度要求下运动，能够实现速度可控、轨迹光滑、运动平稳。这种控制方式的主要技术指标是机器人末端执行器的轨迹跟踪精度及平稳性。

以机器人的手部运动为例。点位控制通常只给出机械手的动作起点和终点位姿，有时也给出一些中间的经过点（这些点统称为路径点）。而连续轨迹控制不但给出这些点的位姿，还规划了机器人按顺序通过这些路径点的运动轨迹（包括机械手在运动过程中的位移、速度和加速度）。因此，连续轨迹控制通常根据机械手完成的任务而定，但是必须按照一定的采样间隔通过逆运动学计算，在关节空间中寻找光滑函数来拟合这些离散点。

机器人的动态特性具有高度的非线性，而在机器人控制系统的设计中通常又把机器人的每个关节当作一个独立的伺服机构来考察。因此，机器人系统就变成了一个由多关节串联组成的各自独立又协同操作的系统。在机器人多关节位置控制中，要考虑各关节之间的相互作用并在此基础上对每一个关节进行控制。需要注意的是，如果多个关节同时运动，则各个运动关节之间的力或者力矩会产生相互作用，因而在机器人控制设计中不能运用单关节的位置控制原理。要克服这种多关节之间的相互影响就必须添加补偿，例如在多关节控制器中机器人的机械惯性影响常常被作为前馈项考虑在内。

（2）速度控制　机器人在位置控制的同时，通常还要进行速度控制。例如，在连续轨迹控制的情况下，机器人要按照预定的指令并达到相应的速度才能满足运动平稳、定位准确快速的要求。因此在机器人的控制过程中，必须要平衡好快速与平稳之间的关系，同时必须控制好机器人在起动加速和停止前的减速这两个过渡区段的运动，而速度控制在这一过程中是必需的。

（3）力控制　在机器人末端的执行器（机械手）进行抓取、搬运等作业时，除了要求准确定位之外，还要求使用特定的力或力矩传感器对末端执行器施加在物体上的力进行控制。例如，机械手在夹起鸡蛋和金属制品时的力肯定是不同的，此外在机械手与被抓物品之间还要加上柔性且防滑的物质，因此需要这种传感器来测量接触的力和力矩的大小。

总之，机器人的运动控制包含如下两方面内容，即机器人运动路径的规划，以及如何控制机器人高精度、快速地沿规划的路径轨迹去运动。这部分内容也可以参阅附录 B（将机器人的运动规划分为路径规划和轨迹规划）。

（1）路径规划　根据给定的路径点规划出通过这些点的光滑的运动轨迹。一般是在机器人初始位置和目标位置之间用一个或分段的多个多项式函数来“逼近”给定的路径，并产生一系列“控制设定点”，路径端点一般是在笛卡儿坐标系（也叫作世界坐标系或全局坐标系）中给出的。

（2）轨迹规划　根据第（1）步得到的运动路径，先通过运动学逆解和数学插补运算得到机器人各个关节运动的位移、速度和加速度函数，再根据动力学正解得到各个关节的驱动力（矩）。机器人控制系统根据运算得到的关节运动状态参数来控制驱动装置，从而驱动各个关节产生运动进而合成机器人在空间的运动。

5.3 机器人的控制技术

机器人通过控制技术来完成各种具体的动作和任务，机器人控制技术正在经历从传统经典控制向智能先进控制的过渡。下面先介绍传统的经典控制，下一节引出机器人的先进控制，并在第 6~9 章中论述。

5.3.1 机器人的开环控制

开环控制系统如图 5-7 所示，是指信号仅从输入到输出的单向传递的控制系统。其特点是没有反馈，则系统的输出量不会对系统的控制作用产生影响，因此控制系统没有自动修正或补偿的能力。所以系统的稳定性不高，而且精确度也不高，只能用于对系统稳定性、精确度要求不高的相对简单的系统，或者在确保控制器和被控对象完全没有问题的情况下才能使用开环控制。

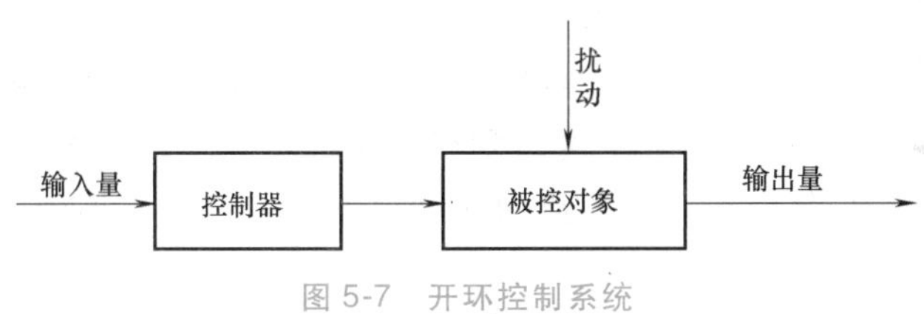

图 5-7　开环控制系统

在开环控制方式下，机器人必须严格按照预先编制的控制程序来完成动作顺序，并且要保证系统的各个环节都不能出问题。这是因为在控制过程中没有反馈信号，所以无法对机器人的动作进展及动作质量进行监测。因此，这种控制方式只适用于作业相对固定、作业程序简单、环境没有变化、运动精度要求不高的场合。开环控制的优点是：

1）成本低廉、结构简单。

2）安装、操作、维护简单。

开环控制的缺点是：

1）因为没有被控量的反馈，所以系统的控制精度较低。

2）因为没有对输出量检测后的反馈，所以无法获得实际输出量与期望值之间的偏差，也就没有办法消除偏差，所以抑制干扰的能力差。

5.3.2 机器人的闭环控制

闭环控制系统也称为反馈控制系统，如图 5-8 所示，它比开环控制系统多了检测装置并通过检测装置将输出量反馈到输入端。从信号流向看，闭环控制系统既有从输入端到输出端的信号传递，又有从输出端到输入端的反馈信号传递。这种控制方式对于由干扰和系统内结构参数的变化而引起的输出量误差，都可以利用与输入量的偏差去纠正，因此这种控制是按照偏差进行调节的。

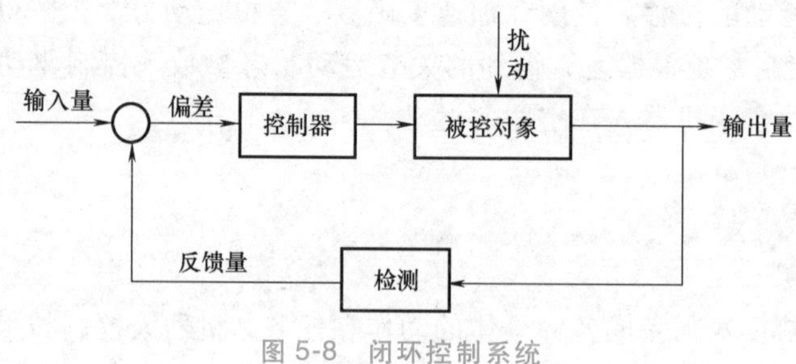

图 5-8　闭环控制系统

闭环控制系统通过反馈建立起输出到输入的联系，使控制器可以根据输出的实际情况来决定控制策略以达到预定的功能。反馈是控制论中最重要的基本概念之一，它的特点是可以根据系统前面若干时刻的情况来调整当前的行为。

根据在系统中的作用与特点不同，反馈可以分为负反馈和正反馈两种。负反馈的反馈信号与输入信号相反，相当于做“减法”，即

$$\text{偏差}=\text{输入量}-\text{反馈量} \tag{5-1}$$

而正反馈的反馈信号与输入信号极性相同或与变化方向同相，相当于两个信号的“加法”，即正反馈下的偏差=输入量+反馈量。

当使用负反馈时，因为偏差是输入量（期望值）与检测出来的输出量的差，所以通过控制器的调节可以使这一偏差减少并尽量趋近于零（使系统的输出与期望值的偏差减小），因此能够使系统趋于稳定。与此不同，正反馈将使系统的偏差不断增大，导致系统振荡。因此正反馈主要用于信号产生电路，而在自动控制系统中通常采用负反馈以稳定系统的工作状态。

典型的工业机器人闭环控制系统的工作原理是：

1）由控制系统发出的指令输送到比较器，与安装在机器人本体上的传感器（测速发电机、光电编码器、接近传感器、力传感器、压力传感器、滑动传感器、接触传感器等）传送来的机器人自身实际状态的反馈信号进行比较，得到机器人系统的偏差值。

2）将偏差信号放大后通过驱动伺服电动机来控制机器人的某一环节做相应的运动。

3）将此时机器人新的运动状态经检测后再次送到比较器进行比较，利用新产生的偏差信号继续调整机器人的运动。该过程一直持续到偏差为零或者低于设定的阈值为止。

这种控制方式的特点是在控制过程中采用机器人内部传感器连续测量机器人的关节位移、速度、加速度等运动参数，并反馈到驱动单元构成闭环伺服控制。

上面是工业机器人闭环控制系统的工作原理。如果是智能机器人，还需要增加机器人的外部环境感知传感器来对外部环境进行检测，使机器人对外部环境的变化具有适应能力，从而构成总体闭环反馈的控制方式。

5.3.3　机器人的 PID 控制

PID 控制是比例（Proportional）、积分（Integral）、微分（Differential）控制的简称，由比例单元 P、积分单元 I 和微分单元 D 组成，如图 5-9 所示。PID 控制是最早发展起来的传

统控制策略之一，由于其算法简单、鲁棒性好和可靠性高，被广泛应用于可建立精确数学模型的确定性过程控制系统中。

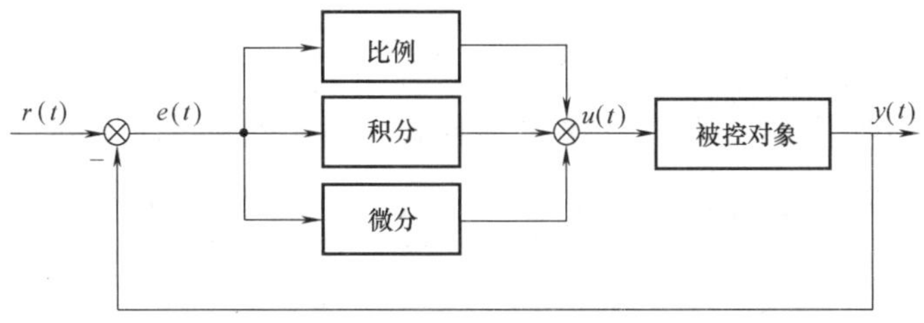

图 5-9 PID 控制系统

PID 控制器就是根据系统的偏差，利用比例、积分、微分环节综合计算出控制量并进行控制的。PID 控制的 3 个环节为：

（1）比例环节 P　比例环节也称比例增益，如果只有比例环节，就是比例控制。在图 5-9 中，当只有比例环节时，偏差值 $e(t)=r(t)-y(t)$ 和比例常数 K_P 相乘作为控制器的输出 $u(t)$，即

$$u(t)=K_P e(t)=K_P[r(t)-y(t)] \tag{5-2}$$

K_P 越大则比例作用越强，从而动态响应越快、消除误差的能力越强。但由于实际系统是有惯性的，所以当用 $u(t)$ 控制被控对象之后，实际的 $y(t)$ 值还需等待一段时间才会有变化。因此比例作用不宜太强，如果太强，会引起系统振荡，甚至造成系统的不稳定。

（2）积分环节 I　积分环节的作用是使控制器的输出 $u(t)$ 与偏差 $e(t)$ 的积分成正比关系，即

$$u(t)=\frac{1}{T_I}\int_0^t e(t)\,\mathrm{d}t \tag{5-3}$$

积分作用的强弱取决于积分时间常数 T_I。T_I 越大，积分作用越弱，反之则越强。

为什么要引入积分作用呢？刚刚提到被控对象都是有惯性的，因此单纯的比例环节只能减少稳态误差，而无法消除它。为了消除稳态误差就必须引入积分作用，这是因为积分具有将之前的所有误差进行累积的作用，因此可以最终消除误差，使被控对象的 $y(t)$ 值最后与期望值一致。

但是积分环节的调节时间较长，要想加快控制速度，需要比例与积分环节结合成 PI 调节器或与比例和微分环节结合成 PID 调节器。

（3）微分环节 D　微分相当于对函数求导，它反映了信号的变化趋势，因此在控制系统中能在偏差信号变得较大之前就在系统中引入一个有效的早期修正参数 T_D，从而可以提前对系统实施控制以达到减少调节时间的目的。而对于速度缓慢变化的系统可以不需要微分调节或者减小 T_D 的数值。微分环节的输入 $e(t)$ 与输出 $u(t)$ 的关系为

$$u(t)=T_D\frac{\mathrm{d}e(t)}{\mathrm{d}t} \tag{5-4}$$

前面已经分析过，无论比例调节还是积分调节，都是在产生偏差后通过调节以减小和消除它，因此它们都是事后调节。虽然 PI 调节可以保证没有稳态误差，但是对于动态过程而言调节时间较长。而一般的控制系统不仅对稳态误差有要求，对动态指标也有要求。为了保

证负载变化或扰动发生后能够尽快恢复到稳态，只有比例和积分调节还不能完全满足要求，必须引入微分调节。

微分的作用是事前预防控制，即“防患于未然”。只要通过微分发现 $y(t)$ 有了变大或变小的趋势，马上就能够输出一个阻止其变化的控制信号，这就是微分环节的作用。

将上述 3 个环节并联成图 5-9 所示的控制器就是 PID 控制器，计算公式为

$$u(t) = K_{\mathrm{P}}\left[e(t) = \frac{1}{T_{\mathrm{I}}}\int_{0}^{t} e(t)\,\mathrm{d}t + T_{\mathrm{D}}\frac{\mathrm{d}e(t)}{\mathrm{d}t}\right] \tag{5-5}$$

如果将 PID 控制中的某个环节或某几个环节组合起来就可以形成 P 控制、PI 控制、PD 控制和 PID 控制。需要说明的是，一般情况下纯积分环节 I 或纯微分环节 D 不单独成为控制器。

可以看到 PID 控制的核心是根据偏差（期望值-测量到的输出值）来调整系统的输出，使其快速接近并达到期望值。下面以比例调节来说明 PID 控制的过程。

假设希望机器人从某个速度加速到 1m/s 并一直保持该速度。设比例调节的参数 $K_{\mathrm{P}}=0.6$，控制过程如下：

1）求初始时刻的偏差 $e(t_0)$。假设初始时刻测量到机器人的速度是 $y(t_0) = 0.3\text{m/s}$（即系统当前实际的输出），而期望的目标速度是 $r(t)=1\text{m/s}$。那么初始速度和期望值之间存在一个偏差 $e(t_0)=(1-0.3)\text{m/s}=0.7\text{m/s}$。

2）计算初始时刻的控制量 $u(t_0)$。根据式（5-2），得到 $u(t_0) = K_{\mathrm{P}}e(t_0)$，即 $0.6\times0.7\text{m/s}=0.42\text{m/s}$。意味着以 0.42m/s 的控制量控制机器人的速度逐渐增加。

3）之后求 t_1 时刻的偏差 $e(t_1)$。假设 t_1 时刻检测到机器人的实际速度增加到 0.65m/s。因为期望的目标速度仍然是 $r(t)=1\text{m/s}$，所以偏差 $e(t_1)=(1-0.65)\text{m/s}=0.35\text{m/s}$。

4）计算 t_1 时刻的控制量 $u(t_1)$。根据式（5-2），得到 $u(t_1) = 0.6\times0.35\text{m/s}=0.21\text{m/s}$。意味着以 0.21m/s 的控制量增加机器人的速度。

5）继续求 t_2 时刻的偏差 $e(t_2)$ 并将控制进行下去，直到机器人的实际速度在一定的误差范围内接近 1m/s。

从上面的例子可以看出，比例控制就是对偏差乘以一个固定的比例系数从而得到控制器输出的算法，而且偏差越大计算得到的控制量也越大（保障能够尽快消除偏差）。

但是单纯使用比例控制也存在不足，例如无法消除稳态误差，所以在很多时候并不能满足机器人的控制要求，此时就需要增加积分环节以彻底消除稳态误差。而如果希望提高控制的快速性，还要考虑增加微分环节。

需要指出的是，在实际工作中控制器在计算积分和微分时通常会进行离散化，即变成累加和差分运算，因此由式（5-5）可得最终的离散化 PID 控制器公式为

$$u(k) = K_{\mathrm{P}}\left[e(k) + \frac{T}{T_{\mathrm{I}}}\sum_{n=1}^{k} e(n) + T_{\mathrm{D}}\frac{e(k) - e(k-1)}{T}\right] \tag{5-6}$$

式中，T 为采样周期。

也可以将式（5-6）变换成

$$u(k) = K_{\mathrm{P}}e(k) + K_{\mathrm{I}}\sum_{n=1}^{k} e(n) + K_{\mathrm{D}}[e(k) - e(k-1)] \tag{5-7}$$

其中，$K_I=\frac{K_P T}{T_I}$，$K_D=\frac{K_P T_D}{T}$。

当为式（5-6）或式（5-7）编写控制程序时会发现，每一次计算 $u(k)$ 时都要从0时刻开始积分（累加）。因此，这两个公式是PID控制器的位置式算法，相当于每一次计算控制量都要从头开始求解到当前的位置。

为了减少计算量，可以将位置式算法改成增量式算法，即只求解从上一时刻到当前时刻所需要的控制增量，而不需要每次都从头计算。增量式算法公式为

$$\begin{aligned}\Delta u(k) &= u(k)-u(k-1)\\ &= K_P\left[e(k)-e(k-1)+\frac{T}{T_I}e(k)+T_D\frac{e(k)-2e(k-1)+e(k-2)}{T}\right]\\ &= (K_P+K_I+K_D)e(k)-(K_P+2K_D)e(k-1)+K_De(k-2)\end{aligned} \tag{5-8}$$

5.4 机器人的智能控制

智能控制是人工智能和自动控制的结合，是一类无须人的干预就能够独立驱动的智能机器所采用的控制方式。智能控制的关注点并不完全放在对数学公式的表达、计算和处理上，而着重于对任务和模型的描述，对符号和环境的识别以及知识库和推理机的设计开发上。

智能控制采用符号信息处理、启发式程序设计、知识表示和自学习、推理与决策等智能化技术，对外部环境和过程进行理解、判断、预测和规划，使被控对象按一定要求完成动作以达到预定的目的。

智能控制以控制理论、计算机科学、人工智能、运筹学等学科为基础，扩展并交叉了相关的理论和技术，目前应用较多的有模糊逻辑、神经网络、专家系统、遗传算法等理论和自适应控制、自组织控制、自学习控制等技术。

在机器人控制领域，随着机器人技术与传感技术的迅猛发展以及实际生产对机器人性能要求的不断提高，越来越多的智能控制系统应用到机器人中，从而使机器人实现智能化。

近年来，已经研制出一批具有一定感知能力和自主交互能力的机器人，例如能与人类交互和展现一定表情的情感机器人，能在复杂环境中进行救援的救灾机器人等。这些机器人能够自行设定目标，自主规划并执行动作，使自己不断适应环境的变化，代表了当前机器人研究的最高水平。

机器人领域主要的智能控制技术有：

（1）自适应控制　自适应控制是将要求的性能指标与实际系统的性能指标相比较所获得的信息来修正控制规律或控制器参数，使机器人系统能够保持最优或次优工作状态的控制方法。具体地讲，就是控制器能够及时修正自己的参数以适应被控对象和外部扰动的动态特性变化，使整个控制系统始终获得满意的性能。其弱点是在线辨识参数需要较为庞大的计算量。因此在对实时性要求严格，实现比较复杂，特别是存在非参数的不确定性时，自适应控制难以保证系统稳定并达到一定的控制性能指标。

（2）鲁棒控制　针对不确定系统，鲁棒控制能够保证稳定性并达到满意的控制效果。在设计鲁棒控制器时，仅需知道限制不确定性的最大可能值的边界即可。鲁棒控制可同时补偿结构和非结构不确定性的影响，这也正是鲁棒控制优于自适应控制之处。除此之外，与自

适应控制相比，鲁棒控制还有实现简单（没有自适应律）、对时变参数以及非结构、非线性、不确定性的影响有更好的补偿效果，更易于保证稳定性等优点。

(3) 神经网络和模糊控制　神经网络和模糊控制系统具有高度的非线性逼近映射能力，神经网络和模糊控制技术的发展为解决复杂的非线性、不确定系统的控制开辟了新途径。采用神经网络和模糊控制可实现对机器人动力学方程中未知部分的在线精确逼近，从而可通过在线建模和前馈补偿来实现机器人的高精度跟踪。

(4) 迭代学习　它通过反复应用先前试验得到的信息来获得能够产生期望输出轨迹的控制输入，以改善控制质量。迭代学习控制方法不依赖于系统的精确数学模型并且算法简单，因此能以非常简单的方式处理不确定度相当高的动态系统，且仅需较少的先验知识和计算量，同时适应性强、易于实现。因此，机器人轨迹跟踪控制是迭代学习控制应用的典型代表。

(5) 变结构控制　其本质是一类特殊的非线性控制，表现为控制的不连续性。由于滑动模态可以进行设计且与对象参数及扰动无关，这就使得变结构控制具有快速响应、对参数变化及扰动不敏感、无须系统在线辨识、物理实现简单等优点。这种控制方法通过控制量的切换使系统状态沿着滑模面滑动，使系统在受到参数摄动和外干扰的时候具有不变性，正是这种特性使得变结构控制在机器人领域得到了广泛的应用。

(6) 反演控制　其基本思想是将复杂的非线性系统分解成不超过系统阶数的子系统，然后为每个子系统分别设计李雅普诺夫函数和中间虚拟控制量，一直“反演”到整个系统，直到完成整个控制律的设计。利用反演控制设计机器人控制器可以解决系统中的非匹配不确定性。通过在虚拟控制中引入微分阻尼项，可有效改善系统的动态性能；通过在虚拟控制中引入模糊系统或神经网络，可实现无须建模的自适应反演控制；通过在虚拟控制中引入切换函数，可实现具有滑模控制特性的反演控制。

总之，智能控制正处于发展过程中，还存在许多有待研究的问题，例如仍需探讨新的智能控制理论，以及如何提高系统的学习能力和自主能力。后面章节中将介绍几种智能控制技术。

本章小结

本章介绍了机器人的控制基础。从机器人的基础控制理论出发，介绍了机器人的控制系统，从传统经典控制讨论到智能控制技术。

机器人的控制系统由感知部分、控制部分、驱动部分组成。本章介绍了机器人的控制特点和控制方式。

本章以机器人的开环控制、闭环控制和 PID 控制为例，介绍了机器人的传统控制技术，并对机器人的智能控制进行了简要介绍。

作为机器人控制发展的方向，关于机器人智能先进控制技术的内容将在后面的章节中加以介绍。

思考与练习题

1. 自动控制系统是如何划分的？
2. 机器人的控制系统由哪几部分组成？

3. 简述机器人控制系统的特点。

4. 机器人控制方式是如何分类的?

5. 简述开环控制和闭环控制各自的优、缺点。

6. 简述 PID 控制。

7. 机器人的智能控制技术主要有哪些?

第 6 章 机器人的自适应控制

第 5 章对机器人控制基础进行了介绍，同时也简要介绍了机器人控制的发展方向，即智能先进控制。从本章开始将针对机器人的智能先进控制进行分析说明，本章介绍机器人的自适应控制。

6.1 自适应控制理论概述

本节讨论以下 3 个基本问题：①什么是自适应控制；②介绍两类重要的自适应控制系统；③介绍自适应控制的发展历程。

6.1.1 自适应控制

生物界的自适应是指生物能改变自己的习性以适应新环境的一种特征。因此直观地讲，自适应控制器应当是这样的：它能修正自己的特性以适应被控对象的变化和扰动。

自适应控制的研究对象是具有一定程度不确定性的系统，这里不确定性是指描述被控对象及其环境的数学模型不是完全确定的，其中包含一些未知因素和随机因素。

例如任何一个实际机器人的控制系统都具有不同程度的不确定性，这些不确定性有时表现在系统内部，有时表现在系统的外部。从系统内部来讲，并不能确切地知道描述被控对象的数学模型的结构和参数。外部环境对系统的影响就是对系统的扰动，而扰动通常是不可预测的。此外，还有一些测量噪声将从不同的测量反馈回路进入系统。

面对这些客观存在的各种不确定性，如何设计适当的控制器，使机器人的某一个或多个指定的性能指标达到并保持最优或近似最优，这是自适应控制所要研究和解决的问题。

针对自适应系统并没有一个统一的定义，现引入两个典型的定义。

定义 6-1　自适应系统是指在工作过程中能不断地检测系统参数或运行指标，根据参数或运行指标的变化，改变控制参数或控制作用，使系统工作于最优工作状态或接近于最优工作状态。

定义 6-2　自适应系统利用可调系统的输入量、状态变量及输出量来测量某种性能指标，根据测得的性能指标与给定的性能指标的比较，自适应机构修改可调系统的参数或者产生辅助输入量，以保持测得的性能指标接近于给定的性能指标，或者使测得的性能指标处于可接受性能指标的集合内。

自适应系统的基本结构如图 6-1 所示，其中的可调系统可以理解为这样一个系统，即它能够通过自适应机构来调整自身的参数从而调整系统的特性。

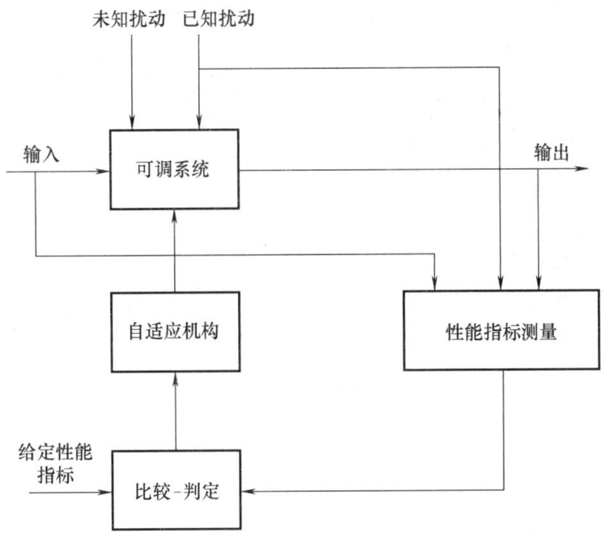

图 6-1　自适应系统的基本结构

自适应系统性能指标的测量有多种方法，有些是直接的，有些是间接的，例如通过系统动态参数的辨识来测量性能指标就是一种间接方法。

比较-判定是指将给定的性能指标与测得的性能指标做比较，并判定所测得的性能指标是否处于可接受性能指标的集合内。如果不是，自适应机构就要相应地动作，或者调整可调系统的输入信号，从而调整系统的整体特性。

应当注意，图 6-1 中的性能指标测量、比较-判定和自适应机构这 3 个基本结构的实施是非常复杂的。在有些情况下，要把一个自适应系统按照图 6-1 所示的基本结构图进行分解并不是一件容易的事情。其实，判断一个系统是否真正具有自适应的基本特征，关键看它是否存在一个对性能指标的闭环控制。

自适应控制与常规反馈控制和最优控制相同，也是一种基于数学模型的控制方法，所不同的是自适应控制所依据的关于模型和扰动的先验知识比较少，需要在系统的运行过程中不断提取有关模型的信息，使模型逐渐完善。

具体地说，可以依据对象的输入、输出数据，不断地辨识模型的参数，这个过程称为系统的在线辨识。随着生产过程的不断进行，通过在线辨识，模型会变得越来越准确，越来越接近实际。既然模型在不断地改进，基于这种模型综合出来的控制作用也将随之不断改进。在这个意义下，控制系统具有一定的适应能力。

譬如，由于对象特性的初始信息比较缺乏，机器人控制系统在刚开始投入运行时可能性能不理想，但是只要经过一段时间的运行，通过在线辨识和控制以后，控制系统逐渐适应并最终将机器人调整到一个满意的工作状态。再比如某些被控对象，其特性可能在运行过程中要发生较大的变化，但通过在线辨识和改变控制器参数，系统也能逐渐适应。

自适应控制系统主要针对两种类型的变化。一是系统状态的变化，它的变化速度比较快；另一类是系统参数的变化，它的变化速度比较慢。这就提出了两个时间尺度的概念：适用于常规反馈控制的快时间尺度以及适用于更新控制器参数缓慢变化的慢时间尺度。两种时间尺度的过程并存，是自适应控制的又一特点，它同时也增加了自适应控制系统分析的难度。

对于机器人，对象特性或扰动特性变化范围很大，同时又要求经常保持高性能指标的一类系统，采用自适应控制是合适的。

但应当指出，自适应控制比常规反馈控制要复杂得多，成本也高，只是在常规反馈控制达不到期望的性能时，才考虑采用。

6.1.2 两种重要的自适应系统

自从20世纪50年代末期第一个自适应控制系统问世以来，先后出现过许多不同形式的自适应控制系统。发展到目前，无论是从理论研究还是从实际应用的角度来看，比较成熟的自适应控制系统有下述两大类。

（1）自校正控制系统（Self-tuning Control System，STCR） 这类自适应控制系统的特点是具有一个被控对象数学模型的在线辨识环节，具体地说就是加入一个对象参数的递推估计器。

自校正控制的基本思想是将被控对象的参数递推估计算法与对系统运行指标的要求结合起来，形成一个能自动校正调节器或控制器参数的实时计算机控制系统。基本步骤如下：

首先读取对象的输入和输出的实测数据，用在线递推估计算法辨识对象的参数向量和随机干扰的数学模型，然后按照辨识求得的参数向量估值和对系统运行指标的要求，随时调整调节器或控制器参数，给出最优控制。

自校正控制能够使系统适应本身参数的变化和环境干扰的变化，始终处于最优或接近于最优的工作状态。这种自适应控制系统的基本结构如图6-2所示。

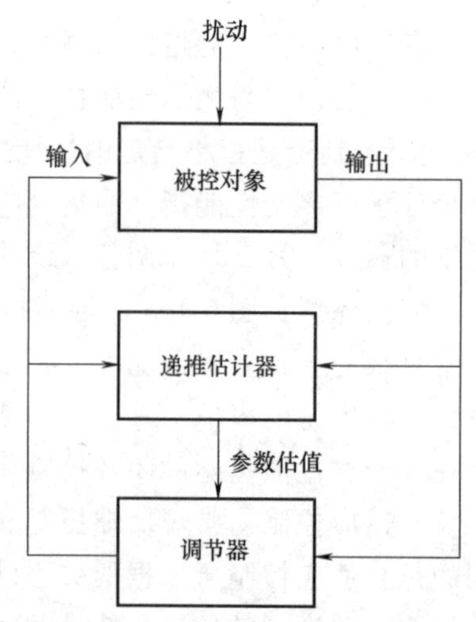

图6-2 自校正控制系统的基本结构

自校正控制的运行指标可以是输出的方差最小、最优跟踪或理想极点配置等。因此，自校正控制又可分为最小方差自校正控制、广义最小方差自校正控制和极点配置自校正控制等。

设计自校正控制的主要工作是用递推估计算法来辨识系统参数，然后根据系统运行指标来确定调节器或控制器的参数。

（2）模型参考自适应控制系统（Model Reference Adaptive System，MRAS） 在各种类型的自适应控制方案中，模型参考自适应控制由于其自适应速度高且便于实现而获得了广泛的应用。

在模型参考自适应控制系统中，给定的性能指标集合被一个动态性能指标所代替，变成一个参考性能指标。为了产生这个参考性能指标，引入一个被称为参考模型的辅助动态系统，它与可调系统同时被相同的外部输入信号所激励。参考模型的输出和状态规定了一个给定的性能指标。

在这种情况下，在给定的性能指标与测得的性能指标之间通过比较器做“减法”，就可以获得可调系统与参考模型的输出或状态之间的差值。这一参考模型与可调系统的输出的差值被自适应机构用来调整可调系统的参数或产生一个辅助输入信号，使被表示成可调系统与参考模型的输出或状态之差的泛函的两个性能指标之差达到极小，达到可接受的性能指标范围之内。

模型参考自适应控制系统包括参考模型、控制器、被控对象、调整控制器参数的自适应机构等部分，如图 6-3 所示。

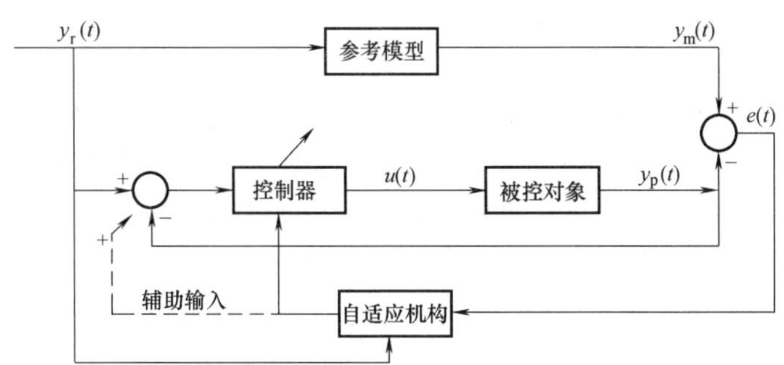

图 6-3　模型参考自适应控制系统结构图

从图 6-3 可以看出，这类控制系统包含两个回路：内环和外环。内环是由控制器和被控对象组成的普通反馈回路，而控制器的参数则由带自适应机构的外环来调整。

参考模型的输出直接表示了对象输出应当怎样理想地响应参考输入信号 $y_r(t)$。这种用模型输出来直接表达对系统动态性能要求的做法，对于一些运动控制系统往往是很直观和方便的。

如图 6-3 所示，对控制器参数的自适应调整过程为：当参考输入 $y_r(t)$ 同时输入到控制系统和参考模型时，由于对象的初始参数未知，导致控制器的初始参数不可能调整得很好。因此，一开始运行系统的输出响应 $y_p(t)$ 与模型的输出响应 $y_m(t)$ 是不可能完全一致的，必然会产生偏差信号 $e(t)$。由 $e(t)$ 驱动自适应机构产生适当的调节作用来直接改变控制器的参数，从而使系统的输出 $y_p(t)$ 逐步地与模型输出 $y_m(t)$ 接近，直到 $y_p(t)=y_m(t)$，即 $e(t)=0$ 为止。当 $e(t)=0$ 或达到可接受的误差范围内时，自适应参数调整过程自动中止。

同样，当被控对象的特性在运行中发生了变化时，控制器参数的自适应调整过程与上述过程是相同的。

6.1.3　自适应控制的发展历程

在 20 世纪 50 年代末，由于飞行控制的需要，美国麻省理工学院（MIT）的 Whitaker 教授首先提出了飞机自动驾驶仪的模型参考自适应控制方案，称为 MIT 方案。在该方案中采用局部参数优化理论设计自适应控制规律，但这一方案没有获得实际应用。这是因为用局部参数优化法设计模型参考自适应系统时，没有考虑系统的稳定性，所以在自适应系统设计完成之后，还要进一步检验系统的稳定性，这就限制了这一方法的应用。

1966 年，德国学者 P. C. Parks 提出了利用李雅普诺夫第二法来推导自适应算法的自适应系统设计方案。它可以保证自适应系统的全局渐近稳定性，但在用被控对象的输入和输出构成自适应规律时，要用到输入和输出的各阶导数，这就降低了自适应系统对干扰的抑制能力。

为了避免这一缺点，印度学者 K. S. Narendra 和其他学者都提出了不同方案。而罗马尼亚学者 V. M. Popov 在 1963 年提出了超稳定性理论，法国学者 I. D. Landau 把超稳定性理论应用于模型参考自适应控制。现已证明，用超稳定性理论设计的模型参考自适应系统是全局渐近稳定的。

自校正调节器是在 1973 年由瑞典学者 K. J. Astrom 和 B. Wittenmark 首先提出来的。1975 年，D. W. Clark 等提出自校正控制器。1979 年，P. E. Wellstead 和 K. J. Astrm 提出极点配置自校正调节器和伺服系统的设计方案。

自适应控制经过了 60 多年的发展，无论是在理论上还是在应用上都取得了很大的进展。近 20 多年来，由于计算机技术的飞速发展特别是超大规模集成电路和芯片的广泛普及，为自适应控制技术的应用开辟了广阔的领域。目前，自适应控制在机器人控制、飞行器控制、深空探测器控制、卫星跟踪系统、大型油轮控制、冶金过程控制和化工过程控制等方面都得到了应用。利用自适应控制能够解决一些常规的反馈控制所不能解决的复杂控制问题，可以大幅度地提高系统的稳态精度和动态品质。

6.2 自适应控制与机器人

随着自动化技术的迅速发展，机器人越来越广泛地应用于生活服务、军事工作、工业生产过程等领域。尤其是在柔性制造系统（FMS）和工厂自动化（FA）中，机器人的作用得到了充分的展示，成为现代化生产不可缺少的工具。而生产应用的进一步深入又对机器人在精度、速度以及效率等方面提出了更高的要求。

目前，日常使用中的大多数机器人都采用常规或改进的 PID 算法，因为它建立在对机器人的动态模型较为确切了解的基础上。但是，实际获得的机器人动态模型不可能精确，它是具有较强耦合的非线性系统，如果作为简单的线性系统来处理，那么在许多情况下不能获得理想的控制性能。

为此，许多专家积极寻求新的机器人控制方法，一些控制理论的最新成果也被应用到这一领域，机器人的控制系统向智能化、精确化方向发展。同时，计算机技术的发展也为这种应用创造了条件，从而促进了机器人的控制技术的进一步发展。

针对机器人模型参数不确定的特点，自适应控制是公认的一种比较有效的办法。在机器人控制系统向着自适应控制发展的过程中，经历了协作机器人和自适应机器人（Adaptive Robot）两个阶段。

6.2.1 协作机器人

传统的工业机器人追求快速、精确的位置控制，能代替人工沿着通过路径规划而获得的轨迹运行，例如把 A 处的物体移动到 B 处、在工件上切割出一个图形、完成缝隙的焊接、在汽车外壳上喷漆等。但传统的机器人依然有 3 个不尽如人意的地方。

1）它们完全专注于正在执行的任务，以至于有可能对周围造成危险。大部分传统机器人在工作时都严禁任何人进入它的工作空间。

2）要“教会”它们适应一个新的工作是很困难的。传统的机器人需要专门的工程人员使用特定的语言对其进行编程控制，告诉它动作的次序、要实现的轨迹等。因此如果改变机器人现有的工作，通常需要重新进行编程控制。

3）它们擅长的只是依靠快速、精确的位置控制就可以胜任的工作。因此，如果环境发生变化，传统的机器人很难适应。

为此，随着自适应控制理论的逐渐发展，国际上有学者提出了一些机器人自适应控制方案，如 Dubowsky、Kiovo、Lee 和 Chun 等人提出的几种自适应或自校正方案。基于此，更有研究人员提出了协作机器人的概念。传统的工业机器人制造商 Kuka、ABB、Fanuc 等纷纷推出了自己的协作机器人，而以协作机器人起家的 UR、Rethink、Franka 等更是大显身手。

协作机器人如图 6-4 所示。从“协作”的字面意义可以看到，人们希望机器人不再只是被圈在“围栏”里自顾自地完成被编程的任务，而是能够更多地与人或机器人之间协同工作。

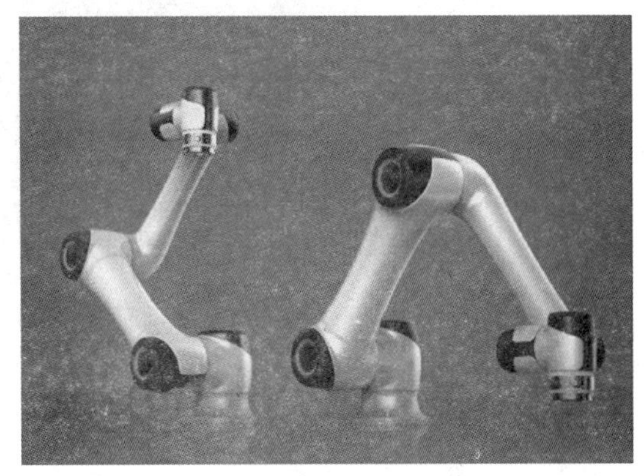

图 6-4　协作机器人

针对上述传统机器人的 3 个缺陷，协作机器人在技术能达到的基础上提出了 3 点解决方案：①通过降低机器人负载、限制运动速度、限制关节输出力矩、在机械臂上包裹软性材料、利用算法实现碰撞检测等方式来提高机器人的安全性、让机器人可以走出“围栏”；②通过研发更简明易操作的示教器、图形化编程方法、拖拽示教算法等，开发更直观易用的人机交互方式，让没有经过专业训练的人也可以轻松指挥机器人工作；③在前面两点的基础上，通过添加传感器和改进智能控制算法来完成机器人与人或者机器人之间的协作。

需要指出的是，当前协作机器人中的“协”字，与其说是协作的“协”，不如说是妥协的“协”。大部分协作机器人为了实现协作的目标，不得不以牺牲某些方面的性能为代价，包括但不限于负载、速度、位置精度等。目前的协作机器人还没有真正实现人们希望的功能。

6.2.2　自适应机器人

为此，随着技术的发展，新一代的机器人势必要跳出这种尚未达到的“协作”框架，而真正从本源上去改进传统机器人的不足。它需要能够在不牺牲性能的前提下具备机器人的安全性，能够像人一样迅速理解并独立完成一项新的任务，能够完成那些传统机器人不可能做好的工作。

一个能达到这些要求的机器人，需要的不仅仅是机器人之间或者与人协作的能力，更是自身对复杂环境与复杂任务的适应能力。因此，新一代机器人定义为自适应机器人。图 6-5 所示为一个简易的自适应机器人。

传统的机器人几乎没有适应性，它们在工作时依赖许多假设的前提条件：物体总是在某个特定位置处于某个姿态、机器人在工作时周围没有任何人和事物来干扰等。对这些假设的依赖决定了现有的机器人无法完成智能性很强的工作。针对这些问题，自适应机器人必须具有如下 3 个特征：适应操作对象位置的不确定性、适应复杂外部环境的干扰、适应类似任务的快速迁移。

对于上述这 3 个自适应机器人必须具备的特征，以机械手和人类手臂为例来说明。

（1）适应操作对象位置的不确定性　与传统机器人不同，人的手臂在定位能力上是很差的，如果闭上眼睛、只依靠本体知觉（肌肉和关节的感觉）定位，人手的定位误差将有

图 6-5　一个简易的自适应机器人

5cm。然而，大部分人在洗碗刷锅时并不需要眼睛紧盯着锅碗瓢盆。不管它们在水池里是怎样放置的，人手都可以依着它们的形状在正确的方向上施力抓起，并把锅碗瓢盆的每一个角落都洗干净。可见，对于适应操作对象的位置和姿态，可以不单纯依赖定位功能。

一个自适应机器人的机械手就需要具备这种类似人手在完成工作时的功能：即使工件的位置信息不够精确，或者因为某种原因使得工件产生了位移和姿态的改变，机器人都能够通过与物体接触获得的信息及时调整末端执行器的位置以及对外界施力的大小和方向。

（2）适应复杂外部环境的干扰　人虽然在定位能力上非常弱，但人的手臂却具有很强的抗干扰性能。例如，人可以稳稳地把一杯水从一个地方拿到另一个地方。而在这个过程中如果有人推他，他也可以很快地调整自身姿势保证水不会洒出来。自适应机器人也应该具备这种在一定程度的外部干扰下仍然能够完成特定任务的能力，这样就可以降低对环境的要求，例如替代人来完成高空外墙清洁这样复杂且危险的任务时，机器人需要应对强风的影响。

（3）适应类似任务的快速迁移　人具有将一项技能由一个领域应用到另一个领域的能力，例如如果学会了骑自行车，将对学习驾驶摩托车有很大帮助，这是因为人可以把对自行车的平衡控制能力迁移到对摩托车的平衡控制上。这就是技能的迁移能力。自适应机器人如果具备了这种功能，就能够在“学会”抛光手机背板之后，以很小的努力就学会抛光汽车外壳，甚至是打磨木制家具。在技能相似的任务之间快速迁移学习，这应该是自适应机器人的核心能力。

6.2.3　自适应机器人的关键技术

如前所述，协作机器人其实是对现有的硬件和软件技术限制的妥协。那么，什么样的技术才会让自适应机器人成为可能呢？最关键的有两点：

1）真正能应用、高精度、快响应的力控技术。这是奠定机器人自适应技术的基石。

2）建立在完整感知能力（包括视觉和力觉）基础上的层级式智能。这是完整发挥机器人控制技术潜力的必要条件。

以上两点缺一不可，仅仅具有其中的一点都不足以让机器人具备足够的适应性。下面分别论述这两个关键点。

1. 力控技术

机器人对力控技术的需求是显而易见的，关于机器人力控技术的研究也已经进行了很长时间。近年来，工业界逐步尝试在工业机械臂上应用力控技术，然而仍未能将力控技术做到足够大的规模应用。目前力控技术主要有以下 4 种。

（1）用位置来控制力　比较常见的一种力控是在现有的机械臂末端加装六维力/力矩传感器，用外部的力控制回路和内部的位置控制回路来共同实现。这种方法是把控制力转化为控制位移。如果用机械臂的末端去按压或拉伸一个弹簧，那么机械臂施加在弹簧上的力正比于弹簧的形变。

（2）用关节电流来控制力　对于开放电流控制的机器人，一种常用的力控算法是用机械臂末端的六维力/力矩传感器加上关节的电流控制来共同实现。通常，电动机的输出力矩与输入电流的比值是一个常数，因此电流控制可以近似于关节力矩控制。然而由于减速传动机构的存在，这个近似比较粗糙，因此当需要机械臂末端施加一定的力时，计算出关节需要施加的扭矩并换算成电流，此时每个关节实际输出的扭矩与要求会有不小的偏差。于是控制器只能根据测到的机械臂末端的力来调整指令，使每个关节的电流再做相应调整。显然，这种控制方式使得系统的响应很难做到足够快，同时由于误差的存在，机械臂本身的动态特性无法被很好地补偿，导致它的稳定性和运动精度也比较差。

（3）使用关节力矩传感器　这些年很多新型的机器人会在每个关节中加入关节力矩传感器。关节力矩传感器的实现主要有两种方法，一种叫串联弹性驱动器（SEA），即用编码器测量关节内一个弹簧的位移来计算关节输出的力矩。另一种方法是通过测量金属应变片（Strain Gauge）的微小形变来测量关节扭矩。SEA 在足式机器人中有很大优势，因为关节自带的弹簧有很好的抗冲击保护作用。然而在其他种类机器人中，SEA 却会使机械臂变软，大大降低位置控制的精度和响应速度。通过应变片制作的扭矩传感器在机械臂中相对好用，但贴应变片的工艺比较复杂，应变片本身温漂也比较明显，抗冲击性能比较差，容易被撞坏，成本比较高等，这也是关节扭矩控制机器人价格居高不下的原因之一。

关节力矩传感器还有一个问题，就是虽然测量的是一个维度的扭矩，但它的读数却很容易被其他维度施加的力/力矩影响，造成误差。例如在串联机械臂上，每一个关节都还会受到其后所有关节/连杆施加在它上面的各个方向的力。

（4）关节力矩加末端六维力传感器　最近很多具有关节力矩传感器的机器人又在机械臂末端加上了六维力/力矩传感器。这种做法对于提高末端力控制的精确度和响应速度很有必要。然而关节力矩传感器本来就成本高昂而且容易损坏，又增加了一个成本更高昂、更容易损坏的六维力/力矩传感器，使得部署设备时需要耗费大量精力去调整。

因此，高精度、快响应、成本合理的力控技术需要综合考虑以下因素。

1）用位置或关节电流做力控都有本质上的局限性，配备力矩传感器的关节力矩控制必不可少。在关节力矩尽可能快速准确控制的基础上，机器人的力控性能才会有质的提升。

2）现有的力传感产品的性能都不够好、价格也过高。为使它具备足够好的性价比，关节力矩传感器以及末端的六维力/力矩传感器都需要改进。

3）机器人的关节需要专门为力矩控制做优化，尽可能减少其他方向的力对某一维力矩传感器的干扰。

只有在这些改进的基础上，一个先进的整机力控算法才能发挥出所有的潜力。

2. 层级式智能

高性能的力控技术只是第一步。在力控技术之上，机器人更需要知道如何结合其他信息来有效地使用这项能力。层级式智能就是完整发挥机器人控制技术潜力的必要条件。

先举一个例子。例如人擦窗户这项工作，首先要识别窗户玻璃的边界，然后手拿湿布从玻璃的一角开始按照“Z”或者“N”字形一边来回移动、一边向垂直于玻璃的方向施力以增加湿布与污渍之间的摩擦力，最终确认玻璃的每一处都被擦干净。

在这个过程中，人需要调用自身很多的能力。有的是有意识地调用，例如识别玻璃上的污渍；还有的早已“编码”在人的潜意识里，人并未意识到自己正在使用这样的能力，例如对手臂移动和施力的控制。这种多层级式的决策既包括思考用什么轨迹擦窗户、是否已经擦干净等“有意识的思考”，还包括每时每刻需要向哪几条肌肉发送信号来控制手臂的运动等“无须自己去详细计算”的控制。

机器人的智能也应该如此。对于负责识别哪里是窗户玻璃、思考应该怎样擦玻璃的那部分智能，并不需要知道每时每刻机器人的每个关节应该在什么位置或者应该施加多大电流，而垂直玻璃表面用力并来回移动的这个动作也应该通过学习放在机器人的“潜意识”中。

层级式智能如图 6-6 所示。底层的智能就像潜意识般控制着机械臂的基础运动，中层的智能通过编码将各种基础运动排列成不同的运动序列，而高层的智能则负责认知、理解、规划等。这样的智能被称为层级式智能。

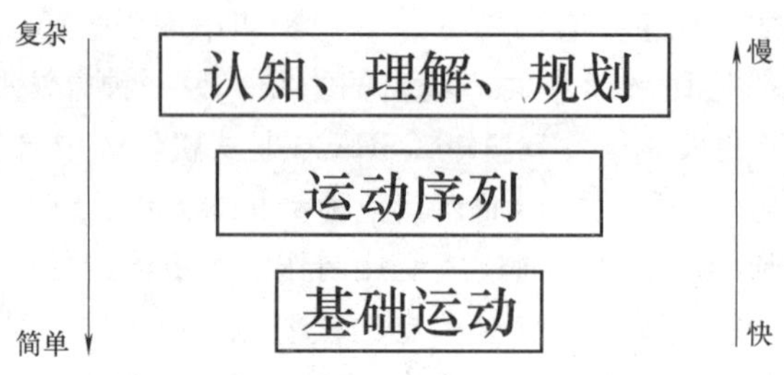

图 6-6 层级式智能

在层级式智能体系中，每一个层级相对独立，只专注自己控制、规划、思考的领域。底层智能无法直接影响顶层智能，但顶层智能的实施依赖于底层。顶层对底层起到指导、调节的作用。另外，每一层的智能通常只需调节直属下一层，而不需要跨级下达指令。

如图 6-6 所示，在层级式智能中，机器人的智能从底层到顶层是越来越复杂的，但相应的反应也是越来越慢的。如果机器人在工作中受到人的干扰，其底层的控制算法应该能够快速做出反应，在继续完成任务的同时避免对人造成伤害，而不需要等到顶层智能去发现人的存在之后再下达命令开启安全措施。

再举一个例子。工业机器人在为一个有弧度的工件抛光时，底层的控制就足以让它快速适应并沿着工件的形状去运动。如果是通过三维视觉给工件建模，再发送模型的信息给机械臂进而调整它的运动轨迹和施力方向，这个过程不仅太慢，而且严重受限于三维视觉能达到的精度。但是，如果工件的弧度不规则或者很复杂，单纯依靠机器人的底层智能就无法胜任，必须通过视觉扫描等高层智能完成对工件表面的建模和运动规划。

因此，无论是基于安全考虑还是为了完成任务的效率和效果，自适应机器人都必须有一个分层次、由简单到复杂、由快到慢的智能系统。

6.3 机器人的自适应控制方法

在对机器人控制的早期研究中，对于近似线性化的机器人系统，参考模型自适应控制非常适用，例如对于姿态变化引起的动态变化等。但是，在要求更快速、精度更高动作的情况下，却不能正确地得到期望的动作。

随着机器人的工作速度加快和精度越来越高，所面临的工作环境也越来越复杂，促使研究者把更多先进控制理论应用到机器人的运动控制中，以解决高度非线性的控制问题。这些控制技术包括鲁棒控制、迭代控制、模糊控制和神经网络控制等。

当然，机器人控制作为一个复杂的控制系统，往往是无法通过一种控制技术来完成任务的，将不同控制方法进行融合成了有效的选择。

6.3.1 机器人鲁棒自适应控制

通过引入直接自适应控制的思想，采用基于 Lyapunov 直接法的鲁棒模型参考自适应控制，可以在具有参数不确定性和未知非线性摩擦特性的情况下，使跟踪误差趋于零。这种方法就是鲁棒自适应控制，其优点在于不需要建立机器人运动摩擦模型，即不需要精确的摩擦参数，而只需要动、静摩擦的上界值。下面以机械臂的控制为例来说明。设机器人的不确定单机械臂为

$$I\ddot{\theta}+(d+\delta_1)\dot{\theta}+\delta_0\theta+mgl\cos\theta=u-f(\dot{\theta},u) \tag{6-1}$$

式中，θ 为系统输出转角；I 为转动惯量，$I=\frac{4}{3}ml^2$；mg 为重力；u 为控制输入；$f(\dot{\theta},u)$ 为未知的非线性摩擦函数；l 为质心距连杆的转动中心；d 为连杆运动的黏性摩擦系数；δ_1 为黏性摩擦系数的不确定值；δ_0 为弹性摩擦系数。

如果机械臂的运动平面平行于水平面，则机器人运动方程中的重力项可忽略，式（6-1）变为

$$\ddot{\theta}+\frac{d+\delta_1}{I}\dot{\theta}+\frac{\delta_0}{I}\theta=\frac{1}{I}[u-f(\dot{\theta},u)] \tag{6-2}$$

式（6-2）可采用二阶微分方程来描述：

$$\ddot{\theta}+\alpha_1\dot{\theta}+\alpha_0\theta=\beta_0u-\beta_1f(\dot{\theta},u) \tag{6-3}$$

其中 $\alpha_1=\frac{d+\delta_1}{I}$，$\alpha_0=\frac{\delta_0}{I}$，$\beta_0=\frac{1}{I}$，$\beta_1=\frac{1}{I}$。$\alpha_1$、$\alpha_0$ 为非负的有界实数，β_0、β_1 为正实数。

如图 6-7 所示，$f(\dot{\theta},u)$ 的数学描述为：

$$f(\dot{\theta},u)=\lambda(\dot{\theta})F_c(\dot{\theta},u)+[1-\lambda(\dot{\theta})]F_s(\dot{\theta},u) \tag{6-4}$$

式中，$F_c(\dot{\theta},u)$ 和 $F_s(\dot{\theta},u)$ 分别为未知的静摩擦力和动摩擦力。

$\lambda(\dot{\theta})$ 为开关函数，定义为

$$\lambda(\dot{\theta})=\begin{cases}1 & |\dot{\theta}|>D\\ 0 & |\dot{\theta}|\leqslant D\end{cases} \tag{6-5}$$

假定 $F_c(\dot{\theta},u)$ 和 $F_s(\dot{\theta},u)$ 为有界函数，即存在正实数 $\overline{F}_s$ 和 $\overline{F}_c$ 为其上界，使得

$$|F_s(u,\dot{\theta})| \leqslant \overline{F}_s \quad \forall \dot{\theta}, \forall u \tag{6-6}$$

$$|F_c(\dot{\theta},u)| \leqslant \overline{F}_c \quad \forall \dot{\theta}, \forall u \tag{6-7}$$

对于式（6-3）的系统，引入稳定的参考模型

$$\ddot{\theta}_m + a_1\dot{\theta}_m + a_0\theta_m = br \tag{6-8}$$

式中，θ_m 为模型输出；r 为系统指令输入；a_1、a_0、b 为正实数。

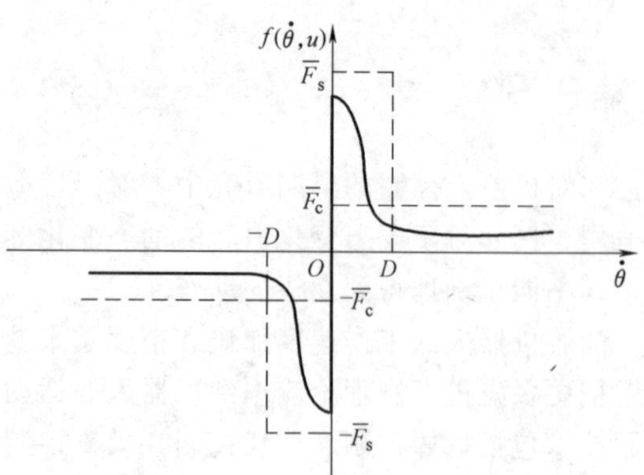

图 6-7　未知摩擦函数 $f(\dot{\theta},u)$

需要说明的是，在机器人运动方程式（6-3）中，参数分别是 α_1、α_0、β_0 和 β_1，在引入的参考模型式（6-8）中，参数分别是 a_1、a_0 和 b，它们是不同的，不要混淆。

定义误差信号为

$$e = \theta_m - \theta \tag{6-9}$$

则控制的问题在于，寻求控制 u，使得对于任意初始状态，系统的跟踪误差 $e(t)$ 均满足

$$\lim_{t\to\infty} e(t) = 0 \tag{6-10}$$

为此引入鲁棒模型参考自适应控制，由式（6-3）和式（6-8）得到误差 e 的动态方程为

$$\ddot{\theta}_m + a_1\dot{\theta}_m + a_0\theta_m - \ddot{\theta} - \alpha_1\dot{\theta} - \alpha_0\theta = br - \beta_0 u + \beta_1 f(\dot{\theta},u) \tag{6-11}$$

即

$$\ddot{e} + a_1\dot{e} + a_0 e = br - \beta_0 u + \beta_1 f(\dot{\theta},u) + (\alpha_1 - a_1)\dot{\theta} + (\alpha_0 - a_0)\theta \tag{6-12}$$

定义向量 $\boldsymbol{x} = [e, \dot{e}]^{\mathrm{T}}$，则式（6-12）对应的状态空间表达式为

$$\dot{\boldsymbol{x}} = \boldsymbol{A}\boldsymbol{x} - \begin{bmatrix} 0 \\ \beta_0 \end{bmatrix} u + \begin{bmatrix} 0 \\ \Delta \end{bmatrix} = \boldsymbol{A}\boldsymbol{x} + \boldsymbol{Z} \tag{6-13}$$

其中，$\boldsymbol{\Delta} = br + \beta_1 f(\dot{\theta},u) + (\alpha_1 - a_1)\dot{\theta} + (\alpha_0 - a_0)\theta$，$\boldsymbol{A} = \begin{bmatrix} 0 & 1 \\ -a_0 & -a_1 \end{bmatrix}$，$\boldsymbol{Z} = -\begin{bmatrix} 0 \\ \beta_0 \end{bmatrix} u + \begin{bmatrix} 0 \\ \Delta \end{bmatrix}$。

由于矩阵 $\boldsymbol{A}$ 的特征值具有负实部，所以系统式（6-13）是渐进稳定的。因此存在正定矩阵 $\boldsymbol{P}$ 和 $\boldsymbol{Q}$，使得

$$\boldsymbol{A}^{\mathrm{T}}\boldsymbol{P} + \boldsymbol{P}\boldsymbol{A} = -\boldsymbol{Q} \tag{6-14}$$

定义辅助信号 $\hat{e}$ 为

$$\hat{e} = [0 \quad 1]\boldsymbol{P}\boldsymbol{x} = [0 \quad 1]\begin{bmatrix} p_1 & p_2 \\ p_2 & p_3 \end{bmatrix}\begin{bmatrix} e \\ \dot{e} \end{bmatrix} = p_2 e + p_3 \dot{e} \tag{6-15}$$

由辅助信号取控制律 u 为

$$u = k_0(\hat{e},r)r + k_1(\hat{e},\theta)\theta + k_2(\hat{e},\dot{\theta})\dot{\theta} + q(\hat{e},\dot{\theta}) \tag{6-16}$$

式中，$k_0(\hat{e},r)$、$k_1(\hat{e},\theta)$ 和 $k_2(\hat{e},\dot{\theta})$ 为待调节的增益系数；$q(\hat{e},\dot{\theta})$ 为摩擦环节的鲁棒补偿项。

那么有如下定理：

定理 6-1　针对式（6-13），采用控制律式（6-16），若增益系数自适应律和鲁棒补偿项设计为

$$\dot{k}_0(\hat{e},r)=\lambda_0\hat{e}r \tag{6-17}$$

$$\dot{k}_1(\hat{e},\theta)=\lambda_1\hat{e}\theta \tag{6-18}$$

$$\dot{k}_2(\hat{e},\dot{\theta})=\lambda_2\hat{e}\dot{\theta} \tag{6-19}$$

$$q(\hat{e},\dot{\theta})=\begin{cases}\overline{\beta}_1\overline{F}_s\text{sgn}(\hat{e})/\beta_0 & |\dot{\theta}|<D\\ \overline{\beta}_1\overline{F}_c\text{sgn}(\hat{e})/\beta_0 & |\dot{\theta}|\geqslant D\end{cases} \tag{6-20}$$

其中，$\text{sgn}(\hat{e})$ 为符号函数；λ_0、λ_1、λ_2 为正实数。那么对于任意的 α_0、α_1、$f(\dot{\theta},u)$ 及任意的初始条件，误差 $e(t)$ 有界且渐进收敛于 0。

下面对上述机器人鲁棒自适应控制模型进行 Simulink 的仿真测试。仿真主程序如图 6-8 所示。

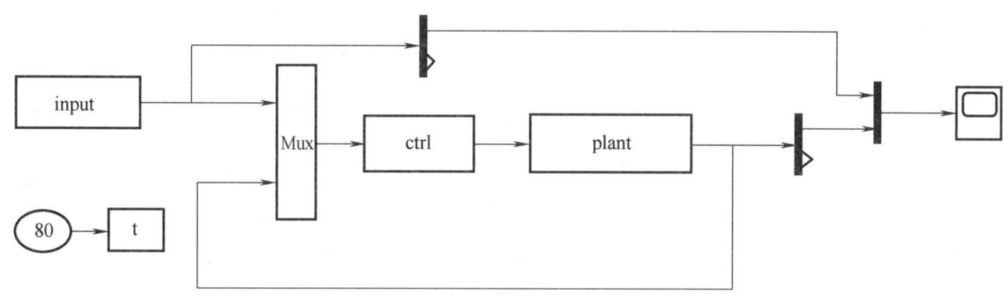

图 6-8　仿真主程序

被控对象的动态方程为

$$\ddot{\theta}+\alpha_1\dot{\theta}+\alpha_0\theta=\beta_0u-\beta_1f(\dot{\theta},u) \tag{6-21}$$

在第一次仿真中，取被控对象动态方程式（6-21）中参数为：$\alpha_0=0.2$，$\alpha_1=0.2$，$\beta_0=14+2\sin\pi t$，$\beta_1=\sin\pi t$。非线性摩擦的上界值及 D_v 分别取

$$\overline{F}_s=1.0,\overline{F}_C=0.5,D_v=0.02$$

参考模型的方程为

$$\ddot{\theta}_m+a_1\dot{\theta}_m+a_0\theta_m=br \tag{6-22}$$

式中，$r=\text{sgn}(\sin0.05\pi t)$。

在第一次仿真中，选取参考模型方程式（6-22）中的参数为：$a_1=10$，$a_0=20$，$b=40$。取自适应律式（6-17）~式（6-19）中的参数为：$\lambda_0=5$，$\lambda_1=5$，$\lambda_2=5$。仿真得到模型的跟踪效果如图 6-9 所示。

在第二次仿真中，不改变被控对象参数，只改变参考模型的参数。将模型参数方程式（6-22）中的参数改为：$a_1=20$，$a_0=10$，$b=50$，得到如图 6-10 所示的仿真结果。

在第三次仿真中，不改变第二次仿真时的参考模型参数，只改变被控对象的参数。将被控对象动态方程式（6-21）中的参数改为：$\alpha_0=0.1$，$\alpha_1=0.1$，$\beta_0=12+2\sin\pi t$，$\beta_1=\sin\pi t$，得到仿真结果如图 6-11 所示。

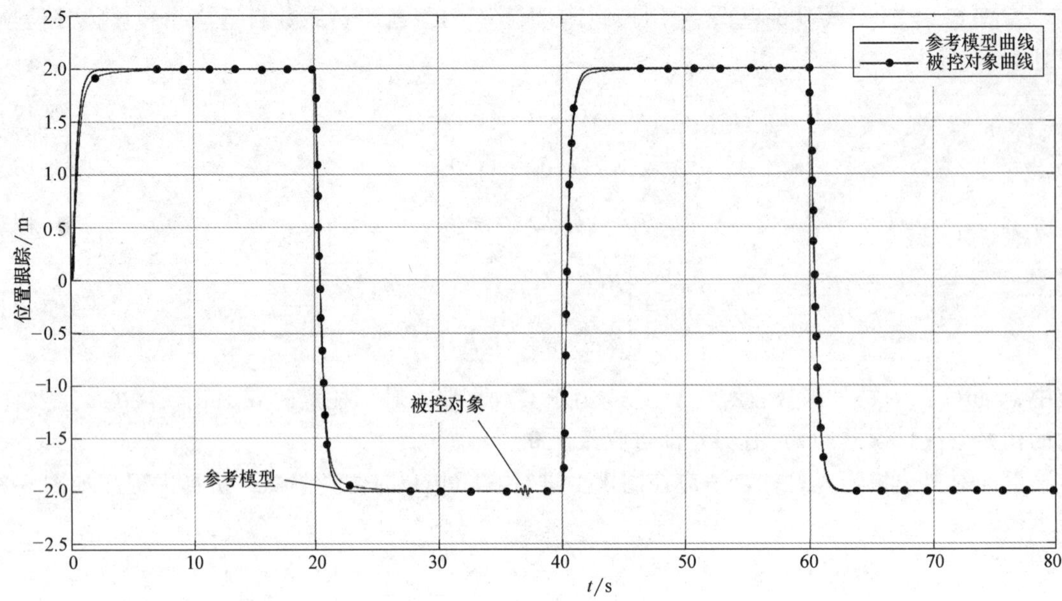

图 6-9 第一次仿真波形图

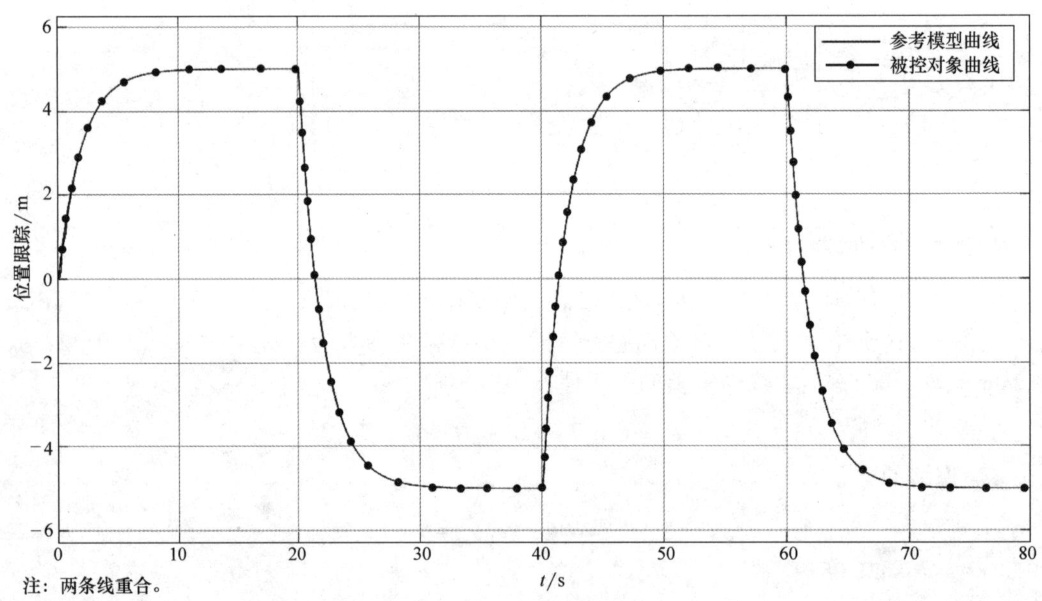

图 6-10 第二次仿真波形图

通过 Simulink 仿真结果可知，所采用的鲁棒模型参考自适应控制器不依赖于被控对象信息，适应机器人控制中面临的未知摩擦特性和参数的不确定性，并能保证完成对象和模型的高精度跟踪。

6.3.2 机器人自适应迭代学习控制

定义多关节机器人动力学方程为

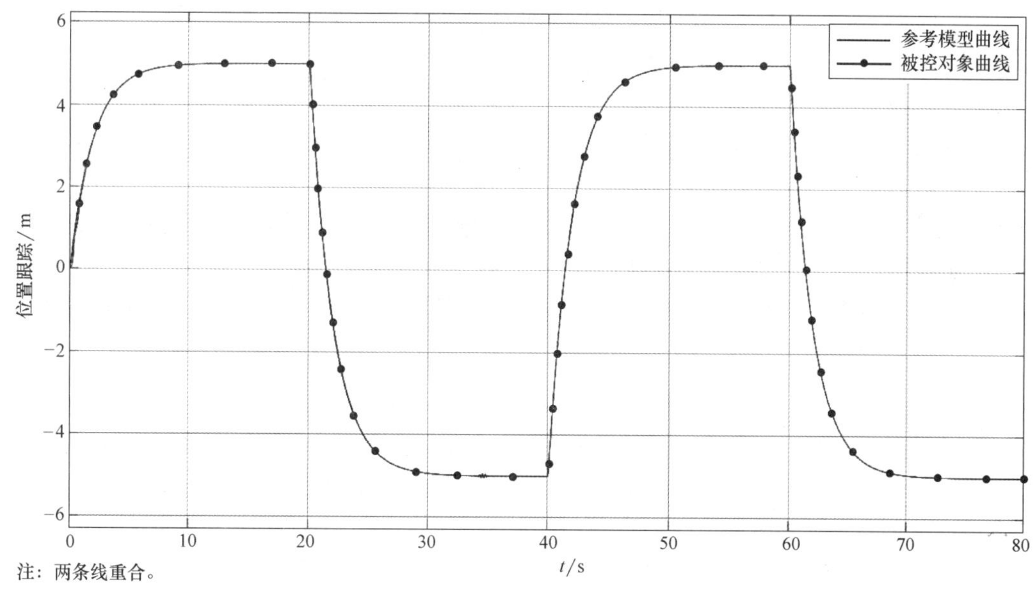

图 6-11　第三次仿真波形图

$$M(q_k(t))\ddot{q}_k(t)+C(q_k(t),\ \dot{q}_k(t))\dot{q}_k(t)+G(q_k(t))=\tau_k(t)+d_k(t) \tag{6-23}$$

式中，$t\in[0,T]$，T 为某个预定义的时间长度；$q_k\in R^n$，$\dot{q}_k\in R^n$，$\ddot{q}_k\in R^n$ 为关节角位移、角速度和角加速度，R^n 为由 n 维向量组成的向量空间，k 为迭代次数；$M(q_k(t))\in R^{n\times n}$ 为机器人的惯性矩阵；$C(q_k(t),\ \dot{q}_k(t))\dot{q}_k(t)\in R^n$ 为离心力和哥氏力；$G(q_k(t))\in R^n$ 为重力项；$\tau_k(t)\in R^n$ 为控制力矩；$d_k(t)\in R^n$ 为各种未建模动态和扰动。目标是设计机器人自适应迭代控制律，使得当 $k\to\infty$ 时，$q_k(t)$ 收敛于对应时刻的期望轨迹 $q_d(t)$。即当 $k\to\infty$ 时，对于 $\forall t\in[0,T]$，有 $\lim\limits_{k\to\infty}e_k(t)=\lim\limits_{k\to\infty}\dot{e}_k(t)=0$。$e_k(t)$ 和 $\dot{e}_k(t)$ 分别为位移跟踪误差和角速度跟踪误差，且 $e_k(t)=q_d(t)-q_k(t)$，$\dot{e}_k(t)=\dot{q}_d(t)-\dot{q}_k(t)$。

假设系统的参数未知，且系统满足以下假设：

1）对于 $\forall t\in[0,T]$，期望轨迹 $q_d(t)$、$\dot{q}_d(t)$、$\ddot{q}_d(t)$ 及干扰函数有界。

2）初始值满足 $\dot{q}_d(0)-\dot{q}_k(0)=q_d(0)-q_k(0)=0$。

又假设系统满足一般机器人模型所具有的以下 4 个性质：

1）$M(q_k(t))\in R^{n\times n}$ 为对称正定且有界的矩阵。

2）$\dot{M}(q_k(t))-2C(q_k(t),\dot{q}_k(t))$ 为对称矩阵，且 $x^{\mathrm{T}}[\dot{M}(q_k(t))-2C(q_k(t),\dot{q}_k(t))]x=0$，$\forall x\in R^n$。

3）$G(q_k(t))+C(q_k(t),\dot{q}_k(t))\dot{q}_d(t)=\Psi(q_k(t),\dot{q}_k(t))\varepsilon^{\mathrm{T}}(t)$，$\Psi(q_k(t),\dot{q}_k(t))\in R^{n\times(m-1)}$ 为已知矩阵，$\varepsilon(t)\in R^{m-1}$ 为未知向量。

4）$\|C(q_k(t),\dot{q}_k(t))\|\leqslant k_C\|\dot{q}_k(t)\|$，$\|G(q_k(t))\|<k_G$，$\forall t\in[0,T]$，$k_C$ 和 k_G 为正实数。

当满足上述性质时，可得到以下 3 个定理。

定理 6-2　针对式（6-23）所示系统，当满足性质 1）~3）时具有以下控制律：

$$\boldsymbol{\tau}_k(t)=\boldsymbol{K}_{\mathrm{P}}\boldsymbol{e}_k(t)+\boldsymbol{K}_{\mathrm{D}}\dot{\boldsymbol{e}}_k(t)+\boldsymbol{\delta}_k(t)\operatorname{sgn}(\dot{\boldsymbol{e}}_k(t)) \tag{6-24}$$

$$\boldsymbol{\delta}_k(t)=\boldsymbol{\delta}_{k-1}(t)+\boldsymbol{\Gamma}\dot{\boldsymbol{e}}_k(t)\operatorname{sgn}(\dot{\boldsymbol{e}}_k(t)) \tag{6-25}$$

式中，$\boldsymbol{\delta}_k(t)$ 为迭代项且首项 $\boldsymbol{\delta}_{-1}=0$；$\boldsymbol{K}_{\mathrm{P}}$，$\boldsymbol{K}_{\mathrm{D}}\in\boldsymbol{R}^{n\times n}$ 分别为PD中比例和微分项的参数；$\boldsymbol{\Gamma}\in\boldsymbol{R}^{m\times m}$ 为自适应律参数；$\operatorname{sgn}(\dot{\boldsymbol{e}}_k(t))\in\boldsymbol{R}^n$ 表示对 $\dot{\boldsymbol{e}}_k(t)$ 中的每个元素取符号后得到的向量。

需要注意的是，当满足性质1)~3）时，控制律涉及 m 个迭代参数，其中 m 一般大于自由度 n。如果用性质4）代替3)，则使得迭代参数的个数减少为两个，如定理6-3所示。

定理 6-3　针对式（6-23）所示系统，如果具有性质1)、2)、4)，则有以下控制律：

$$\boldsymbol{\tau}_k(t)=\boldsymbol{K}_{\mathrm{P}}\boldsymbol{e}_k(t)+\boldsymbol{K}_{\mathrm{D}}\dot{\boldsymbol{e}}_k(t)+\boldsymbol{\eta}(\dot{\boldsymbol{e}}_k(t))\boldsymbol{\delta}_k(t) \tag{6-26}$$

$$\boldsymbol{\delta}_k(t)=\boldsymbol{\delta}_{k-1}(t)+\boldsymbol{\Gamma}\boldsymbol{\eta}^{\mathrm{T}}(\dot{\boldsymbol{e}}_k(t))\dot{\boldsymbol{e}}_k(t) \tag{6-27}$$

其中，矩阵 $\boldsymbol{\eta}(\dot{\boldsymbol{e}}_k(t))\in\boldsymbol{R}^{n\times 2}$ 定义的 $\boldsymbol{\eta}(\dot{\boldsymbol{e}}_k(t))\triangleq[\dot{\boldsymbol{e}}_k(t)\operatorname{sgn}(\dot{\boldsymbol{e}}_k(t))]$，在定理6-3中 $\boldsymbol{\Gamma}\in\boldsymbol{R}^{2\times 2}$。

通常，在机器人自适应迭代学习控制方案中，迭代参数的数量等于控制输入的数量，即等于自由度 n 的数量。在定理6-3中只使用了两个迭代参数，从实际应用的角度来看，它对节省系统内存空间有很大的贡献。那么，能否将迭代参数的数量从2减少为1呢？答案是肯定的，但是要牺牲一定的系统动态特性，如定理6-4所示。

定理 6-4　针对式（6-23）所示系统，如果具有性质1)、2)、4)，则有以下控制律：

$$\boldsymbol{\tau}_k(t)=\boldsymbol{K}_{\mathrm{P}}\boldsymbol{e}_k(t)+\boldsymbol{K}_{\mathrm{D}}\dot{\boldsymbol{e}}_k(t)+\boldsymbol{\delta}_k(t)\operatorname{sgn}(\dot{\boldsymbol{e}}_k(t)) \tag{6-28}$$

$$\boldsymbol{\delta}_k(t)=\boldsymbol{\delta}_{k-1}(t)+Y\dot{\boldsymbol{e}}_k^{\mathrm{T}}(t)\operatorname{sgn}(\dot{\boldsymbol{e}}_k(t)) \tag{6-29}$$

式中，Y 为一个正标量。

需要说明的是，定理6-2~定理6-4所提出的控制策略可以直接应用于已经在PD控制器下工作的机器人，只需在控制输入中添加迭代项，就可以提高控制系统的模型跟踪性能。

本章小结

本章介绍了机器人先进控制技术中的自适应控制。内容包括自适应控制的概念和发展以及两种自适应系统，协作机器人和自适应机器人及其关键技术，以及两种机器人自适应控制方法。

机器人的控制现在已经成为以自适应控制为主、多种控制方法融合的机器控制技术。本章针对机器人这种复杂控制系统，以机器人的鲁棒自适应控制和自适应迭代学习控制为例做了简要介绍。

思考与练习题

1. 什么是自适应系统？
2. 自适应系统有哪几种？
3. 自适应机器人需要满足什么特征？
4. 自适应机器人的关键技术是什么？
5. 机器人的力控技术包括哪几种？
6. 本章介绍了哪两种机器人的自适应控制方法？查阅文献了解其他的机器人自适应控制方法。

第7章 机器人的模糊控制

7.1 模糊控制与机器人

模糊控制又称为模糊逻辑控制，是以模糊集合论、模糊语言变量和模糊逻辑推理为基础的一种计算机控制技术。它基于丰富的操作经验并且用自然语言来表述控制策略，或通过大量实际操作数据归纳总结出控制规则。

模糊控制在各领域已经有了很广泛的应用。例如温室的温度、湿度模糊控制、车辆自动驾驶模糊控制、机器人的模糊控制等。其中，模糊控制在工业机器人上的应用主要是实现机器人各关节间的高精度、无超调及快速平稳的控制和轨迹跟踪。

模糊控制可以归类于早期的先进控制，与现在的智能控制不同。但是学习模糊控制，特别是了解模糊控制在机器人上的应用，将有助于开拓思路，开发出智能先进控制的新结构、新算法，进而产生新技术。

1. 模糊控制的产生和发展

1965 年，美国加利福尼亚大学的 L. A. Zadeh 教授用数字、函数表达式及运算对含有大、小、冷、热这些纯属主观意义的模糊概念进行定义，提出了模糊集合理论，为之后模糊控制数学理论的研究打下了基础。

1972 年，Zadeh 发表论文 *A Rationale for Fuzzy Control*，提出了模糊控制的基本原理。1974 年，英国伦敦大学 E. H. Mamdani 等人设计了第一台模糊控制器，用于锅炉、蒸汽机、汽轮机的运行控制。

1980 年，Fukami 和 Mizumoro 等人提出了模糊条件推理，用于废水处理过程。1985 年，Kiszka 和 Gupta 等人提出了模糊系统稳定性理论，同年 Tagai 等人研制出了模糊集成芯片。1987 年，模糊控制被应用到日本仙台地铁，有效地控制列车的加速、制动及停靠站。此外，模糊控制在应用于电梯的控制时，乘客平均等待时间减少了 20%~30%。

1989 年之后模糊控制应用到电冰箱、洗衣机等家用电器上，例如控制摄像机的自动聚焦、家用模糊吸尘器的自动辨识、模糊空调器的温度自动调节、模糊洗衣机的自动调节洗衣时间及洗衣剂量。

2. 模糊控制的特点

模糊控制是一种基于熟练人工的操作经验来制定模糊规则，从而控制被控对象的技术。

把这些熟练操作员的实践经验加以总结并用语言描述出来，就是一种定性的、不精确的控制理论，但是非常适于总结那些很难用数学公式来表达的经验性模型。所以，模糊控制无须了解被控对象精确的数学模型，而是通过对丰富的实践经验的总结来控制一个复杂过程或设备，这正是机器人控制所需要的。

模糊控制的特点有：

1）模糊控制是一种智能控制，采用人类思维确定模糊量，比如高、低、大、小等并经过模糊规则的推理。

2）模糊控制直接采用语言型控制规则，规则由现场操作人员的控制经验和专家的知识总结得出。在设计中不需要建立被控对象的精确数学模型，设计简单、便于应用。

3）与常规的控制方法相比，模糊控制更依赖于行为规则库。用自然语言表达的规则更接近于人的思维方法和推理习惯，使人机间的交流更加方便。

4）模糊控制是运用模糊集合理论通过模糊算法进行控制，但最后得到的控制策略仍然是确定的、定量的，只有这样才能作为实际控制量去控制被控对象。

5）模糊控制系统的鲁棒性强、大多通过计算机软件来实现。

3. 模糊控制在机器人中的应用

从 20 世纪 80 年代后期开始，模糊控制进入了实用化阶段。在模糊控制应用技术研究的前期，以大型机械设备和连续生产过程为主要对象，而目前已扩展到各种机电产品。

模糊控制系统设计简单、维护方便，而且比常规控制系统稳定性好、鲁棒性高。由于它的这些特点，使得模糊控制在机器人领域得到越来越广泛的应用，如机器人的位置控制、行走、抓取物体和路径规划等。例如：

（1）机器人的关节控制　工业机器人的各关节之间关系十分复杂，并且其转动惯量随着运动位置的变化而呈现非线性变化。通过分析工业机器人的各关节结构，建立模糊控制器，可以使工业机器人的各关节达到高精度、无超调和快速平稳控制的要求。

（2）机器人轨迹跟踪　机器人的数学模型具有严重非线性、强耦合的特点，并且包含摩擦、负载变化等不确定因素。用传统的基于对象模型的控制方法很难得到满意的效果。模糊控制不依赖于对象模型且鲁棒性强，用于机器人的轨迹跟踪控制能有效地克服这些因素的影响。而随着自适应方法被引入模糊控制器的设计，使得模糊控制器的参数和规则也能在线地被调整以适应情况的变化。

因此在机器人的控制中，模糊控制和自适应先进控制相结合是一个方向，既可以将专家和操作者的经验融入控制器中，同时又使用自适应结构，根据实际系统性能和期望值之间的偏差通过在线辨识，随时进行参数的学习和调整，使得对机器人的控制更加智能。

7.2 模糊控制原理

模糊控制是以模糊集合理论、模糊语言及模糊逻辑为基础的，它是模糊数学在控制系统中的应用，属于智能控制。它一般用于无法以严密的数学公式表示的控制对象模型，可利用专家和操作员的经验和知识作为控制规则来很好地控制被控系统。模糊控制系统的基本结构如图 7-1 所示，各部分将在本章分别论述。

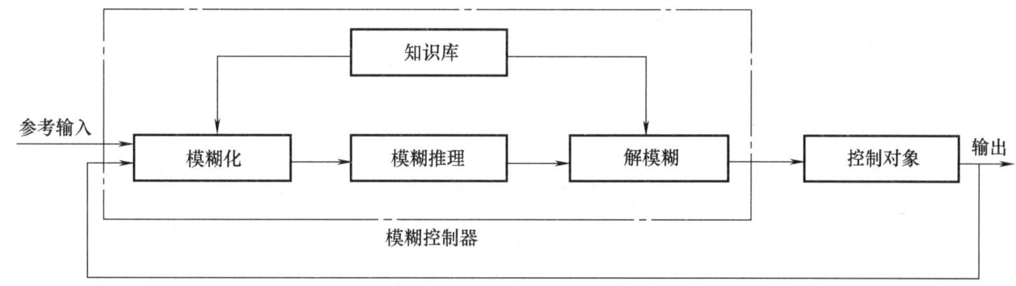

图 7-1　模糊控制系统的基本结构

7.2.1　模糊语言变量与模糊集合

1. 模糊语言变量

模糊控制的语言变量是以（$x, F(x), U, \mathrm{G}, \mathrm{M}$）组成，其中 x 是变量名，$F(x)$ 是变量 x 的集合，它的每一个值都定义在论域（Universe of Discuss）U 中。G 是产生 x 值的句法规则，M 是与各值含义有关的语法规则。

例如，对于变量 x=液面，它的集合为

$$F(\text{液面})=\{\text{很低},\text{低},\text{较低},\text{稍低},\text{稍高},\text{较高},\text{高},\text{很高},\cdots\} \tag{7-1}$$

而 F（液面）中的每一项均在论域 U 中定义。句法规则 G 是集合 F（液面）语言值产生的方法，而语法规则 M 则定义了集合 F（液面）中每一个语言值的隶属度，这些内容将在本章后面分别论述。

2. 模糊集合

一般情况下控制系统中的数值都是明确的，例如设定空调的温度是 27℃，设定电动机的转速是 500r/min 等。但是人的经验感觉与此不同，人的感觉都是一些模糊量，例如希望空调的温度“稍微低一点”，电动机的转速“再快一些”，这些都是很难用具体数字来表示的语言性描述。而模糊控制的特点就是能够利用这些语言性描述来控制具体的一个系统。

这些语言性描述组成的集合就是模糊集合，如式（7-1）所示。1965 年 Zadeh 指出，这种不明确的集合在人类思维以及模型识别、信息提取等领域有很重要的作用。这种模糊性不是来自于事物发生的随机性，而是来自于思维和概念本质上的不确定性和不精确性。

在现实生活中，很多事物的区分界限不分明，难以划分，很难做到非此即彼。所以，模糊集合论的提出有效地解决了这一问题。

定义 7-1　模糊集合（Fuzzy Sets）：论域 U 上的模糊集合 F 是指，对于论域 U 中的任意元素 $u \in U$，都指定了［0，1］闭区间中的某个数 $\mu_{\mathrm{F}}(u) \in [0,1]$ 与之对应，称为 u 对 F 的隶属度（Degree of Membership）。这就定义了一个映射 μ_{F}：

$$\mu_{\mathrm{F}}: U \rightarrow [0,1]$$
$$u \rightarrow \mu_{\mathrm{F}}(u)$$

称为 U 上的一个模糊集或模糊子集。

定义 7-1 表明，论域 U 上的模糊集合 F 由隶属函数 $\mu_{\mathrm{F}}(u)$ 来表征，$\mu_{\mathrm{F}}(u)$ 的取值范围为闭区间［0，1］。$\mu_{\mathrm{F}}(u)$ 的大小反映了 u 对于集合 F 的从属程度：$\mu_{\mathrm{F}}(u)$ 的值越接近 1，就表示 u 从属于 F 的程度越高。

离散有限域模糊集合的一般表达方式有如下 4 种：

1）解析法，即给出隶属函数的具体表达式。

2）Zadeh 记法，即

$$F=\frac{\mu_F(u_1)}{u_1}+\frac{\mu_F(u_2)}{u_2}+\frac{\mu_F(u_3)}{u_3}+\cdots+\frac{\mu_F(u_n)}{u_n} \tag{7-2}$$

分母是论域中的元素，分子是该元素对应的隶属度。若隶属度为 0，则该项可以忽略不写。例如对于“学习文具”这一集合，可以记为

$$A=\frac{1}{铅笔}+\frac{0.5}{台灯}+\frac{0.75}{圆规}+\frac{0}{球鞋}$$

3）序偶法，就是将论域中元素 u_n 与其隶属函数 $\mu_F(u_n)$ 构成序偶来表示，即

$$F=\{(u_1,\mu_F(u_1)),(u_2,\mu_F(u_2)),\cdots,(u_n,\mu_F(u_n))\} \tag{7-3}$$

例如对于集合“学习文具”，利用序偶法记为

$$A=\{(铅笔,1),(台灯,0.5),(圆规,0.75),(球鞋,0)\}$$

4）向量法，当模糊集合 F 的论域由有限个元素构成时，可以表现为向量形式，即

$$F=[\mu_F(u_1),\mu_F(u_2),\cdots,\mu_F(u_n)] \tag{7-4}$$

在有限论域的场合，当给论域中元素规定好顺序后，就可以将上述序偶法简写为隶属度的向量式，例如

$$F=(1,0.5,0.75,0)$$

7.2.2 隶属函数

隶属函数最早由 Zadeh 教授在 1965 年一篇有关模糊集合的论文中提出。

定义 7-2 集合 X 上的隶属函数是将集合 X 映射到单位实数区间 [0, 1] 的函数。隶属函数也称为归属函数或模糊元函数，是一般集合中指示函数的一般化。指示函数可以说明一个集合中的元素是否属于某特定子集合。在一般集合中，某个元素的指示函数值可能是 0 或 1，而模糊集合中的隶属函数值是 0~1 之间的实数，表示该元素属于某模糊集合的真实程度。

隶属函数是模糊集合的核心，模糊集合完全由隶属函数所描述。因此，要定义一个模糊集合，就要定义出论域中各个元素对该集合的隶属度。

1. 确定隶属函数的方法

众多学者已经进行了大量的研究，提出了各种隶属函数的确定方法，例如模糊统计法、二元对比排序法、专家经验法、函数分段法、对比平均法、滤波函数法、示范法等。

（1）模糊统计法　模糊统计法是指对模糊性事物的可能性程度进行统计，其统计结果即为隶属度。它是在大量的实验中确定隶属函数的方法，主要步骤包括：确定论域与因素集、要求参与实验者就论域中各给出的点是否属于因素集中的各元素进行投票、统计投票结果、求出隶属函数。

（2）二元对比排序法　对于有些模糊集合很难给出隶属度，可以通过对多个事物之间的两两对比来确定某种特征下的顺序，由此来决定这些事物对该特征的隶属函数的大致形状。根据对比尺度不同，二元对比排序法可分为相对比较法、对比平均法、优先关系排序法和相似优先比较法等。

（3）专家经验法　专家经验法是根据专家的实际经验给出模糊信息的处理算式或相应权系数值来确定隶属函数一种方法。在许多情况下，经常是初步确定粗略的隶属函数，然后再通过“学习”和实践检验逐步修改和完善，而实际效果正是检验和调整隶属函数的依据。此方法较为理想的情况是：模糊集合反映的是某个时间段的个别意识和经验判断，例如专家对某个项目可行性的评价等。

2. 常用的隶属函数

为了满足实际需要并兼顾计算和处理简便，经常把不同方法得出的客观数据近似地表示成常用的解析函数形式，以便根据实际要求进行选用。使用较多的隶属函数有三角形、梯形、高斯型等。

1）三角形隶属函数如式（7-5）所示，曲线如图 7-2 所示。

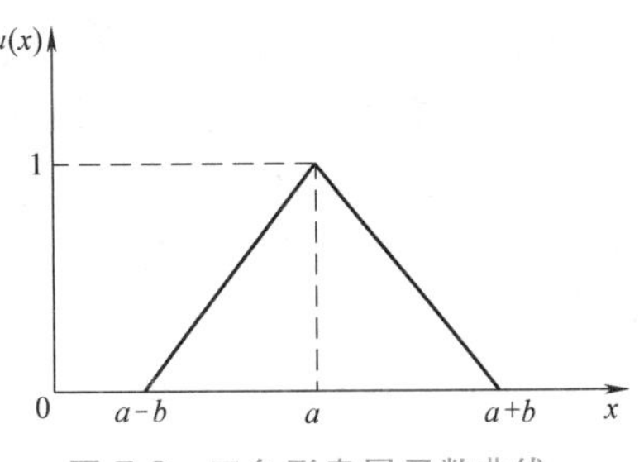

图 7-2　三角形隶属函数曲线

$$\mu(x)=\begin{cases}0, x\leqslant a-b\\ \dfrac{x}{b}+\dfrac{b-a}{b}, a-b<x\leqslant a\\ \dfrac{b+a}{b}-\dfrac{x}{b}, a\leqslant x<a+b\\ 0, x\geqslant a+b\end{cases} \tag{7-5}$$

2）梯形隶属函数如式（7-6）所示，曲线如图 7-3 所示。

$$\mu(x)=\begin{cases}0, x\leqslant a_1-b\\ \dfrac{x-(a_1-b)}{b}, a_1-b<x\leqslant a_1\\ 1, a_1\leqslant x\leqslant a_2\\ \dfrac{-x+(a_2+b)}{b}, a_2<x<a_2+b\\ 0, x\geqslant a_2+b\end{cases} \tag{7-6}$$

3）高斯（正态）型隶属函数如式（7-7）所示，曲线如图 7-4 所示。

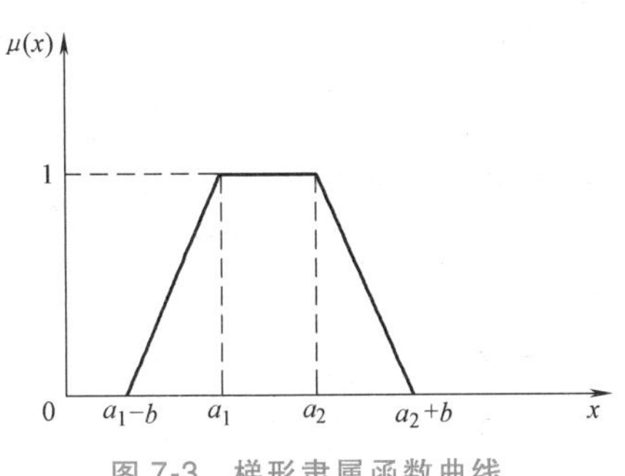

图 7-3　梯形隶属函数曲线

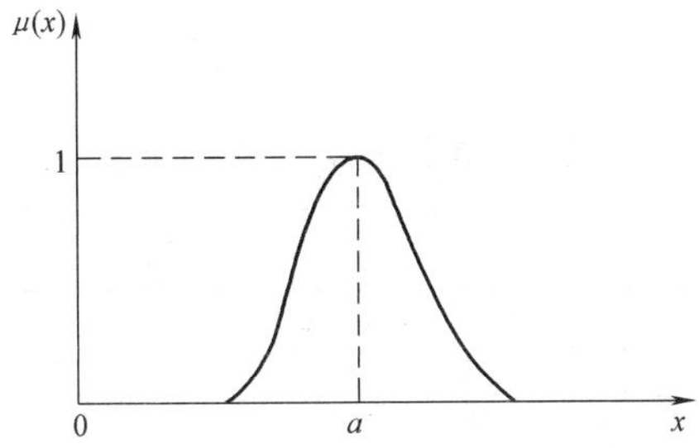

图 7-4　高斯（正态）型隶属函数曲线

$$\mu(x)=\mathrm{e}^{-\frac{(x-a)^2}{\delta^2}} \tag{7-7}$$

在模糊控制中对模糊子集隶属函数的选用并没有固定的规则和模式，而且隶属函数的形

状远没有论域上各 F 子集的分布及相邻子集隶属函数的重叠交叉情况对控制效果的影响大。所以考虑到运算方便等因素，通常选用三角形、梯形、高斯型这几种隶属函数。

7.2.3 模糊关系

关系是客观世界存在的普遍现象，它描述了事物之间存在的联系。两个客体之间的关系称为二元关系，三个以上客体之间的关系称为多元关系。

普通关系只表示元素之间是否关联，即“有”或者“无”关系，但有些事物不能简单地用肯定或否定来明确表达它们之间的关系。如“A 与 B 很相似”“X 比 Y 大很多”等，这些语句在日常生活中常会遇到。它们表达了客观事物之间的一种无法精确表示的关系，称为模糊关系。

模糊关系是对普通关系的推广和发展。它比普通关系的含义更丰富、更符合客观实际的多数情况。

1. 模糊关系的定义

若对集合 X 中元素 x 和集合 Y 中元素 y 的“搭配”施加某种约束，则表现为在它们之间建立了一种特殊关系。如果这种特殊关系不能简单地用“有”和“无”来判断，那就只能用模糊关系来描述，定义如下：

定义 7-3 设 R 是模糊集合 X 和 Y 的直积 $X\times Y$ 上的一个模糊子集，简称 F。则在直积

$$X\times Y=\{(x,y)\mid x\in X,\ y\in Y\}$$

中的模糊子集 R 称为 X 到 Y 的模糊关系，又称为二元模糊关系，其特性用如下的隶属函数描述：

$$\mu_{\mathrm{R}}: X\times Y\rightarrow[0,1]$$

二元模糊关系定义表明，μ_{R} 是直积 $X\times Y$ 上的一个模糊子集，这个模糊集合的元素是序对，R 确定了从 X 到 Y 的一个 F 关系。

当 $X=Y$ 时，则称 R 是 X 的模糊关系。当论域为 n 个集合 X_i（$i=1, 2, \cdots, n$）的子集 $X_1\times X_2\times\cdots\times X_n$ 时，它们所对应的模糊关系 R 称为 n 元模糊关系。

2. 模糊关系的表示

模糊关系也属于模糊集合，所以也可以采用模糊集合的表示方法。

1）模糊集合表示法。用模糊集合表示模糊关系如下：

$$R=\int\frac{\mu_{\mathrm{R}}(x,y)}{(x,y)} \tag{7-8}$$

2）模糊关系表示法。模糊关系 R 可用 X 与 Y 的模糊关系表来表示，见表 7-1。

表 7-1 X 与 Y 的模糊关系表

		Y			
		1	2	3	4
X	1	0	0	0.5	1
	2	0	0	0	0.5

3）模糊矩阵表示法。当 X、Y 是有限集合时，定义在 $X\times Y$ 上的模糊关系 R 可用模糊矩阵来表示。例如表 7-1 可以表示成模糊矩阵为

$$R=\begin{bmatrix}0 & 0 & 0.5 & 1\\ 0 & 0 & 0 & 0.5\end{bmatrix}$$

4）模糊关系图表示法。如图 7-5 所示，用图直观表示模糊关系时，将 x_i、y_i 作为节点，在 x_i 到 y_i 的连线上标上 $\mu_R(x_i, y_i)$ 的值，这样的图称为模糊关系图。

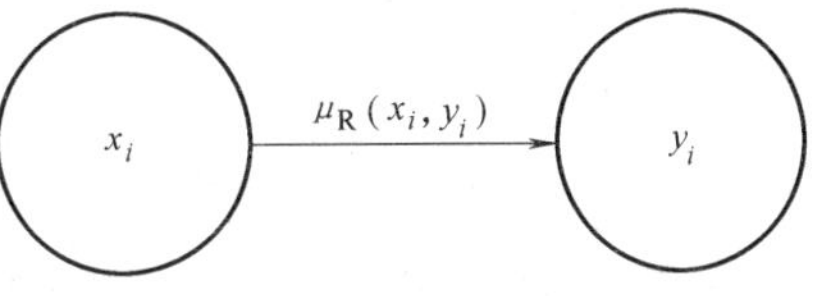

图 7-5　模糊关系图

3. 模糊关系的运算与合成

根据模糊集合的并、交、补运算的定义，模糊矩阵也可作相应的运算。设模糊矩阵 $\boldsymbol{R}$ 和 $\boldsymbol{Q}$ 分别为

$$\boldsymbol{R}=[r_{ij}]_{m\times n}, \boldsymbol{Q}=[q_{ij}]_{m\times n} \quad i=1,2,\cdots,m; j=1,2,\cdots,n$$

模糊矩阵的并：$\boldsymbol{R}\cup\boldsymbol{Q}=[r_{ij}\vee q_{ij}]_{m\times n}$

模糊矩阵的交：$\boldsymbol{R}\cup\boldsymbol{Q}=[r_{ij}\wedge q_{ij}]_{m\times n}$

模糊矩阵的补：$\boldsymbol{R}^C=[1-r_{ij}]_{m\times n}$

模糊关系的合成是指由第一个集合和第二个集合之间的模糊关系及第二个集合和第三个集合之间的模糊关系得到第一个集合和第三个集合之间的模糊关系的一种运算。模糊关系的合成存在多种不同的定义，常用的是 max-min 合成法。

定义 7-4　设 R 是 $X\times Y$ 中的模糊关系，S 是 $Y\times Z$ 中的模糊关系。则 R 和 S 的合成是指 $X\times Z$ 的模糊关系 Q，记作

$$Q=R\cdot S$$

或

$$\mu_{R\cdot S}(x,z)=\vee\{\mu_R(x,y)\wedge\mu_S(y,z)\} \tag{7-9}$$

其中，∧代表取两者之间取小（min），∨代表取两者之间取大（max）。式（7-9）定义的合成就是 max-min 合成。

7.2.4　模糊规则及推理

1. 模糊规则

模糊规则中常用 if（如果）-then（那么）的形式，即

如果 x 是 A，那么 y 是 B

其中 A 和 B 分别是论域 X 和 Y 的语言变量，“x 是 A”是条件，“y 是 B”是结论。

在使用模糊 if-then 规则进行建模和分析系统之前，首先要明确“如果 x 是 A，那么 y 是 B”描述的意思。此描述可简写为 $A\rightarrow B$。实质上它描述了两个变量 x 和 y 之间的关系，也就是模糊 if-then 规则可用 $X\times Y$ 空间上的二元模糊关系 R 定义。

2. 模糊推理

在逻辑中经常使用三段论式的演绎推理，即由大前提、小前提和结论构成。例如：已知平行四边形的两对角线相互平分，又知道矩形是平行四边形，则矩形的对角线也相互平分。这种推理可以写成以下规则：

大前提（知识）：如果是平行四边形，则两对角线相互平分（如果 x 是 A，那么 y 是 B）

小前提（事实）：矩形是平行四边形（x 是 A）

结论：矩形的对角线相互平分（y 是 B）

大前提中的“如果 x 是 A”称为规则的前件，“那么 y 是 B”称为规则的后件。当用传统的二值逻辑进行推理时，只要大前提或者推理规则是正确的，如果小前提是肯定的，那么一定会得到确定的结论。

然而在现实生活中并不能完全保证信息的准确性，所以模糊推理也随之发展起来。模糊推理的基础是模糊逻辑，它以模糊判断为前提，运用模糊语言规则推出一个新的近似的模糊判断结论。在模糊控制中，常见的几种情况如下所示。

（1）单个前提单个规则　如果是具有一个条件的单一规则，可以采用 max-min 复合运算来完成推理。

$$\mu_{B'}(y)=\vee[\mu_{A'}(x)\wedge\mu_{A}(x)\wedge\mu_{B}(y)]=\omega\wedge\mu_{B}(y) \tag{7-10}$$

即首先要找到匹配度 ω 作为 $\mu_{A'}(x)\wedge\mu_{A}(x)$ 的最大值，ω 代表了规则前提的可信程度。由式（7-10）可知，通过 if- then 规则传递，结果的可信度 $\mu_{B'}(y)$ 将不会大于 ω。

（2）多个前提单个规则　具有两个前提的规则可以写成“如果 x 是 A 且 y 是 B，那么 z 是 C”。即

前提 1（事实）：x 是 A 和 y 是 B

前提 2（规则）：如果 x 是 A 且 y 是 B，那么 z 是 C

结果（结论）：z 是 C

（3）多个前提多个规则　具有多个前提的多规则可解释为模糊规则中模糊关系的并运算。例如

前提 1（事实）：x 是 A 且 y 是 B

前提 2（规则 1）：如果 x 是 A_1 且 y 是 B_1，那么 z 是 C_1

前提 3（规则 2）：如果 x 是 A_2 且 y 是 B_2，那么 z 是 C_2

结论：z 是 C

当假设给定模糊规则形式为“如果 x 是 A 或者 y 是 B，那么 z 是 C”时，对于给定条件激活强度就是条件部分的最大匹配度。当且仅当采用 max-min 合成算子时，模糊规则等价于“如果 x 是 A，那么 z 是 C”和“如果 y 是 B，那么 z 是 C”的联合。

7.2.5 解模糊

模糊控制是以模糊集合论、模糊语言变量和模糊逻辑推理为基础的，但最终还是要把决策结果转化成具体的控制量才能控制被控对象。

通过模糊逻辑推理得到的结果是一个模糊集合或者隶属函数，但在实际使用中必须要用一个确定的值去控制伺服机构。在推理得到的模糊集合中取一个相对最能代表这个模糊集合的数值的过程就称为解模糊。

解模糊可以采用不同的方法，主要有面积重心法、最大隶属度法、加权平均法。理论上用面积重心法比较合理，但是计算比较复杂，很难满足实时性要求。最简单的方法是最大隶属度方法，这种方法取所有模糊集合或者隶属函数中隶属度最大的那个值作为输出。但是它没有顾及隶属度较小的因素的影响，大多用于简单的系统。介于这两者之间的为加权平均

法。下面分别介绍这 3 种方法。

(1) 面积重心法　面积重心法就是求出模糊集合隶属函数曲线和横坐标包围区域面积的重心，选该重心对应的横坐标作为模糊集合的代表值。

设论域 U 上模糊集合 A 的隶属函数为 $A(u)$，$u \in U$。假设面积中心对应的横坐标为 u_{cen}，则按照面积重心法的定义可以得到

$$u_{\text{cen}} = \frac{\int_U A(u) u \mathrm{d}x}{\int_U A(u) \mathrm{d}x} \tag{7-11}$$

当输出变量为离散单点集时则有

$$u_{\text{cen}} = \frac{\sum_{j=1}^{n} u_j A(u_j)}{\sum_{j=1}^{n} A(u_j)} \tag{7-12}$$

这相当于计算一个多质点平面系统的重心。此方法直观合理，但是计算较复杂。

(2) 最大隶属度法　最大隶属度法是选择模糊子集成员中隶属度值最大的一个元素作为控制量进行解模糊。此方法要求成员隶属函数曲线必须是一个凸模糊图线，要有峰值。如果最大成员隶属度值同时出现在多个论域元素上，则需要取其平均值。该方法的优点是，它可以强调控制系统中最重要的信息，简单易行。缺点则是获得的信息较为单一，没有考虑低隶属度因素的影响。下面举例说明。

当输出量 $U=\frac{0.3}{-2}+\frac{0.5}{-1}+\frac{1}{0}+\frac{0.5}{1}+\frac{0.3}{2}$时（其表示方法参见式（7-2）的 Zadeh 记法），只有一个峰值，最大隶属度为 $\mu(0)=1$。当输出量 $U=\frac{0.5}{-2}+\frac{1}{-1}+\frac{1}{0}+\frac{1}{1}+\frac{0.5}{2}$时，有 3 个峰值，这时候最大隶属度为 $\mu=\frac{1+1+1}{3}=1$。

(3) 加权平均法　加权平均法是将理论论域的每个元素的序号作为输出模糊集合隶属度的加权因数，然后计算此乘积的总和与成员隶属度之和的比值（即为平均值）。

$$u = \frac{\int x k(x) \mathrm{d}x}{\int k(x) \mathrm{d}x} \tag{7-13}$$

当输出变量为离散单点集时比值为

$$u = \frac{\sum x_i k_i}{\sum k_i} \tag{7-14}$$

7.3 机器人系统中模糊控制器的设计

本节介绍如何为机器人系统设计模糊控制器。主要步骤有：选择模糊控制器结构并确定模糊控制器的输入和输出、建立模糊规则、建立模糊推理机、选择解模糊方法。

7.3.1 选择模糊控制器的结构并确定其输入和输出

机器人的模糊控制器根据维数不同可分为以下几类，结构如图 7-6 所示。

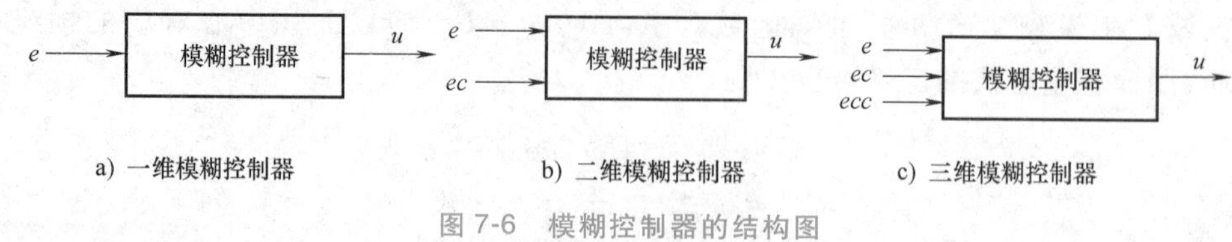

图 7-6 模糊控制器的结构图

1）一维模糊控制器。它通常用于一阶被控对象，其输入变量只有一个，通常选用偏差 e 作为输入变量，相当于 PID 控制中的比例控制。由于很难反映控制过程中的动态特性，所以控制效果欠佳。

2）二维模糊控制器。其输入有两个分量，常取偏差 e 和它的变化率 $ec=\mathrm{d}e/\mathrm{d}t$，相当于 PID 控制中的 PD 控制。由于能够反映控制过程中变量的动态特性，因此在控制效果上比一维模糊控制器好得多，也是目前采用最多的模糊控制器。

3）三维模糊控制器。其输入有 3 个分量，常取偏差 e、它的变化率 $ec=\mathrm{d}e/\mathrm{d}t$ 和偏差的二阶微分 $ecc=\mathrm{d}^2e/\mathrm{d}t^2$。从理论上讲，高维的模糊控制器将带来更精细的控制，但由于控制规则数目的增加使模糊推理的运算量急剧增加。除非对动态特性的要求很高，一般很少使用大于二维的模糊控制器。变通的方法是：在现实中如果需要多个变量去调节被控系统，可以将多个二维模糊控制器组合起来使用。

1. 选择模糊控制器的结构

图 7-6 中的模糊控制器都只有一个独立的输入变量和一个输出变量，称为单变量模糊控制器。有多个独立输入变量和输出变量的模糊控制器则称为多变量模糊控制器。直接设计多变量模糊控制器是相当困难的，通常将它们分解成若干个单变量的多输入单输出的模糊控制器，选择上述 3 种结构之一去设计后再进行组合。

2. 确定模糊控制器的输入和输出

在选择模糊控制器结构的同时，就确定了模糊控制器的输入和输出。一维控制器的输入变量为偏差 e，二维控制器的输入变量为偏差 e 和偏差变化率 ec，三维控制器的输入变量为偏差 e、偏差变化率 ec 和偏差的二阶微分 ecc。控制器的输出变量要根据被控对象的实际情况而定。

7.3.2 建立模糊规则

模糊规则是模糊控制器的核心，它相当于传统控制系统中的校正装置或补偿器，是设计控制系统的主要内容。

模糊规则的生成大体有两种方法。一种是根据操作人员或专家对系统进行控制的实际经验和知识归纳总结得出，另一种是对系统进行测试实验，从分析系统的输入和输出数据中归纳总结出来。

模糊规则可由多种方法来表示，有语言型模糊规则和表格型模糊规则等。

语言型模糊规则由一系列的模糊条件语句组成，即由许多 if-then 语句构成。这些模糊条件语句是大量实验、观测和操作经验的归纳总结，是"三段论"逻辑推理的可靠前提。

在控制系统中，语言变量的取值如下：

NL（Negative Large）：意为“负大”，有时也用 NB（Negative Big）来表示。

NM（Negative Middle）：意为“负中”。

NS（Negative Small）：意为“负小”。

ZO（Zero）：意为“零”。

PS（Positive Small）：意为“正小”。

PM（Positive Middle）：意为“正中”。

PL（Positive Large）：意为“正大”，有时也用 PB（Positive Big）来表示。

采用 NL、NM、NS、ZO、PS、PM 及 PL 来表示语言变量的取值，意义明确、简单方便。在有些教科书中为了更简便地表示语言变量的取值，采用-3、-2、-1、0、1、2、3 等整数来表示语言变量：用-3 表示 NL、-2 表示 NM、-1 表示 NS、0 表示 ZO、1 表示 PS、2 表示 PM、3 表示 PL。

语言变量及其取值提供了表达专家经验和知识的方法，这些语言变量构成了模糊条件语句。每个模糊条件语句都是一条模糊规则，多条模糊规则组合在一起就构成了系统完整的模糊规则。

表格型模糊规则是在语言型模糊规则基础上得出的。为了减少语言型模糊规则的烦琐，从而更方便地在计算机或者单片机上输入规则，将系统完整的模糊规则转换成表格的形式。这样可以通过查表减少控制中的推理过程，使之具有直观简单、快速便捷、检查方便的优点，在小型控制器上应用广泛。

7.3.3　建立模糊推理机

如图 7-7 所示，模糊推理机与知识库相连接。而知识库是由数据库和规则库组成的，模糊推理机在推理的过程中需要用到数据库和规则库。模糊推理机是模糊控制器的核心部分。

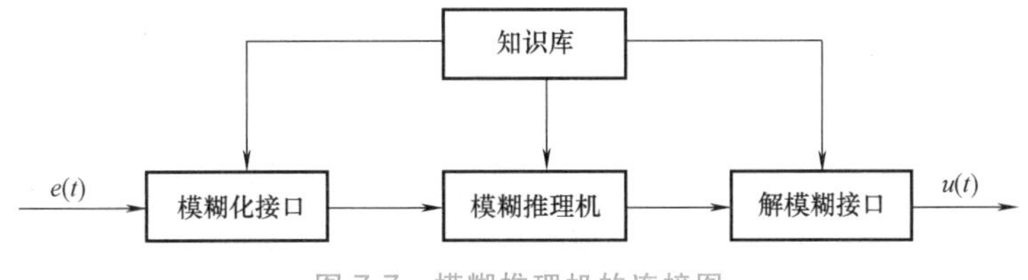

图 7-7　模糊推理机的连接图

模糊推理机有两个任务：一是匹配，即确定当前的输入与哪些模糊规则有关；二是推理，即利用当前的输入和规则库中所激活规则的信息推导出结论。

1. 匹配

若在某一时刻模糊控制器有 n 个输入 $x_i(i=1, 2,\cdots,n)$。经模糊化后每个变量取得模糊值 $A_1^j,A_2^k,\cdots,A_n^l$。正如在前面模糊化过程中介绍的，每个输入变量经模糊化后所取得的模糊值可能是一个，也可能是多个，但一般不会超过 3 个，即 $A_i=\{A_i^1,A_i^2,A_i^3\}$，$i=1,2,3,\cdots,n$。

完成匹配需要以下两步：

1）将输入用模糊规则的前件组合起来。设模糊控制器有两个输入 $x_i(i=1,2)$，每个变量取得两个模糊值 A_1^1、A_1^2 及 A_2^1、A_2^2。规则的前件就由这 4 个模糊值组合而成。

如果 x_1 是 A_1^j 且 x_2 是 A_2^k　$j=1,\ 2;\ k=1,\ 2$

根据组合可以得到 4 条规则。然后将规则库中所有规则的前件与上述前件进行匹配，匹配上的规则即为当前被激活的规则。

2）确定每条激活规则前件的确信度。这一步需要用到逻辑与（and），有“取小”和“乘”两种运算。

2. 推理

模糊推理方法有很多种，在此介绍一种在推理过程中需要确定出每条激活规则所推荐的模糊集合的方法，过程如下：

由匹配得出的被激活规则会产生相应的模糊集合。假设模糊控制器只有一个输出 y_1，第 i 条规则产生一个结论，即模糊集合 B_1^n（输出论域 Y_1 上的一个模糊集合）。n 表示第 n 个值，例如可能是 {NL，NM，NS，ZO，PS，PM，PL} 中的一个值，该规则前件的确信度为

$$\mu_{i,\mathrm{pre}}(x_1,x_2,\cdots,x_n)$$

则规则蕴涵模糊集合的隶属函数为

$$\mu_{\mathrm{B}_1^i}(y_1)=\mu_{i,\mathrm{pre}}(x_1,x_2,\cdots,x_n)*\mu_{\mathrm{B}_1^n}(y_1)$$

公式中的 * 有“取小”和“乘”两种运算，采用这两种方法就可以得出蕴涵模糊集合。

N 条激活规则将推荐出 N 个蕴涵模糊集合。综合这 N 个蕴涵模糊集合就可以求出模糊控制器的确切输出值。

若模糊控制器有多个输出，则处理方法与以上所论述的一个输出 y_1 的处理方法相同。

到目前为止，已经采用模糊逻辑将模糊控制器的输入、规则库中的规则进行了量化，推理机根据当前的输入推荐出蕴涵模糊集合。下面还要研究怎样根据这些所推荐的蕴涵模糊集合求出一个确切的数值，因为输入到被控对象上的控制量必须是一个确切的值。

7.3.4　选择解模糊方法

如前所述，模糊控制系统中解模糊的常用方法有面积重心法、最大隶属度法和加权平均法。

面积重心法是所有解模糊方法中最流行、最合理、应用最广的方法，优点是包含了输出模糊子集所有元素的信息，也具有平滑的输出推理控制，但计算较为复杂。

最大隶属度法又称为直接法，它直接选择输出模糊子集隶属函数峰值在输出论域上所对应的值，而不考虑输出隶属度函数的形状。它的突出优点是简单，在一些控制要求不高的场合可以用最大隶属度法。该方法的缺点是忽略了隶属度值不是峰值的因素，这样会丢失许多信息。

加权平均法比较适用于输出模糊集的隶属函数是对称的情况，是工业控制中广泛应用的解模糊方法。

7.4　模糊控制器举例

在各种模糊控制器的设计中，最基本的结构单元是单变量二维控制器，如图 7-6b 所示。它的结构简单、原理清晰，便于组合，可以应用于各种复杂情况的模糊控制。本节介绍其中最具代表性的 Mamdani 和 T-S 模糊控制器。

7.4.1　Mamdani 模糊控制器

1973 年，英国 E. Mamdani 教授在指导学生研究小型锅炉蒸汽机系统的自动控制时，首次利用 Zadeh 提出的 if-then 模糊语句表述出模糊语言规则，通过模糊推理成功地实现了对该系统的有效控制，从而宣告了模糊控制的问世。

他们在研究小型锅炉蒸汽机系统的自动控制时，希望用传统控制方法保持锅炉压力和蒸汽机活塞速度的恒定。但是由于气压和加热之间、转速和阀门开度之间的关系具有高度非线性，而且锅炉和蒸汽机之间存在耦合，很难建立清晰的数学模型。最后用 Zadeh 提出的模糊语言控制规则，通过模糊推理却成功地实现了这个系统的自动控制。

该控制系统采用了两个双输入单输出的模糊控制器：一个模糊控制器输入蒸汽压力及其变化率，用输出去调节锅炉的加热量；另一个模糊控制器输入蒸汽机活塞转速及其变化率，用输出去调节蒸汽机进汽阀门的开度。由于阀门的开度不仅影响蒸汽机的动作，也影响锅炉的蒸汽压力，所以需要联合控制来保证蒸汽机活塞速度的恒定。Mamdani 二维模糊控制器原理如图 7-8 所示。控制器的输入是偏差量及其变化率，输出是被控物理量的精确值，中间是模糊控制器的核心。图 7-8 中知识库框内的模块分别是隶属函数库（存储把数字量转换成模糊量时使用的隶属函数）、模糊控制规则库（存储进行推理的模糊条件语句及推理算法）和清晰化方法库（存储对模糊量进行解模糊处理时使用的算法）。

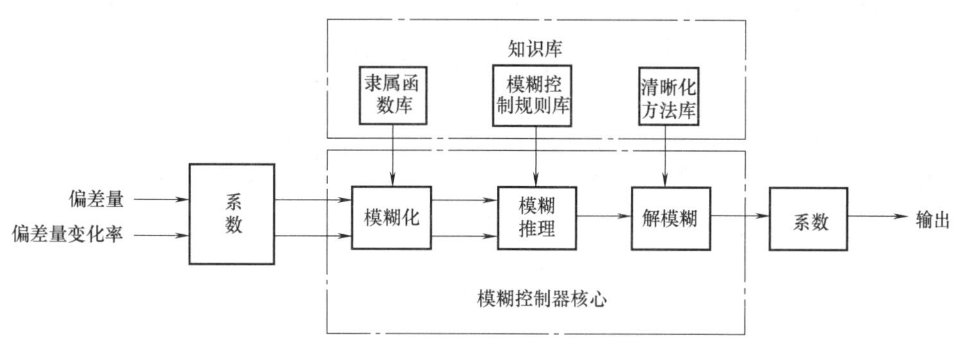

图 7-8　Mamdani 二维模糊控制器原理图

7.4.2　T-S 模糊控制器

图 7-9 所示为二维 T-S 模糊控制器原理图，它是一个双输入单输出的模糊系统。它和 Mamdani 模糊控制器的最大不同是没有解模糊模块，这是因为它模糊的推理结论直接是清晰值，即用清晰的输出函数代替了 Mamdani 模糊控制器中的模糊蕴涵关系。

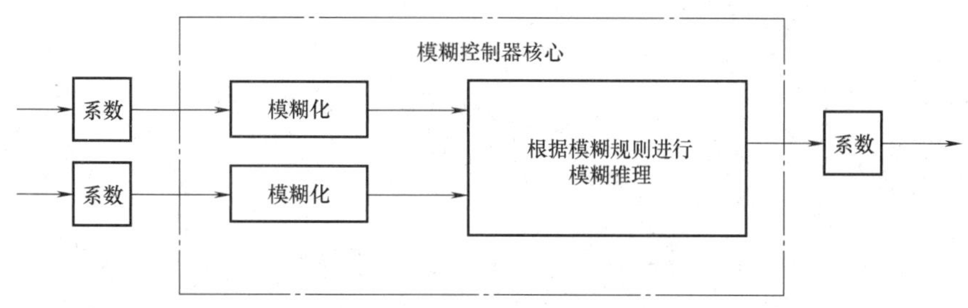

图 7-9　T-S 模糊控制器原理图

二维 T-S 模糊系统前件和后件的结构（即变量 e、ec 和 u）都已确定。前件中一般取三角形或梯形等较为简单的隶属函数。因此，需要进行的工作是根据大量输入-输出数据来确定前件和后件中的参数。由于一个控制系统会有多条模糊规则，而实测数据量很大，所以 T-S 模糊控制器的设计需利用计算机来完成。

本章小结

本章简述了模糊控制的发展以及在机器人领域的应用，介绍了模糊控制的基本原理，随后说明了机器人控制系统中模糊控制器的设计和在机器人控制系统中常用的两种模糊控制器类型。

模糊控制可以归类于早期的先进控制。学习模糊控制，特别是了解模糊控制在机器人上的应用，将有助于开拓思路并开发出智能先进控制的新结构、新算法，进而产生新技术。

思考与练习题

1. 简述模糊控制的概念及其在工业机器人领域的应用。
2. 模糊控制有哪些特点？
3. 模糊控制器包括哪几部分？
4. 模糊集合的表达方式有哪几种？
5. 隶属函数的确定方法有哪几种？常用的隶属函数有哪几种？
6. 模糊关系有哪几种表示方法？模糊关系的运算与合成包括哪些？
7. 模糊规则一般是什么形式？模糊推理有哪几种常见的形式？
8. 解模糊主要有哪几种方式？
9. 机器人系统中模糊控制器的设计分哪几步？
10. 有哪些具有代表性的单变量二维控制器？

第 8 章 机器人的神经网络控制

神经网络控制是指在控制系统中采用神经网络结构和算法对难以精确描述的复杂的非线性对象进行建模或作为控制器，进行优化计算和推理以及故障诊断等。本章介绍一些典型的神经网络在机器人上的应用以期给读者带来启发，但是限于篇幅并没有对各种神经网络结构进行深入详细的阐述，请读者参阅相关的参考文献。

8.1 神经网络控制与机器人

人工神经网络（Artificial Neural Network，ANN）是由大量能够进行计算处理的单元互联组成的非线性、自适应信息处理结构。它是在现代生物神经科学研究成果的基础上提出的，试图通过模拟大脑的神经网络处理以及记忆信息的方式来进行信息处理。人工神经网络的研究是一种交叉学科，它不但推动了智能计算的应用和发展，同时也为信息科学和神经生物学的研究带来革命性的变化，现已成功应用于脑科学、认知科学、模式识别、智能控制、计算机科学等多个领域。

8.1.1 人工神经网络的产生与发展

人工神经网络这一名词是相对于生物学中的生物神经网络而言的，因此只有在不引起混淆的情况下人工神经网络才可以简称为神经网络（本书中讨论的神经网络和神经网络控制就是指人工神经网络和人工神经网络控制）。

研究它的目的就是希望用数学模型来对生物神经网络结构进行描述，并在一定算法指导的前提下，使其能在某种程度上模拟生物神经网络所具有的智能行为，解决用传统算法不能胜任的智能信息处理问题。

对它的研究始于 20 世纪初，至今已经历了 100 多年的漫长历程，并不是从一开始就受到广泛关注，而是经历了一条有多次起伏的曲折发展道路，大致可分为以下几个阶段。

1. 神经网络研究的启蒙阶段

1）从 20 世纪初到 20 世纪 40 年代，神经元模型的诞生。1943 年提出的 MP 模型（参见 8.2.3 节）采用基础的神经元（参见 8.2.1 节）概念，把神经元看作双态开关，利用布尔逻辑函数对神经过程进行数学模拟。该模型不仅沿用至今，而且其创建方式一直启发着后人在这一领域研究的全过程。

2）20 世纪 50 年代，由单神经元发展到单层网络。在这一时期具有代表性的是 1958 年由 F. Rosenblatt 提出的具有学习能力的“感知机（Perceptron）”模型，它是从单个神经元到三层神经网络的过渡。

3）20 世纪 60 年代，学习的多样化和 ANN 研究的降温。在此期间神经网络的研究方兴未艾，人们对它的期待也非常高，这一研究高潮停止于 1969 年美国人工智能学家 M. Minsky 和 S. Papert 出版了 *Perceptrons* 一书。该书证明了单层神经网络不能解决“异或”等简单的运算问题。至此很多人产生了这样的观点，他们认为把感知机扩展成多层装置也是没有意义的。正是由于本书作者在人工智能领域曾经的巨大成就，使得该书的影响很大，导致了神经网络沿感知机方向的研究急剧降温。

2. 神经网络研究的低潮阶段

1）20 世纪 70 年代，神经网络研究在低迷发展中蓄势待发。这期间由于单层神经网络功能有限，多层神经网络还没有得到有效的学习算法等原因，导致神经网络研究处于低潮。但是这期间仍然有学者坚持不懈地研究工作，并相继提出了各类结构复杂、性能更加完善的神经网络模型。

2）20 世纪 80 年代，神经网络研究的再兴起。1982 年，美国加州理工学院生物物理学家 Hopfield 采用全互连型神经网络模型并应用能量函数的概念，成功地解决了计算机不善于解决的经典人工智能难题，即旅行商最优路径（TSP）问题，这是神经网络研究史上的一次重大突破，引起了全世界的极大关注，此后各国学者纷纷跟随其后进入到神经网络的研究领域。

3. 神经网络研究的复兴和发展阶段

1）20 世纪 90 年代，边缘交叉学科的产生。在进入 20 世纪 90 年代后，神经网络的模型已达几十种，与之相伴的是大量边缘交叉学科的出现，主要包括脑科学和神经生理科学、计算神经科学、数理科学、思维科学和认知科学、信息论和计算机科学等。这些边缘交叉学科相互借鉴，共同促进了神经网络研究的发展。

2）21 世纪至今，神经网络迅速发展成为国际前沿的研究领域。进入 21 世纪，神经网络已经成为迅速发展的一个国际前沿研究领域，它通过对人脑的基本单元即神经元的建模和联结，来探索模拟人脑神经系统功能的模型，并研制一种具有学习、联想、记忆和识别等智能信息处理功能的人工系统。神经网络系统理论的发展及其应用对计算机科学、人工智能、脑神经科学、数理科学、微电子学、自动控制与机器人、系统工程等领域都有重要影响。

当然，上述神经网络研究的 3 个阶段只是一个大概的划分，在各个阶段内对神经网络的研究还存在不同程度的潮起潮落现象。目前神经网络研究呈现一种爆发趋势并开始应用于人工智能主导的众多领域。

8.1.2 神经网络控制的特点

神经网络凭借着多种多样的结构和功能，在人工智能与机器人领域不断地被改进、完善和应用。神经网络具有如下特点：

1. 神经网络的自学习与自适应性

这是指一个系统应用神经网络改变自身的性能以适应环境变化的能力。当环境发生变化时，相当于给神经网络输入了新的训练样本，神经网络能够自动调整结构参数并改变映射关系，从而对特定的输入产生相应的期望输出。因此，神经网络比使用固定推演方式的控制技术具有更强的适应性和学习能力，更接近人脑的运行规律。

2. 神经网络具有非线性特性

现实世界是一个非线性的复杂系统，人脑也是一个非线性的信息处理系统。人工神经元处于激活或抑制状态，就表现为数学上最简单的一种非线性关系。神经网络的非线性能力体现在激活函数（Activation Function）上，并且将知识存储于连接权值中，从而实现各种非线性映射。

3. 计算的并行性与存储的分布性

神经网络具有天然的并行性，这是由其结构特征决定的。每个神经元都可以根据接收到的信息进行独立运算和处理并输出结果。而且同一层中的不同神经元还可以同时进行运算，然后传输到下一层进行处理。神经元网络在结构上的这种并行特性使得各个单元和各层都可以单独、同时地进行处理和存储数据，因此计算速度非常快。

4. 神经网络具有鲁棒性和容错性

正是因为神经网络具有信息存储的并行分布性，所有定性或定量的信息都会等势分布、存储于网络内的神经元中。因此，即使当局部的损害使神经网络的运行适度减弱，也不会对整个系统产生灾难性的后果。

8.1.3 神经网络控制在机器人中的应用

如前所述，机器人学是快速发展起来的一门交叉性学科，而机器人控制则是机器人学中的关键技术之一。机器人动力学具有高度非线性、强耦合和时变的特点，而且还存在许多不确定因素。正是由于神经网络具有很强的学习功能和非线性映射能力，使得它为解决机器人的控制问题提供了新手段，在机器人运动学、动力学问题和控制等领域都有了用武之地。

神经网络控制已经成为国际科研领域的研究热点之一，取得的成果令人瞩目。当然在理论和实践上还有一些问题有待于进一步研究和探讨，例如神经网络本身的稳定性和收敛性。

纵观神经网络在机器人控制中的研究，有很多仍处于理论分析和数值仿真阶段，距离实际应用还有一定的距离。但是也有很多专家学者陆续设计开发出了便于工业生产、结构简单和容易实现的神经网络控制器，在8.3节中将介绍几种神经网络在机器人中的应用。

随着神经网络的理论研究和非线性理论及优化算法的发展，以及计算机及电子应用技术、硬件开发技术的成熟，神经网络与自动控制相结合将大大推动机器人控制领域的研究进程，神经网络在机器人研究中的应用领域将进一步扩大和深入。

8.2 神经网络的基本结构和计算基础

随着被控系统越来越复杂，人们对控制系统的要求也越来越高，特别是要求控制系统能适应具有不确定性、时变的对象与环境。传统的基于精确模型的控制方法难以适应这一要求，控制系统应该具有决策规划以及学习功能，而神经网络由于具有上述优点越来越受到人们的重视。

8.2.1 神经网络的基本结构

神经网络是由大量人工神经元广泛互联而成的网络，它是在现代神经生物学和认识科学对人类信息处理研究的基础上提出来的，具有很强的自适应性和学习能力、非线性映射能力、鲁棒性和容错能力。如果充分地将这些神经网络特性应用于控制领域，可极大地促进控制系统的智能化。

人工神经元作为神经网络的基本元素，以大脑神经元结构为参照。仿照生物神经元建立的人工神经元的结构模型如图 8-1 所示。

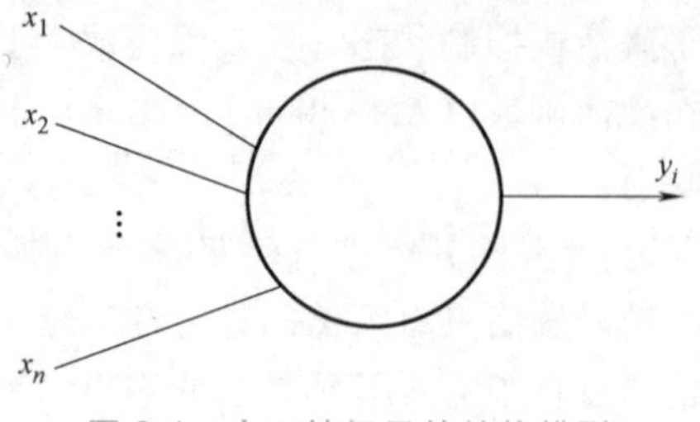

图 8-1 人工神经元的结构模型

设图 8-1 中人工神经元编号为 j，它在多个输入 $x_i(i=1, 2, 3, \cdots, n$，且 $i\neq j)$ 的作用下产生了输出 y_j，其中 x_i 是其他人工神经元的输出。在最简单的人工神经元模型中，x_i 与 y_j 的值都只能是 0 或 1，而它的输入、输出之间的关系可以记为

$$y_j=f(\sum x_i) \tag{8-1}$$

在式（8-1）中，f 被称为激活函数或激发函数。激活函数的定义有很多种，因此可以构成不同的人工神经元模型并产生不同的输出。当神经元的输出不只局限于 0 和 1 时，激活函数 f 可以是线性函数、阶跃函数、Sigmoid 函数、竞争函数等（请参阅相关参考文献）。

多个类似于图 8-1 所示的结构就可以组成不同构造的神经网络模型，在控制应用领域中大致可以分为以下 5 类（可参考 8.3 节）：

1）前馈型网络：这种网络结构是分层排列的，前一层每个神经元的输出只和后一层神经元的输入相连，而同一层中的各个神经元之间不相连。这种网络结构特别适用于反向传播（Back Propagation，BP）算法，如今已得到了非常广泛的应用。

2）输出反馈的前馈型网络：这种网络结构与前馈型网络的不同之处在于它存在着一个从输出层到输入层的反馈回路。这种结构比较典型的有 Fukushima 所提出的网络模型，适用于顺序型的模式识别问题。

3）前馈型内层互连网络：在这种网络中，同一层的神经元之间存在着连接，因此同层神经元之间有相互制约的关系，但层与层之间的关系还是前馈型的网络结构。许多自组织神经网络大多具有这种结构，如 ART 网络等。

4）反馈型全互连网络：在这种网络中，每个神经元的输出都与其他神经元相连，从而形成了动态的反馈关系，如 Hopfield 网络。这种网络结构具有关于能量函数的自寻优能力。

5）反馈型局部互连网络：在这种网络中，每个神经元只和其周围若干层的神经元发生互连关系，因此形成的是局部反馈，而从整体上看是一种网格状结构，如 L. O. Chua 的细胞神经网络。这种网络适合图像信息的加工和处理。

8.2.2 神经网络的计算基础

一般情况下，构建的神经网络是用矩阵来描述的，同时在计算过程中会涉及向量和矩阵的运算以及线性变换等知识。例如在神经网络中，把神经网络的输入、输出和权值当作向量或矩阵。所以，学习并掌握微积分、行列式、矩阵、向量的定义、定理和运算，将对理解神经网络有极大的帮助。

1. 线性空间与范数

线性空间又被称为矢量空间，是线性代数的中心内容和基本概念之一。设 V 是一个非空集合，P 是一个域。若：

1）在 V 中定义了一种运算，称为加法，即对 V 中任意两个元素 α 与 β 都按某一法则对应于 V 内唯一确定的一个元素 $\alpha+\beta$，称为 α 与 β 的和。

2）在 P 与 V 的元素间定义了一种运算，称为纯量乘法（也称数量乘法），即对 V 中任意元素 α 和 P 中任意元素 k，都按某一法则对应 V 内唯一确定的一个元素 $k\alpha$，称为 k 与 α 的积。

3）加法与纯量乘法满足以下条件：

① $\alpha+\beta=\beta+\alpha$，对任意 α、$\beta\in V$。

② $\alpha+(\beta+\gamma)=(\alpha+\beta)+\gamma$，对任意 α、β、$\gamma\in V$。

③ 存在一个元素 $0\in V$，对一切 $\alpha\in V$ 有 $\alpha+0=\alpha$，元素 0 称为 V 的零元。

④ 对任意 $\alpha\in V$，都存在 $\beta\in V$ 使 $\alpha+\beta=0$，β 称为 α 的负元素，记为 $-\alpha$。

⑤ 对 P 中单位元 1，有 $1\alpha=\alpha$，$\alpha\in V$。

⑥ 对任意 k、$h\in P$，$\alpha\in V$，有 $(kh)\alpha=k(h\alpha)$。

⑦ 对任意 k、$h\in P$，$\alpha\in V$，有 $(k+h)\alpha=k\alpha+h\alpha$。

⑧ 对任意 $k\in P$，α、$\beta\in V$，有 $k(\alpha+\beta)=k\alpha+k\beta$。

则称 V 为域 P 上的一个线性空间或向量空间。V 中的元素称为向量，V 的零元称为零向量，P 称为线性空间的基域。当 P 是实数域时，V 称为实线性空间；当 P 是复数域时，V 称为复线性空间。事实上，上面的这些定义在实数域空间内就是我们常见的实数的基本运算和特性。

范数（Norm）也是数学中的一种基本概念，它常常被用来度量某个向量空间（或矩阵）中的每个向量的长度或大小。

线性空间和范数在定义机器人的运动空间和建立机器人的模型时是非常重要的。

2. 迭代算法

迭代是不断从变量的旧值递推出新值的一种算法。在神经网络控制中，这种迭代在不停地进行，以此来实时更新系统的参数。而且不同于线性系统，在非线性系统的求解过程中经常会遇到无约束极值问题，这个求解过程往往归结成反复求解一系列无约束条件下单变量函数的最优解。利用迭代算法求解，需要做好以下 3 项工作：

1）确定迭代变量。在可以用迭代算法解决的问题中，必须至少存在一个直接或间接地不断由旧值递推出新值的变量，这个变量就是迭代变量。

2）建立迭代关系式。这是指如何从变量的前一个值推出其下一个值的公式（或关系）。迭代关系式的建立是解决迭代问题的关键，可以是顺推或倒推。

3）对迭代过程进行控制。什么时候能够结束本次迭代，这是必须要考虑的问题。不能让迭代过程无休止地执行下去，否则无法由旧值计算出最终的新值。对迭代过程的控制可分为两种情况：一种是所需的迭代次数是明确或可以计算的，这就可以构建一个固定次数的循环来实现对迭代过程的控制；另一种是所需的迭代次数无法确定，这就需要进一步分析出用来结束迭代过程的条件。

用来结束迭代过程的条件一般是这样确定的：如果由算法产生的序列 $\{X^k\}$ 收敛于 X^*，只有当迭代过程进行到 $\| X^{k+1}-X^* \| <\varepsilon$ 时迭代过程才终止，这一过程称为终止准则。ε 是一个事先给定的正数，被称为误差或精度。

8.2.3 神经网络模型的建立

构建神经网络模型的基本步骤包括：

1）数据的收集。收集所有和研究内容相关的数据。

2）数据预处理。根据相关性分析筛选数据，并将数据的类型转换为适合构建神经网络的数学类型，再将数据随机分成一个用来训练神经网络的训练集和一个用来验证其效果的验证集。

3）选择恰当的神经网络模型及其参数特性和初始值，包括隐层数、激活函数、训练函数、迭代次数、学习速率、误差目标值等，并训练这个神经网络。

4）使用验证集评估经过训练后的神经网络的准确度和敏感度。如果得到满意的结果，则表明所构建的模型具有使用价值，反之则应重新评估并进行之前所有的步骤。

简而言之，构建神经网络模型主要有两点工作，一是使用人工神经元的功能函数和连接形式构成网络模型，二是对网络模型用输入样本进行学习与训练。本节介绍一种简单的神经元模型，即 MP 模型。

1943 年，McCulloch 和 Pitts 提出了经典的 MP 模型，该模型突出了神经元的兴奋和抑制功能。通过设定一个动作电位的阈值，把神经元是否产生神经冲动转化为突触强度来描述。突触强度是指突触（不同神经元之间连接的部分）在活动时产生神经冲动的强弱。MP 神经元的结构模型如图 8-2 所示。

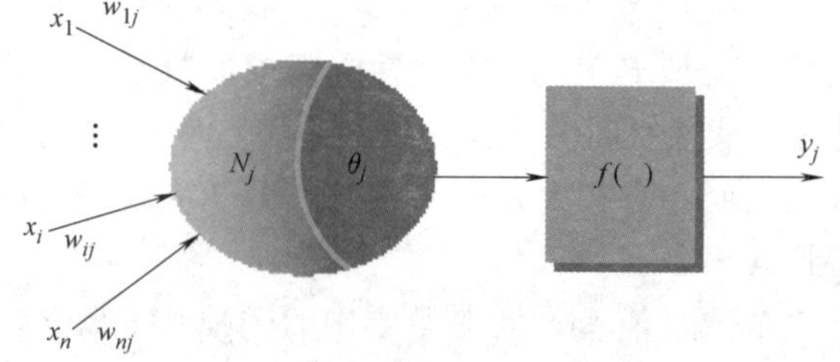

图 8-2 MP 神经元的结构模型

设图 8-2 所示为第 j 个 MP 神经元，它在多个输入 $x_i(i=1, 2, 3, \cdots, n$，且 $i\neq j)$ 的作用下产生了输出 y_j。每个神经元 x_i 对该 MP 神经元的突触强度用 w_{ij} 表示。采用线性加权求和方式，该 MP 神经元在 n 个其他神经元进行活动时产生的动作总电位为 $N_j=\sum_{i=1}^{n} w_{ij}x_i$。强度 w_{ij} 越大，表示神经元 x_i 对第 j 个 MP 神经元的动作电位影响越大。

图 8-2 中，θ_j 是第 j 个 MP 神经元的动作阈值。当该神经元的动作总电位 N_j 高于阈值 θ_j 时，神经元处于兴奋状态。反之，当该神经元的动作总电位 N_j 低于阈值 θ_j 时，神经元处于抑制状态。因此，该 MP 神经元的输出为

$$y_j=f(N_j-\theta_j)=f(\sum_{i=1}^{n} w_{ij}x_i-\theta_j) \tag{8-2}$$

为了编程计算方便，令 $x_0=-1$ 且 $w_{0j}=\theta_j$，得到

$$y_j=f(\sum_{i=1}^{n} w_{ij}x_i+x_0w_{0j})=f(\sum_{i=0}^{n} w_{ij}x_i) \tag{8-3}$$

当 $(\sum_{i=1}^{n} w_{ij}x_i-\theta_j)>0$ 或者 $\sum_{i=1}^{n} w_{ij}x_i>0$ 时，$y_j=1$，表示该 MP 神经元处于兴奋状态。当 $(\sum_{i=1}^{n} w_{ij}x_i-\theta_j)<0$ 或者 $\sum_{i=1}^{n} w_{ij}x_i<0$ 时，$y_j=0$，表示该 MP 神经元处于抑制状态。因此，

图 8-2 中函数 $f(\ )$ 的输入、输出关系如图 8-3 所示，公式为

$$f(x)=\begin{cases}1, x\geqslant 0, \text{兴奋状态}\\0, x<0, \text{抑制状态}\end{cases} \tag{8-4}$$

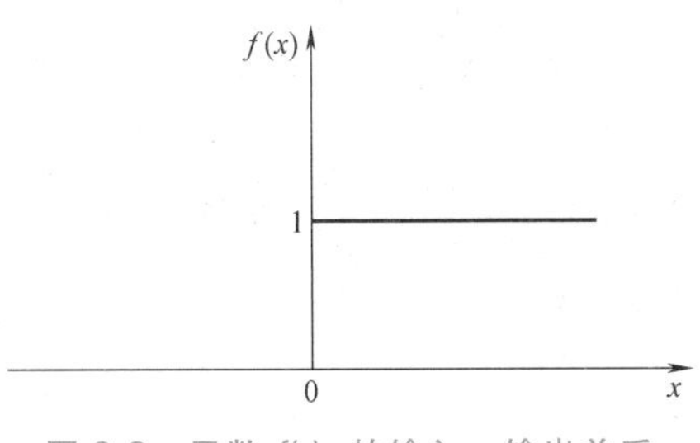

图 8-3　函数 $f(\ )$ 的输入、输出关系

8.3　神经网络在机器人中的应用

机器人控制是由上下两层构成的分层次控制结构。上层控制完成识别、判断和行动规划等智能性处理，下层控制将根据上层控制处理的结果来完成相应的运动控制。

8.3.1　BP 神经网络在机器人运动控制中的应用

1. BP 神经网络简介

BP 神经网络是指基于误差反向传播算法的多层前向神经网络，是目前应用最为广泛的神经网络模型的学习算法之一。BP 神经网络的神经元采用的激活函数一般是 Sigmoid 型的可微函数，所以能够实现输入与输出之间的任意非线性映射。这一特点使得 BP 神经网络在函数逼近、模式识别、数据压缩等领域有着广泛的应用，典型结构如图 8-4 所示。

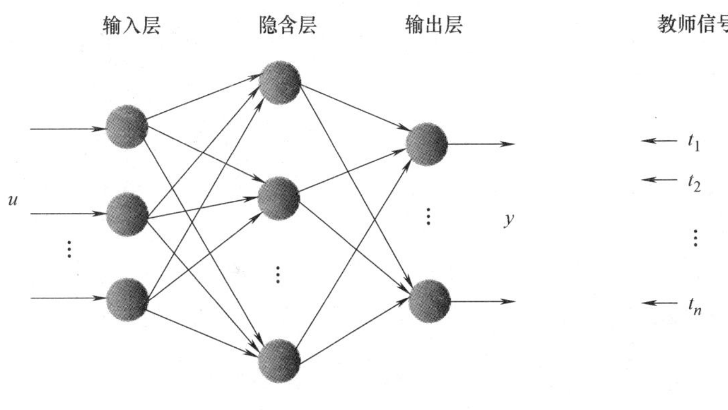

图 8-4　BP 神经网络

输入层的作用是接收外界的信息并传递给下一层（即隐层，也被称为隐含层）的神经元，输入层神经元只负责接收外界信息，它没有处理信息的能力。隐层是网络结构的中间部分，它的作用是对信息进行处理和变换。根据实际需要，隐层可以设计为单隐层或多隐层结构。输出层是网络结构的最后一层，输出层神经元的激活函数特性决定了整个网络的输出特性。通过将输出值与教师信号值进行对比，就可以训练网络中的各个权值。

2. BP 神经网络的应用

在对机器人进行运动控制时需要了解在视觉坐标系中的目标轨迹，在机器人本体坐标系中的目标轨迹（各个关节动作轨迹）以及相应的运动命令（关节扭转）之间的关系。下面先介绍在目标轨迹给定的情况下求解运动命令的 BP 神经网络控制模型。

由已知的机器人期望目标轨迹来计算相应的机器人各关节的运动命令是一个不确定求解问题（参见附录 B）。由于输入的是运动轨迹（目标轨迹），而输出的是运动命令（关节扭转），因此这是一个从规定的轨迹反求控制命令的推演过程。模型中的信息流是由外部的反馈控制和内部的神经网络控制组成的一个多层次控制模型。其中内部模型由 BP 神经网络构成，如图 8-5 所示。

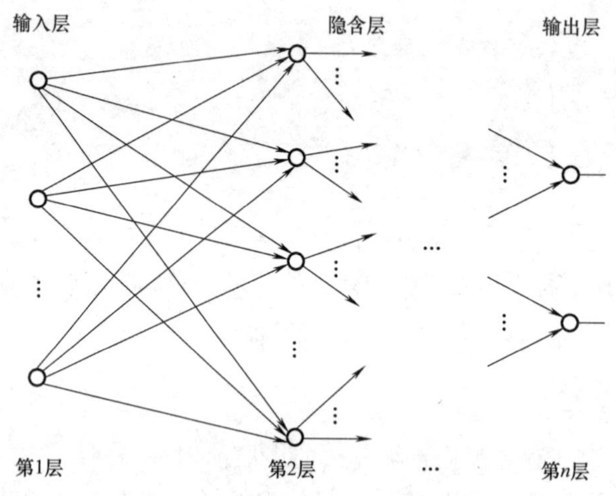

图 8-5 内部的 BP 神经网络模型结构

由图 8-5 可知，该网络模型由输入层、隐层和输出层组成。若机器人有 N 个自由度，则输出层的神经元个数就为 N。相应地定义输入层的神经元个数为 $3N$（这是因为输入包括 N 个关节角目标轨迹 Q_{d1}、Q_{d2}、…、Q_{dN} 以及它们的一阶微分 $\dot{Q}_{d1}$、$\dot{Q}_{d2}$、…、$\dot{Q}_{dN}$和二阶微分 $\ddot{Q}_{d1}$、$\ddot{Q}_{d2}$、…、$\ddot{Q}_{dN}$）。

BP 算法通过调整权值来使网络的实际输出和所希望的输出（图 8-4 中的教师信号）的二次方误差逐步减小。在这里的内部 BP 模型的学习过程中，网络的输出信号是实现期望的目标轨迹所要执行的运动命令，但它是不确定的，所以无法被用来作为教师信号。为此，可以结合外部模型的反馈信号来作为误差信号，并以此来进行学习。这样通过训练就能够使内部的 BP 神经网络模型输出控制机器人完成运动轨迹的控制信号。

8.3.2 径向基函数神经网络在机器人中的应用

1. 径向基函数神经网络简介

径向基函数（Radial Basis Function，RBF）是一个取值仅取决于到原点距离的实值函数，利用前面提到的范数概念可以记作 $\phi(x)=\phi(\|x\|)$，也可以是到任意一中心点 c 的距离，即 $\phi(x,c)=\phi(\|x-c\|)$。任何一个满足上述特性的函数都可以称为 RBF。

RBF 神经网络的结构与多层前向网络类似，是一种具有单隐层的三层前向神经网络，如图 8-6 所示。输入层由输入信号组成，隐层是单神经元层（但神经元的个数可视所描述问题的需要而定)。从输入层空间到隐层空间的变换是非线性的，而从隐层空间到输出层空间的变换是线性的。

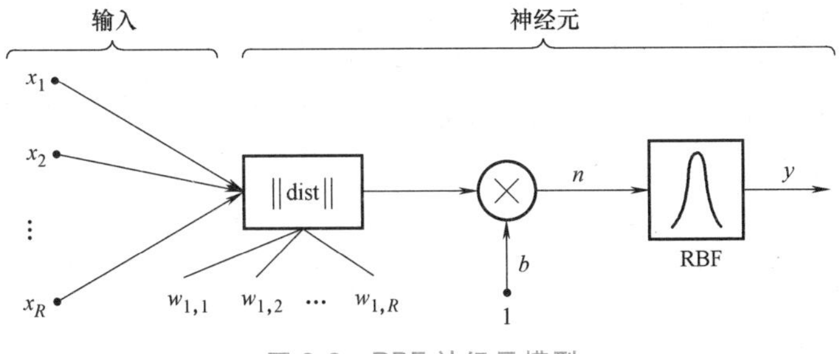

图 8-6　RBF 神经元模型

隐层神经元的变换函数是 RBF，它是一种局部分布的中心径向对称衰减的非负非线性函数。RBF 神经网络是以函数逼近理论为基础构造的一类前向网络，这类网络的学习等价于在多维空间中寻找训练数据的最佳拟合平面。在图 8-6 中，定义 ‖ dist ‖ 为欧氏距离，即

$$\| \mathrm{dist} \| = \| w - x \| = \sqrt{\sum_{i=1}^{R} (w_{1,i} - x_i)^2} = [(w - x^{\mathrm{T}})(w - x^{\mathrm{T}})^{\mathrm{T}}]^{1/2} \tag{8-5}$$

图 8-6 中的变量 n 为 RBF 神经元的中间运算结果，y 为 RBF 神经元模型的输出，计算公式分别为

$$n = \| w - x \| b \tag{8-6}$$

$$y = \mathrm{rbf}(n) = \mathrm{rbf}(\| w - x \| b) \tag{8-7}$$

式 (8-7) 中的 $\mathrm{rbf}(n)$ 为径向基函数，常见形式为

$$\mathrm{rbf}(n) = (a^2 + n^2)^{\beta}, \alpha < \beta < 1 \tag{8-8}$$

完整的 RBF 神经网络结构如图 8-7 所示。

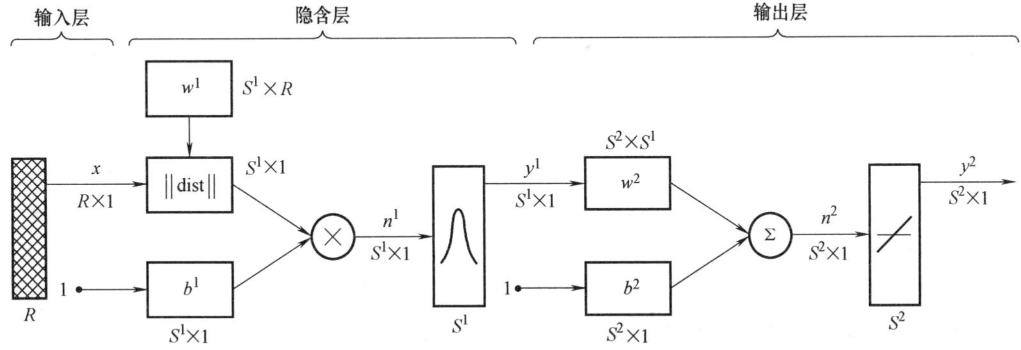

图 8-7　完整的 RBF 神经网络结构

图 8-7 中，n^1 为 RBF 神经网络隐层的中间运算结果，参照式 (8-5) 和式 (8-6) 可得其表达式为

$$n^1 = \| w^1 - x \| b^1 = [\mathrm{diag}((w^1 - \mathrm{ones}(N,1)x^{\mathrm{T}})(w^1 - \mathrm{ones}(n,1)x^{\mathrm{T}})^{\mathrm{T}})]^{1/2} b^1 \tag{8-9}$$

式中，$\mathrm{diag}(x)$ 为取矩阵向量主对角线上的元素组成的列向量。

同理，RBF 神经网络隐层的输出 y^1 为

$$y^1 = \mathrm{rbf}(n^1) \tag{8-10}$$

n^2 为 RBF 输出层的中间运算结果，则

$$n^2 = w^2 y^1 + b^2 \tag{8-11}$$

最终，RBF 神经网络的输出 y^2 为

$$y^2 = \text{purelin}(n^2) \tag{8-12}$$

式（8-12）中的 purelin 函数是一个斜率为 1 的正比例线性函数，如图 8-8 所示。

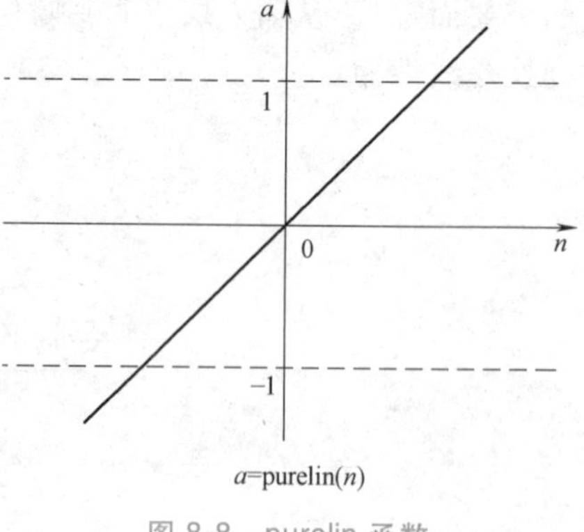

图 8-8 purelin 函数

2. RBF 神经网络在机器人中的应用

RBF 神经网络在机器人视觉伺服控制中有很多成功的应用案例。在分组视觉伺服数学模型的基础上，设计使用 RBF 神经网络来实现机器人视觉伺服系统中的手眼协调功能（是指机器人的机械手臂与自身搭载的摄像机之间的相互协调能力），从而简化控制算法、缩短控制时间，保证控制的实时性。

主要思路是设计一种 RBF 神经网络来学习从摄像机的图像特征空间到机器人的机械臂运动空间的映射关系。具体做法是：①利用机器人自身搭载的摄像机提取训练样本和测试样本；②对所设计的神经网络进行离线训练和测试；③通过在线控制机器人来验证 RBF 神经网络的效果。

下面举一个实例。在模型学习阶段随机地移动机械手末端并记录机械臂的各关节角度变化与摄像机拍摄图像特征的变化，得到 30 组样本（其中 26 组为训练样本，4 组为测试样本）。在离线对网络进行训练之后，由获得的神经网络控制器直接求出期望的关节角变化值。

如果设网络的期望均方差 MSE=0，RBF 的扩展速度为 3，神经元的最大数目为 30，每两次显示运行结果之间增加的神经元数目为 5，那么在仿真时用如下语句建立 RBF 神经网络：

```
net=newrb (p, t, 0, 3, 30, 5);
```

当以 26 组为训练样本，4 组为测试样本时，网络的训练结果如下：

```
NEWRB, neurons=0, MSE=1.38233
NEWRB, neurons=5, MSE=0.126812
NEWRB, neurons=10, MSE=0.0476705
NEWRB, neurons=15, MSE=0.00718553
NEWRB, neurons=20, MSE=0.00113648
NEWRB, neurons=25, MSE=1.7095e-026
```

可见，随着神经元数目的增加，均方差值 MSE 迅速减小至零（$1.7095\text{e}-026 = 1.7095\times 10^{-26}$）。因此，利用 RBF 神经网络作为机器人的视觉伺服控制器具有收敛速度快、训练精度高的特点。

8.3.3 深度卷积神经网络在机器人中的应用

1. 深度卷积神经网络简介

在众多的深度学习算法当中，深度卷积神经网络（Deep Convolutional Neural Network,

DCNN）应该是研究最广泛、应用最多、最具代表性的算法之一。

DCNN是一种包含卷积运算且具有深度结构的前馈型神经网络，前馈能够保证它的神经元可以表征覆盖范围内数据的响应，因此在处理大型图像集时表现出色。

一个具有完整功能的DCNN通常由输入层、隐层、输出层（或叫作分类层）组成。输入层用于输入图像数据，隐层包括卷积层（Convolutional Layer）、池化层（Pooling Layer）、全连接层（Fully Connected Layer）。

这一结构使得DCNN能够利用输入数据的二维结构，也可以使用反向传播算法进行训练。与其他深度或前馈型神经网络相比较，DCNN需要的参数更少，所以它是一种非常具有吸引力的深度学习结构。

卷积层是DCNN特有的，其内部包含多个卷积核，每个卷积核都类似于一个前馈型神经网络的神经元。它还包含一个激活函数层（Activation Function Layer），用于增加网络的非线性处理能力，可以减少过拟合或梯度消失/爆炸的问题。

卷积层完成特征提取后，输出的结果将被传递到池化层。池化层将进一步把特征图中单个点结果替换为其相邻区域的特征图统计量。池化层包含预设定的池化函数，池化区域的选取包括池化大小、步长和填充控制。

2. DCNN在机器人中的应用

在一些水果产地，需要对采摘下来的水果进行大小分级的操作，这就产生了一种水果自动分拣机器人。这种机器人能够通过摄像头捕捉到水果图像，然后通过DCNN来提取水果的特征，以此来有效地检测出水果的大小和成熟度等指标。

水果自动分拣机器人的硬件结构如图8-9所示，主要包括图像采集设备、计算机处理单元、传送带、辅助照明系统、分拣装置等。

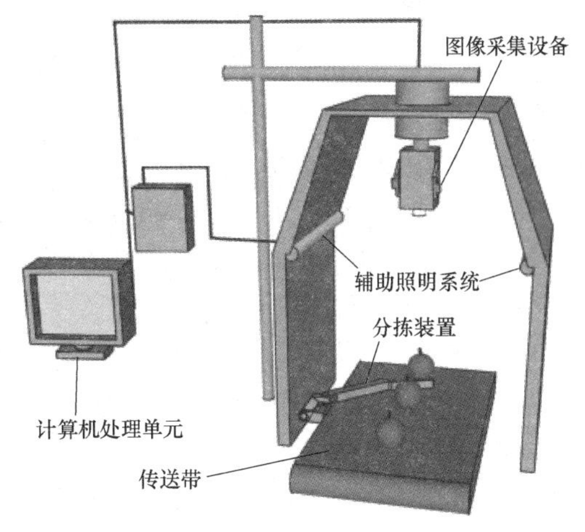

图8-9　水果自动分拣机器人的硬件结构

图8-10所示为采用基于DCNN的水果分级检测模型的网络结构。

该网络结构包括输入层、模块1、模块2、全局平均池化层和输出层。模型采用的是全卷积网络结构，利用反卷积层对最后卷积层的特征图进行上采样，使其恢复到与输入图像相同的尺寸，从而可以对每一个像素都产生一个预测，同时也保留了原始输入图像中的空间信息。

网络输入为R、G、B三通道图像（R表示红色，G表示绿色，B表示蓝色，像素大小为416×416）。该模型采用了全局平均池化代替了全连接层，可以直接避免全连接层中的黑箱特征（即只给出计算方法和公式，但不清楚操作的具体物理意义和实际演变过程，就好像是在一个看不见的黑箱中操作），能够赋予每个通道实际的意义。

8.3.4　PID神经网络在机器人中的应用

1. PID神经网络控制简介

PID控制是工业过程控制中使用历史最为久远、应用范围最为广泛的控制调节方式。

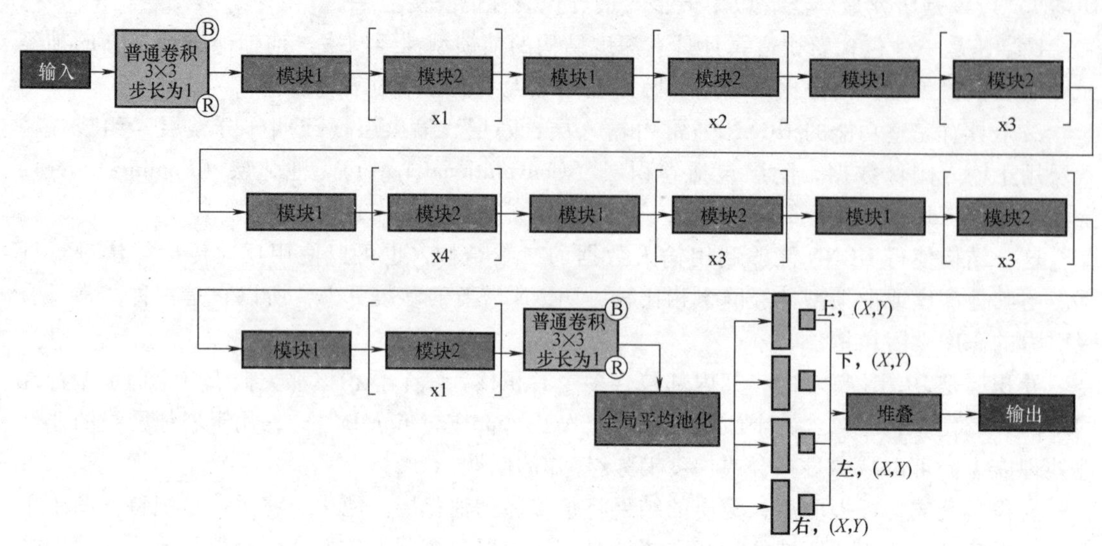

图 8-10 采用基于 DCNN 的水果分级检测模型的网络结构

B—标准化 R—激活函数 （X，Y）—关键点坐标

PID 控制器具有鲁棒性强、结构简单、易于实现、控制过程直观等优点。但是，对于那些在复杂生产环境下的被控对象，由于存在非线性、受扰、不确定性等问题，致使常规 PID 控制难以获得最佳调节参数。

而 PID 神经网络（Proportional-Integral-Derivativeneural Neural Network，PIDNN）是一种新的神经网络。PIDNN 不是将神经网络与传统的 PID 控制进行简单组合，而是将 PID 控制规律直接引入到神经网络的结构之中。

PIDNN 是一种多层前向神经网络，但它与一般的多层前向神经网络有所不同。PIDNN 的隐层是由比例元 P、积分元 I 和微分元 D 组成的，这些神经元的输入-输出函数分别为比例、积分和微分函数。PIDNN 的各层神经元个数、连接方式、连接权初值是按 PID 控制规律的基本原则确定的。PIDNN 采用误差 BP 算法修改连接权值，通过在线训练和学习，使系统目标函数达到最优值。一个典型的 PIDNN 结构如图 8-11 所示。

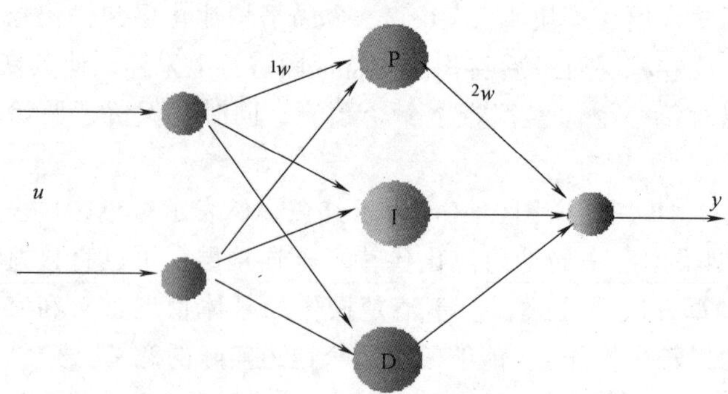

图 8-11 典型的 PIDNN 结构

2. PID 神经网络在机器人中的应用

现以无人机的姿态控制为例来说明 PIDNN 在使用时能够极大地克服其他控制方法收敛

速度慢、学习时间长、连接权重的初值为随机值和易于陷入局部极小的缺点，特别是能够克服连接权重值的随机性，保证控制系统初始运行的稳定。

该网络的前向计算实现 PIDNN 控制规律，BP 算法实现 PIDNN 参数的自适应调整。

正如图 8-11 所示，前向神经网络包括输入层、隐层、输出层。应用在无人机姿态控制上的 PIDNN 的输入层有两个神经元，分别为系统被调量的给定值 r 和实际值 y。在任意采样时刻 k，输入层的这两个神经元的输入为

$$\mathrm{net}_1(k)=r(k) \tag{8-13}$$

$$\mathrm{net}_2(k)=y(k) \tag{8-14}$$

输入层神经元的状态为

$$u_i(k)=\mathrm{net}_i(k) \tag{8-15}$$

输入层神经元的输出为

$$x_i(k)=\begin{cases}1, & u_i(k)>1\\ u_i(k), & -1\leqslant u_i(k)\leqslant 1\\ -1, & u_i(k)<-1\end{cases} \tag{8-16}$$

其中，$i=1$，2。

隐层有 3 个神经元，分别为比例元 P、积分元 I 和微分元 D。这 3 个隐含层神经元各自的输入值为

$$\mathrm{net}'_j(k)=\sum_{i=1}^{2} w_{ij}x_i(k) \tag{8-17}$$

其中，$j=1$，2，3；w_{ij} 是输入层到隐层的连接权重。

隐层中各神经元的状态如下：

比例元的状态为

$$u'_1(k)=\mathrm{net}'_1(k) \tag{8-18}$$

积分元的状态为

$$u'_2(k)=\mathrm{net}'_2(k-1)+\mathrm{net}'_2(k) \tag{8-19}$$

微分元的状态为

$$u'_3(k)=\mathrm{net}'_3(k)-\mathrm{net}'_3(k-1) \tag{8-20}$$

隐层各神经元的输出为

$$x'_j(k)=\begin{cases}1, & u'_j(k)>1\\ u'_j(k), & -1\leqslant u'_j(k)\leqslant 1\\ -1, & u'_j(k)<-1\end{cases} \tag{8-21}$$

其中，$j=1$，2，3。

输出层有一个神经元，该神经元的输入为

$$\mathrm{net}''(k)=\sum_{j=1}^{3} w'_j x'_j(k) \tag{8-22}$$

其中，w'_j是隐层到输出层的连接权重。

输出层神经元的状态为

$$u''(k)=\mathrm{net}''(k) \tag{8-23}$$

输出层神经元的输出 $x''(k)$ 就是 PIDNN 的输出：

$$y(k)=\begin{cases}1, & u''(k)>1\\ u''(k), & 1\leqslant u''(k)\leqslant 1\\ -1, & u''(k)<-1\end{cases} \tag{8-24}$$

在完成上述正向计算之后，再利用误差 BP 算法进行网络权值的校正，以实现神经网络的学习和记忆功能。在按照梯度下降法调节 PIDNN 的权值时，可以使 PIDNN 具备比较优异的控制效果。

在无人机姿态控制仿真中，假设无人机处于理想的恒速、定高度、直线、无侧滑的基准动作状态。飞机的俯仰角回路不稳定，因此需要引入增稳控制系统保证飞机稳定性。同时，为了获得满意的过渡过程，根据有关规定应保证所设计的姿态控制器满足一定的频域指标，其中幅值裕度不应小于 6dB ，相角裕度至少应为 45°（通常要求系统具有 45°~70°的相角裕度）。

为了获得 PIDNN 的权重初值，要根据以上的指标要求，采用基于相角裕度的设定法对 PID 参数进行整定。可以得到 PIDNN 连接权重初值为

$$w_1'=K_{\mathrm{P}}=1.34,\ w_2'=\frac{K_{\mathrm{P}}}{T_{\mathrm{I}}}=0.71,\ w_3'=K_{\mathrm{P}}T_{\mathrm{D}}=0.63$$

网络初始权值选定以后，在神经网络的在线学习过程中，PIDNN 控制系统根据误差 BP 算法，不断修改权值以达到最佳的控制效果。最后在单位阶跃信号和脉冲干扰信号的作用下进行仿真，仿真模型如图 8-12 所示。根据相关文献的仿真结果，该 PIDNN 控制器大大地改善了无人机姿态控制系统的性能。

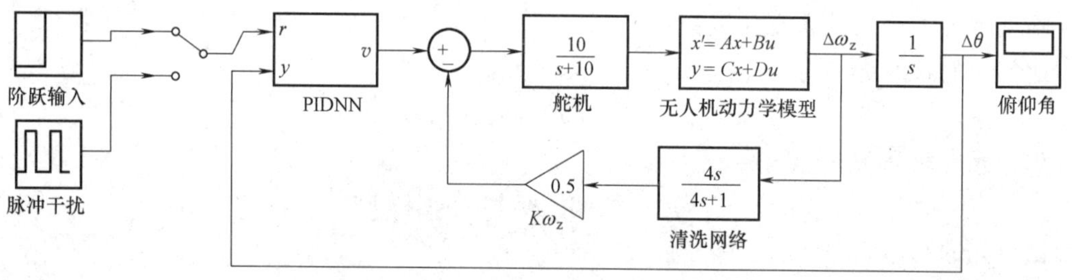

图 8-12　无人机姿态控制仿真模型

本章小结

从生物神经网络的研究到人工神经网络的开发，再将神经网络应用到机器人的控制，这是从研究走向应用的成功之路。神经网络在系统中的主要作用是辨识器和控制器，它的目的是寻求系统的最优解。本章在给出最简单的人工神经元模型和 MP 神经元模型之后，又介绍了几种典型神经网络在机器人中的应用。可以看出，神经网络在人工智能与机器人领域的应用是大有可为而且是直击痛点的。

学习完本章之后，应该能够掌握一些常用的神经网络结构和使用方法，并能够在图像处理和机械臂控制等的仿真和实际控制中进行操作。

思考与练习题

1. 什么是机器人的神经网络控制?
2. 人工神经网络的发展经历了哪几个阶段?
3. 神经网络控制具有哪些特点?
4. 简述最简单的人工神经元模型。
5. 简述利用迭代算法求解的几个步骤。
6. 简述构建神经网络模型的基本步骤。
7. 简述 MP 神经元模型。
8. 简述 BP 神经网络在机器人运动控制中的应用。
9. 简述 RBF 网络在机器人中的应用。
10. 简述 DCNN 在机器人中的应用。
11. 简述 PID 神经网络在机器人中的应用。

第9章 基于脑机接口的机器人控制基础

前面各章节分别从智能检测和先进控制两个方面进行了讨论分析。前面的内容都是讨论机器人利用搭载的各种传感器来感知自身内部状态和外部环境信息，并据此做出决策与控制自己的行为。那么，能否利用什么方式检测到人类自己的“想法”并用来控制机器人呢？这就是本章的内容，介绍目前在做的一些脑机接口与控制方面的基础研究。

脑机接口（Brain Computer Interface，BCI）是在脑与外部环境之间建立一种全新的不依赖于外周神经和肌肉的交流与控制通道，从而实现脑与外部设备的直接交互。它基本实现了脑与计算机之间的直接通信。

9.1 认识脑机接口

近些年，在脑卒中患者越来越年轻化、人口老龄化加重的情况下，帮助因种种原因无法和普通人一样正常生活的人群（例如渐冻症患者、瘫痪患者等）重新获得与外界交流的能力，成为一个急需解决并逐渐大众化的问题。这些人群虽然肢体残疾，但是大脑功能部分正常，只是无法和正常人一样与外界进行交互。

目前可以通过3种途径来实现这种类型的交流：①用功能尚存的神经或者肌肉取代受损的神经和肌肉。比如，患者可以通过眼球转动以及眨眼等基本运动，或者肌肉活动、手部动作与外界交流。②通过借助受损部位但功能尚存的神经或者肌肉活动来完成功能的恢复。例如，可以利用神经假肢帮助恢复脊髓损伤病人的手部功能。③为大脑提供一个全新的不依赖于外周神经和肌肉的交流通道，即脑机接口（BCI），将用户的意图或者命令传递给外部世界。

9.1.1 脑机接口的定义

如前所述，脑机接口（BCI）基本实现了脑与计算机之间的直接通信。基于计算机系统，可以获取、分析脑电信号并将其转换为输出命令，从而实现对外部设备的控制。

在过去的十年中，随着信号处理技术、生物医学和人工智能等学科交叉领域的发展，脑机接口的研究也呈现出蓬勃发展的趋势。简单地讲，它作为一个交叉领域学科的人机交互技术，通过分析大脑信号并实时转化为对设备的控制信号，从而实现用户的意愿。

脑机接口最早可以追溯到20世纪70年代，由Vidal首次提出，其初衷是为了让残疾较重的人员通过人的脑电信号直接控制外部设备，绕过肌肉和外周神经创造一个全新的输出通道。

脑电信号是大脑的神经元群体集体放电后，通过多层组织以及颅骨到达头皮后被记录到的信号。如图 9-1 所示，脑电信号的采集方法主要有头皮的脑电图（Electroencephalogram，EEG）、皮层脑电图（Electrocorticogram，ECoG）和局部场电位（Local Field Potential，LFP，又称颅内 EEG），它们都是来自不同数量的神经元群体的突触后电位。

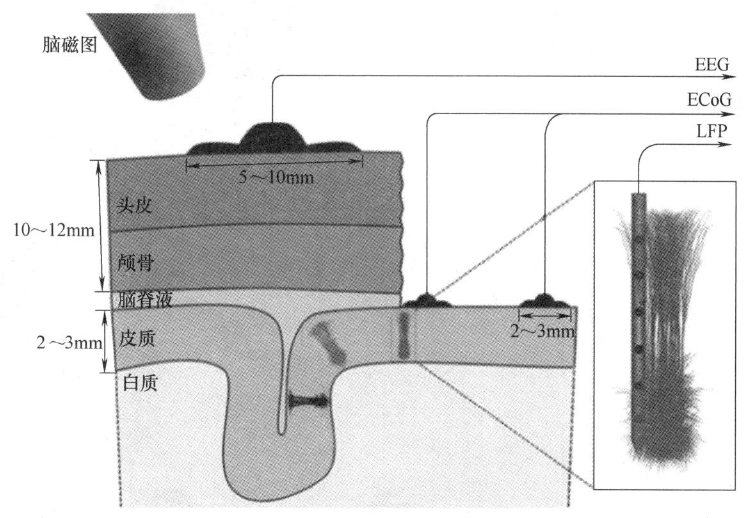

图 9-1　脑电信号的采集分布

ECoG 在临床和动物的研究中应用越来越广泛，主要通过外科手术将电极植入到大脑表面来记录脑电活动，避免了通过头骨和其他组织导致的信号失真等问题，可以显著提高记录电场的空间分辨率。LFP 则是通过将金属、玻璃或者硅探针制成的精细微电极插入大脑，采集大脑深层的信号，具有较高的空间分辨率。

而 EEG 虽然空间分辨率不及 ECoG 和 LEP，但时间分辨率很高，达到了毫秒级别甚至更高。目前大多数的脑机接口研究是通过 EEG 获取大脑的相关活动信息，主要因为 EEG 具有较高的时间分辨率，而且具有较低的成本，被试者风险很小，易于采集，具有无创和可移植性高的特点。因此，基于 EEG 的脑机接口系统受到大力推崇和欢迎。

脑机接口和其他通信系统相同，如图 9-2 所示，主要由 3 个部分构成：

1）信号采集（Signal Acquisition），即采集被试者的脑电信号。

2）信号处理（Signal Processing），根据用户的意图来提取脑电信号的特征并进行分类。

3）发出指令（Device Command），即用户发出指令后对外部设备进行控制。

9.1.2　脑机接口的模式类型

1. 脑电信号的采集模式

脑电信号的采集模式分为侵入式和非侵入式两种。侵入式是通过手术等形式直接将电极（或微电极阵列）植入头骨内，如图 9-3 所示。Musk 团队在 2019 年利用一台神经手术机器人给人脑植入了专有技术芯片和信息条，直接通过 USB-C 接口读取大脑信号。尽管这样能获得高质量的神经信息，但是存在着较高的安全风险和成本。另外，若有异物侵入，可能会引起免疫反应，从而导致电极信号质量衰弱甚至消失，伤口难以愈合并出现炎症反应等问题。

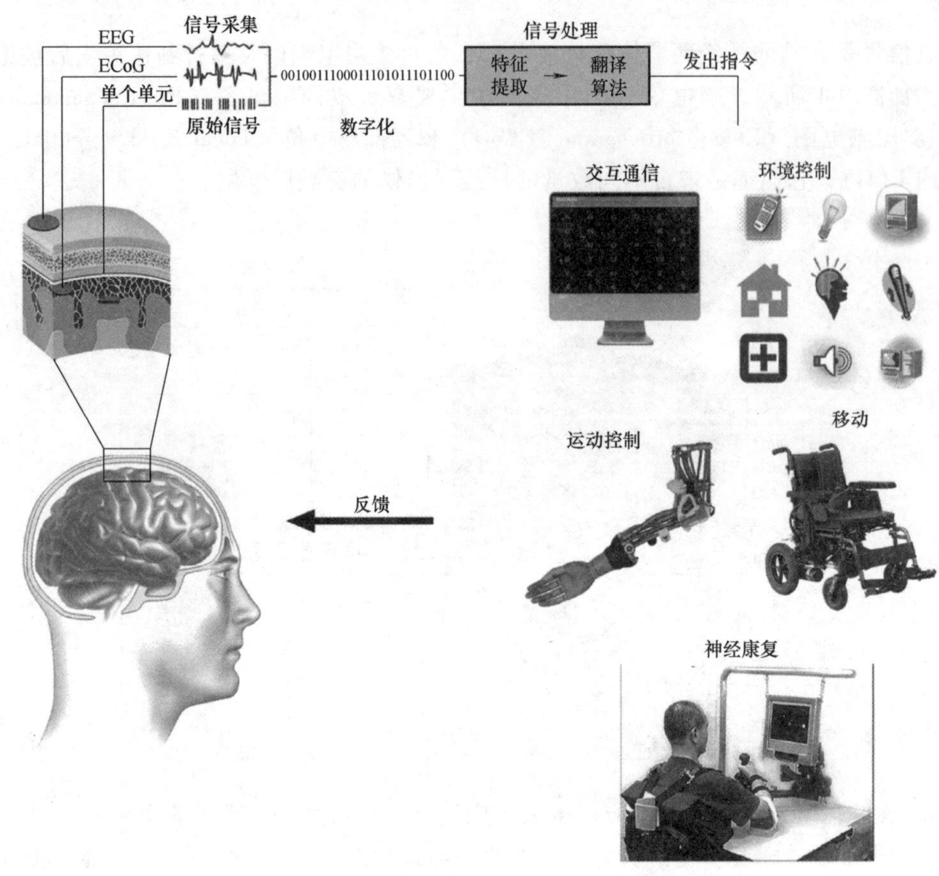

图 9-2 脑机接口系统的基本结构

非侵入式则无须侵入大脑，只需在被试者头皮不同的位置放置电极采集 EEG 信号，如图 9-4 所示。利用该模式已经成功使不同程度瘫痪的患者能控制外部设备（神经假肢或者轮椅等）。但是由于颅骨在脑中对信号有衰减的影响，从而使电磁波会有模糊和分散的效应，所以检测到的脑电信号强度有所衰减，并且很难分辨出信号具体是从哪里（脑部区域或单个神经元）放电。

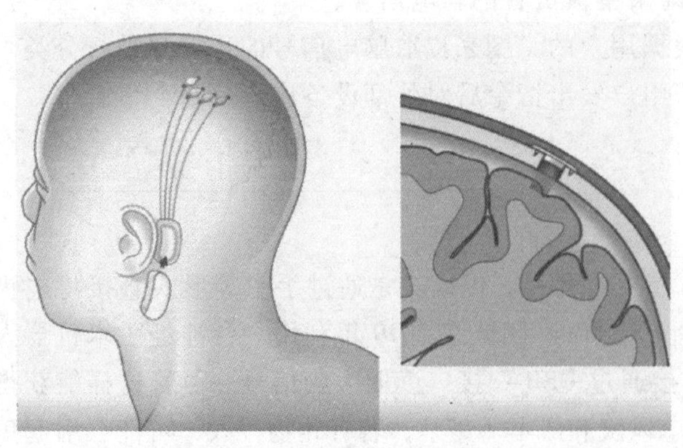

图 9-3 侵入式脑电信号采集

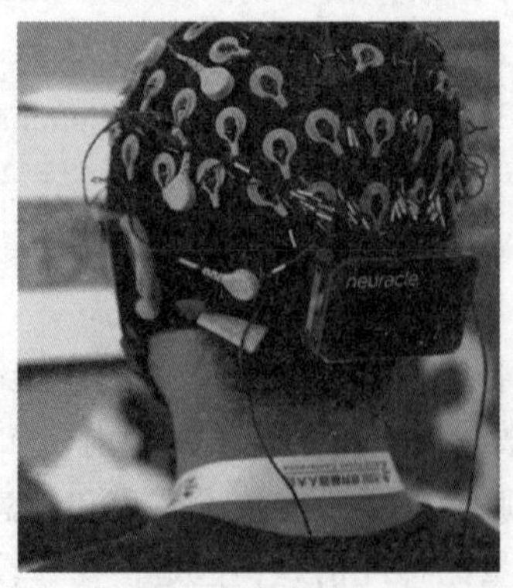

图 9-4 非侵入式脑电信号采集

目前，典型的非侵入式脑机接口的主要信息来源是 EEG，这得益于该技术的较好时间分辨率、简单易用、便于携带和低成本等特点。

2. 脑机接口的输入模式

在脑机接口中，不同实验范式所得到的作为用户意愿载体的脑电模式或者成分不同，因此脑机接口输入信号的模式多种多样。最常见的是通过某种方法使大脑的状态可以被机器学习算法区分开（只要能让大脑的状态可分就可以作为脑机接口的输入信号）。

依据信号的产生方式，可分为诱发脑电和自发 EEG。诱发脑电即诱发电位（Evoked Potential，EP），是神经系统接受内、外界刺激所产生的特定电活动，因此也被称为外源性，它主要取决于外部环境刺激（视觉、听觉或者触觉），与自己的认知活动和主观因素无关。例如，视觉诱发电位（Visual Evoked Potential，VEP）、听觉诱发电位（Aditory Evoked Potential，AEP）和事件相关电位（Event Related Potential，ERP）中的 N1、P1、P2 成分等。

自发 EEG 是脑细胞的自发性活动，在人体自然状态下就可以被记录到，因此也被称为内源性。内源性主要是通过自身的认知活动产生，与外部环境无关，常见的内源性成分有皮层慢电位（Slow Cortical Potential，SCP）、诱发 P300、μ/β 节律等。

9.1.3　基于脑电信号的脑机接口系统

现有的基于脑电信号的脑机接口系统，按照输入信号的不同大体分为如下三类：基于运动想象的脑机接口（MI-BCI）、基于 P300 的脑机接口（P300-BCI）和基于稳态视觉诱发电位的脑机接口（SSVEP-BCI）。

1. 基于运动想象的脑机接口（MI-BCI）技术

人在想象自己肢体运动的时候并没有实际的运动动作输出，虽然这只是想象，但此时人的特定脑区仍然会被激活。例如被试者在想象左手、右手或者脚运动时，可以从头皮上记录到不同空间分布模式的脑电信号。

运动想象通过学习这些脑电信号的特性并且分析脑电数据，检测识别不同脑区的激活效果来判断用户意图，从而实现人的脑部与外部环境设备之间的直接通信与控制。常见的运动想象部位有左右手、双脚和舌头，如图 9-5 所示。

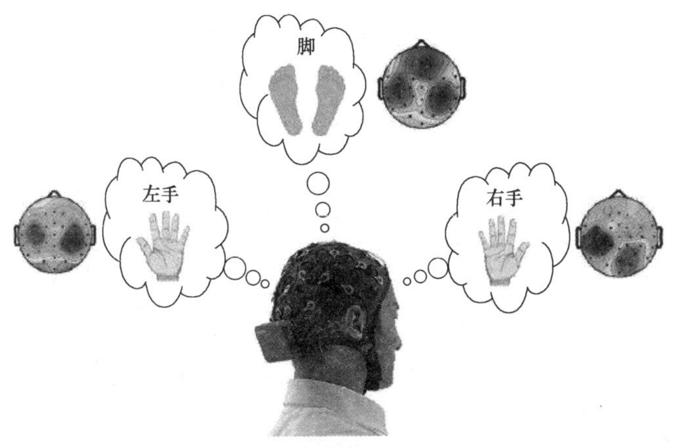

图 9-5　基于运动想象的脑机接口（MI-BCI）

被试者在运动想象时，大脑皮层会产生两种变化比较明显的节律信号，一个是 8～12Hz 的 μ 节律信号，另一个是 18～24Hz 的 β 节律信号。在这个运动想象的过程中，神经元细胞被激活、新陈代谢速度加快，同时大脑皮层对侧运动感觉区的脑电节律能量明显降低，这种现象被称为事件相关去同步（Event Related Desynchronization，ERD）。而同侧运动感觉区的脑电节律能量将增强，这种现象被称为事件相关同步（Event Related Synchronization，ERS）。

基于这种关系的存在，可以通过被试者的大脑主动控制左右脑的 μ、β 节律幅度的高低从而能产生多种控制指令，如图 9-6 所示。

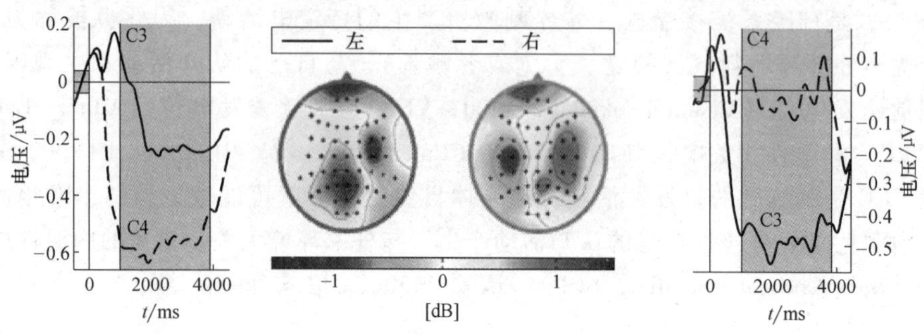

图 9-6　左、右手运动想象的 ERD/ERS

如图 9-6 所示，记录放置在感觉运动皮质周围的电极电压，其中 C3、C4 电极所属的大脑区域分别与左手和右手的抓握动作相关。在想象左手时，如左边的波形图，C3 电极的电压比 C4 电极的电压高；在想象右手时，如右边的波形图，C4 电极的电压比 C3 电极的电压高。该图为左右运动想象的 C3、C4 电极采集的波形图经过拉普拉斯滤波后的时域图，横坐标代表时间。

基于运动想象的脑机接口的 EEG 信号也存在一些问题，例如个体差异性很强，每个被试者在不同时间、不同状态下采集到的想象相同运动的 EEG 信号也会存在较大差异。同时，该 EEG 信号还是一种抽象的想象信号，无法量化描述，同时容易受到环境、被试者的心理和生理等因素影响。

2. 基于 P300 的脑机接口（P300-BCI）技术

P300 是大脑认知过程中产生的一种 ERP，主要与期待、意动、觉醒、注意等心理因素有关。P300 主要是位于大脑的中央皮层区域在接收相关事件刺激后的固定时间点（300～400ms）才出现的正电位，在峰值显示的情况下会在时间发生 300ms 后有一个正成分峰值。如图 9-7 所示，相关事件发生的概率越小，所引起的 P300 越明显。

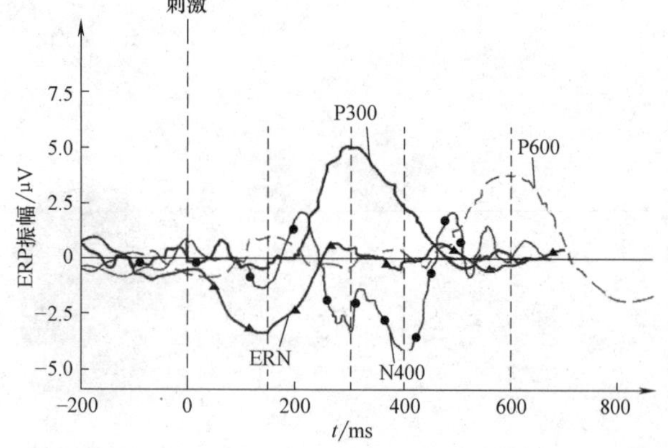

图 9-7　基于 P300 的脑机接口的典型波形

P300 包含一种下意识的信息，提醒被试者要注意的某些刺激。这种信号属于未知，但是能帮助集中注意力的大脑通路。每当被试者注意到某种特定的刺激时，P300 就会稳定地出现，例如在停车场找到自己的车。

P300 电位的出现主要通过 Oddball 实验范式来诱发。Oddball 实验范式是经典的 ERP 实验范式之一，过程为：在一项实验中随机呈现作用于同一感觉（听觉或视觉）通道的两种刺激，被试者想要关注的刺激为靶刺激（Target Stimuli），不想关注的刺激为非靶刺激（Non Target Stimuli）。二者的物理属性几乎没有区别，但是刺激出现的概率有所不同。一般认为靶刺激的概率很小，也就意味着靶刺激由不常见或不可预测的刺激诱发，但又和被试者联系紧密（例如，突然增加目标的明暗度或声音的分贝数）。靶刺激的一般概率在 15%左右，而非靶刺激的概率在 85%左右。当靶刺激出现时，被试者只需要做出相应的心理活动，而不必通过其他方式做出反应。

P300-BCI 最经典的应用是 Farwell 和 Donchin 在 1988 年提出设计的字符拼写器，如图 9-8 所示。拼写器是由 26 个英文字母、数字 1~9 以及下画线排列组成的 6×6 矩阵。

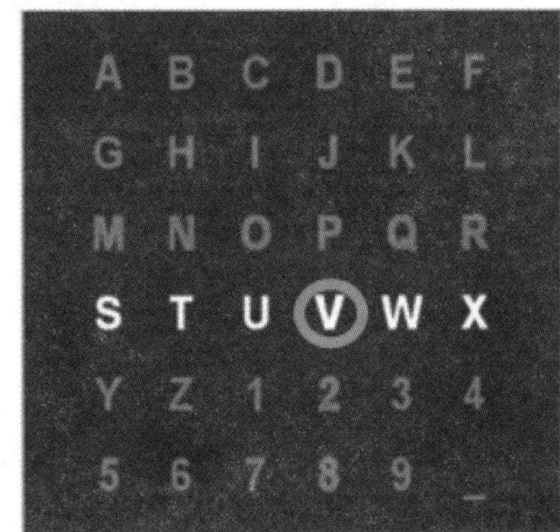

图 9-8　基于 P300 的 BCI 指令识别

在使用时，某一行或某一列字母会点亮（这一过程将遍历所有的行列）。希望输出哪个字母，只需要注视该字母即可。由于 P300 可以用于区分人是否在注意某个目标，只有注视的字母所在的行和列被点亮时才会出现 P300 响应。根据出现的 P300 响应和预知的点亮顺序，就可以确定字母所在的行和列，从而输出目标字母。

以图 9-8 所示的字符 V 为例，在 12 次刺激中理论上只有 V 所在的行和列加强才可以诱发出 P300 脑电波形图。根据这个特性利用识别算法找到 12 次中 2 次的 P300 波形，就可以确定被试者希望输出的字符是 V。

目前多数研究是依靠对 P300 的测量来检查 ERP，特别是在决策方面。因为认知障碍与 P300 的改变相关，所以该波形称为衡量各种治疗对认知功能功效的指标。

3. 基于稳态视觉诱发电位的脑机接口（SSVEP-BCI）技术

稳态视觉诱发电位（Steady-State Visual Evoked Potential，SSVEP）是通过快速重复刺激来诱发的脑电稳定震荡。常见的刺激源大致分为 3 种：闪光灯、发光二极管和显示器的棋盘格模式。

在标准 SSVEP-BCI 的刺激界面中，被试者注视以某种频率周期闪烁的视觉刺激，可以在其头皮上记录到一种包含与刺激频率相同频率成分及其高次谐波成分的脑电响应。如图 9-9 所示，当被试者注视 7Hz 闪烁的刺激块时，就可以记录到携带 7Hz、14Hz、21Hz、28Hz 能量的 SSVEP 信号。

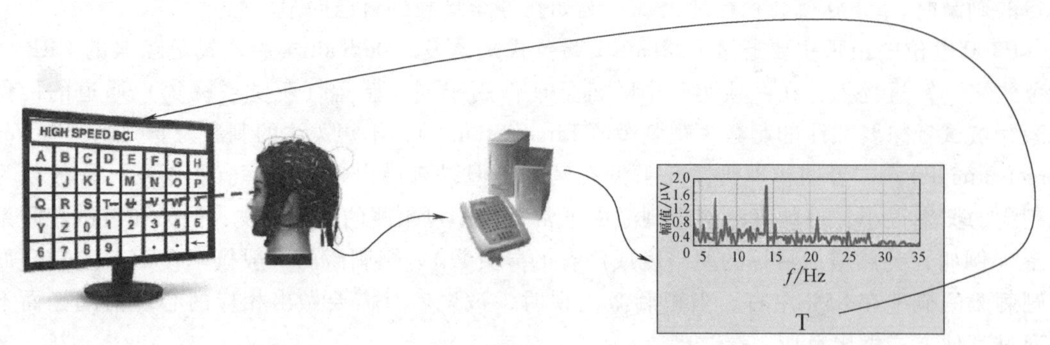

图 9-9　基于 SSVEP-BCI 的原理图

SSVEP-BCI 的应用中最著名的是清华大学陈小刚团队实现的在线高速字符输入系统。该系统在刺激范式上采用了频率相位联合编码的创新实践，在识别算法上提出一种基于滤波器组的典型相关分析方法，使得信息传输率（Information Transfer Rate，ITR）有了很大的提升。

一般情况下，由于不同被试者的状态不同，而同一被试者在不同时间段的状态也都不一致，所以其他方法在实验之前都要进行很长时间的训练，并且通过训练数据来进行分类器参数的提取，而 SSVEP-BCI 不存在这一问题。相比于 MI-BCI 和 P300-BCI，SSVEP-BCI 在实际应用中的最大优势是训练较少甚至不需要训练。

对于 SSVEP-BCI 来说，除了不需要考虑训练数据的问题之外，它的适应性较强、操作过程简单，并且具有较高的信噪比。信噪比是刺激频率的相应 SSVEP 幅值和相邻频段 EEG 信号的平均幅值之比。SSVEP-BCI 的脑电信号主要集中在脑部枕区，其信号强度比 P300-BCI 和 MI-BCI 的信号强。SSVEP-BCI 还有一个优点就是具有很高的信息传输率。一般情况下输出指令较多时目标数量的增多往往会使识别率降低，而 SSVEP-BCI 例外。

9.2　脑电信号的采集与处理

9.2.1　EEG 信号

脑机接口是对于脑电图（EEG）的一个相对较新并且处于发展初期的研究领域。脑电信号是一种随机性较强的自发生理信号，各种不同的外部环境以及心态都会引起不同的情绪变化，又因为节律种类多样，从而显得 EEG 信号极为敏感，容易被周围的噪声污染从而形成了 EEG 伪影。

自发的 EEG 信号包括事件相关同步电位和去同步电位，皮层慢电位和基本的脑电节律。EEG 以“波”表示，包含三要素：频率、波的幅值和波形。自发的 EEG 波形如图 9-10 所示，表现出在广泛频率范围内占主导地位的特征波形，通常用于各种临床诊断如癫痫、昏迷和脑死亡等。

根据频率的不同，EEG 可分为慢波（δ、θ）、快波（α、β 和 γ），如图 9-10 和表 9-1 所示。此外，还有一个特点就是随着频率的增加，脑电节律有幅度降低的趋势。

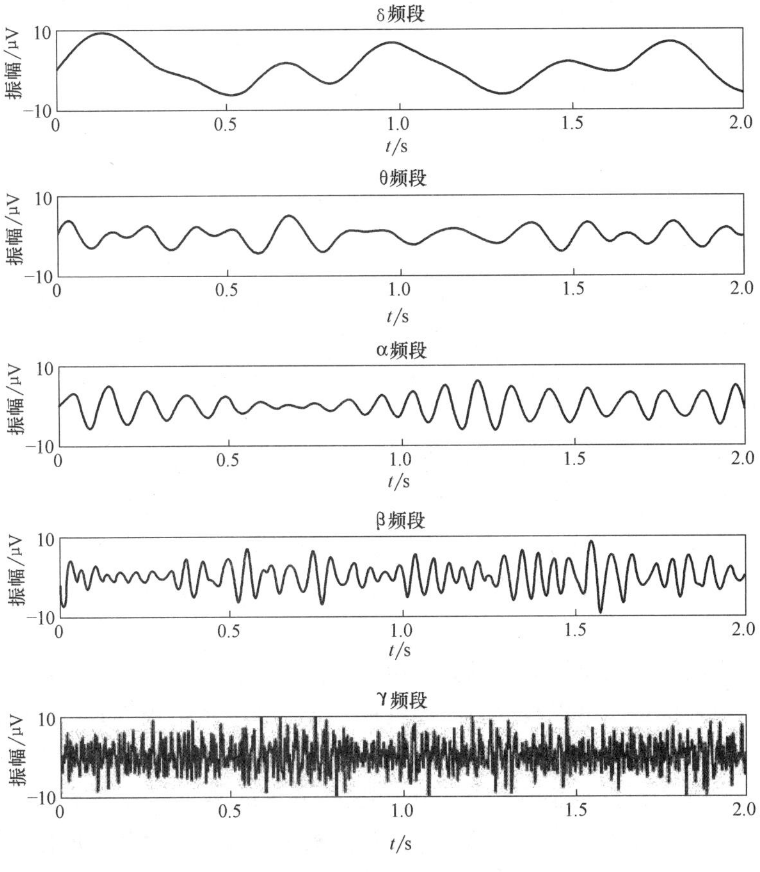

图 9-10　自发的 EEG 波形

表 9-1　脑电节律的分类

频段/Hz	脑部位置	正常
δ(0.5~4)	1)前区(成人) 2)枕区(儿童)	1)成人睡眠时慢波 2)新生儿
θ(4~7)	与手部运动无关区	1)青少年较高 2)嗜睡成人和青少年 3)与诱发反应抑制有关
α(8~13)	1)双侧枕区 2)中央区	1)放松/反射 2)闭眼 3)与抑制控制相关
β(13~30)	双侧,对称分布,一般在前区	1)积极思考,专注 2)高度戒备,焦虑
γ(>30)	体感皮层	1)跨模式感觉处理 2)识别对象,声音和触觉的短时记忆

如表 9-1 所示，δ 波位于 0.5~4Hz 的范围，其波形振幅最高、流动最慢，主要与深度睡眠、严重的大脑紊乱和清醒状态有关。θ 波在 4~7Hz 之间，其主要源于情绪压力，尤其是沮丧、失望以及无意识的物质、创造性的灵感和深度冥想。α 波在 8~13Hz 的频率范围，主

要在清醒的人闭着眼睛的情况下从大脑皮层的枕部区域测得，并且随着睁眼或精神活动而减弱。从感觉运动区记录的 α 波也称为 μ 活动。β 波在 13~30Hz 的频率范围内，它以低振幅和变化的频率对称地出现在头部正面区域的两侧。

9.2.2 EEG 信号采集生理信息

EEG 信号的电位极低，不到 100μV，不仅易受外部环境的干扰，也很容易受到周围电磁场辐射（包括工频段）的干扰和脑电采集装置内部因为电子噪声造成的干扰。

为了获得高质量的信号，脑电图测量系统由几个必要的元件组成，包括带有导电介质的电极、带有滤波器的放大器、A/D 转换器和记录设备。具体来讲，从头皮电极记录的微伏信号被放大器转换成适当电压范围内的信号，然后该信号由转换器从模拟形式转换为数字形式，最后通过记录设备存储下来。

随着脑电采集装置的研究和技术的发展，设备越来越便于携带，对采集环境的要求也在逐渐降低。即便如此，仪器也应该尽可能地接地，远离静电场和电磁场。正常成年人 EEG 信号的振幅通常在 1~100μV 之间，当用针状电极等硬膜下电极测量时，大约为 10~20mV。由于大脑结构不均匀并且存在皮层功能性组织，因此脑电图会根据记录电极的位置而变化。

1. 电极类型

一般来说，电极可以根据记录的不同作用分为三种类型：有源电极、参考电极和接地电极。单个脑电图电极的电压可以被视为活动电极（A）和参考电极（R）之间的电位差，其随时间而变化。理论上，参考电极应设置在远处，其绝对电位为 0。A 和 R 之间的电位差可以很大程度上反映 A 附近的电活动。实际上，这样完美的参考电极是不存在的，并且在大多数情况下参考位置不是电中性的。因此，有源电极和参考电极之间的电位差反映了两个位置的电活动。接地电极主要用于降低连接到接地电路时产生的噪声。大多数脑电图记录系统由几个有源电极、一个参考电极和一个接地电极组成。

为了获得良好的导电性和低阻抗接触，需要导电介质（凝胶或盐水）来填充电极和头皮之间的连接。凝胶将在电极和头皮之间建立比盐水更稳定的导电连接，这对于减少运动和皮肤表面产生的伪影有很大帮助。

传统的湿电极（凝胶或生理盐水为导电介质）在脑电数据采集方面存在一些局限性。比如存在实验前的准备工作时间过长、凝胶的长时间消耗等问题。近年来已经开发出干电极，大多数干电极是由微机电系统技术制造，其他的则是基于织物或泡沫的材料制造，这些干电极在脑电图记录中表现出令人满意的性能，并且在未来会得到广泛的应用。

2. 电极数量

在某些情况下，除了参考电极和接地电极，单个有源电极在某些临床应用中就可以满足研究者的要求。然而，对于大多数脑电图（EEG）和事件相关电位（ERP）研究而言，需要同时记录来自不同位置的多个电极的脑电信号。需要根据多电极脑电记录获得脑电地形图，研究者可以将一段数据分解成不同的成分，优化脑电的特征提取，并识别出一些伪影。

常规的脑电图（EEG）记录系统应该用多少电极才合适呢？一些研究人员认为记录位点的数量取决于头皮记录中呈现的空间频率。还有人认为，32 个有源电极位点进行记录适合大多数实验。事实上，高密度电极阵列的使用可以提高空间分辨率，例如 256 个有源电极的多通道配置。但是，多个电极的记录系统对于数据的采集和分析来说是更加昂贵和耗时的。更应该注意的是，使用更多电极应该考虑检测和采集时有可能会出现问题，即采集到的脑电数据质量有可能会更差。

3. 电极位置

如何放置电极的位置至关重要，因为大脑皮层的不同脑叶负责处理不同类型的活动。头皮电极定位的标准方法是国际 10-20 电极系统，包括 19 个记录电极和 2 个参考电极。首先确定 4 个解剖点，鼻根（Nasion）、枕外粗隆（Inion）、双侧耳前点（耳前切迹处），由这 4 个点来确定矢状线与冠状线，"10" 和 "20" 代表着相邻电极之间的实际距离为头骨前后或者左右距离的 10%或 20%。

在矢状位上将鼻根和枕外粗隆相连接，在冠状位把鼻根、外耳孔和枕外粗隆相连，重点为头顶（Vertex）即 C_z。位置由以下两个点决定：鼻根是额头与鼻子之间的一个点，位置与眼睛平齐；枕外粗隆是位于脑后中线的颅底骨突出物。图 9-11 显示了国际 10-20 电极系统在大脑上的电极位置，每个位置用一个字母来标识，一个数字标识半球的位置。

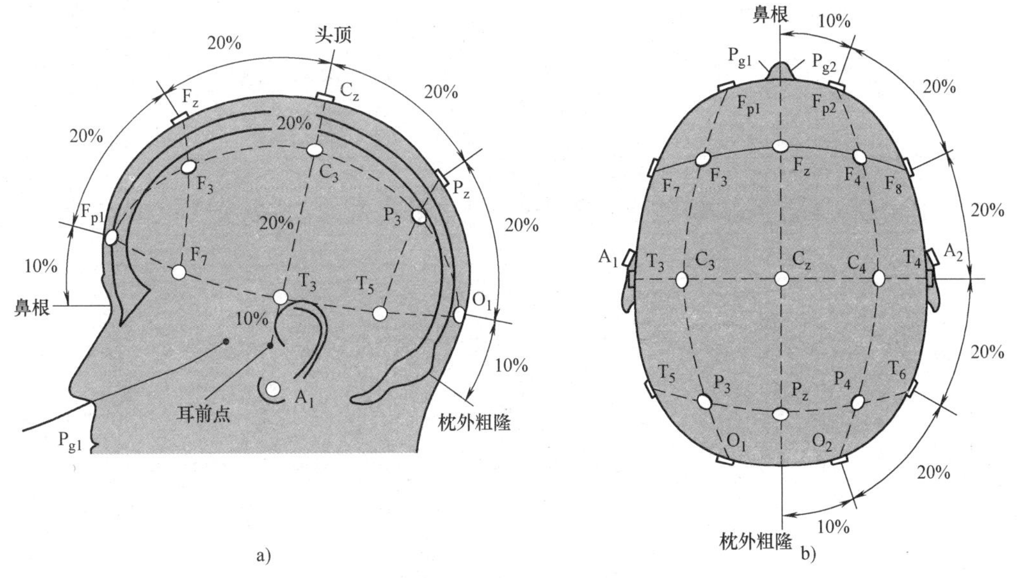

图 9-11　国际 10-20 电极系统

在图 9-11 中，字母 F、T、C、P 和 O 分别代表额叶、颞叶、中央、顶叶和枕骨。字母 z 表示放在中线上的电极。奇数表示大脑左半球的电极位置，而偶数表示右半球的电极位置。由于 EEG 电压信号表示两个电极上的电压差，因此可以通过多种方式来读取脑电采集装置的 EEG 信号波形。

9.2.3　脑电数据的预处理

任何一个检测信号都无法避免受到被试者体内和体外的干扰。在脑电信号采集的过程中，被试者的眨眼、肌肉动作、眼球转动都有可能影响电场分布，从而波及到头皮的电极，这样就会形成伪迹。脑电信号中的主要干扰是眼动伪迹，尤其在 SSVEP-BCI 系统中，如果不对采集的数据进行预处理，则会影响信号的质量以及目标识别的准确度。

预处理包括基线校正（Baseline Correction）、滤波、通道定位、通道选择、主成分分析

(Principle Component Analysis, PCA) 和独立成分分析 (Independent Component Analysis, ICA)。

1. 基线校正

在采集信号的过程中，因为被试者的大幅度眨眼动作会导致皮肤和电极之间有相对移动，因此获得一个理想的信号就显得很难，而事实上抑制基线漂移现象更难。通常采集到的信号会呈现一个逐渐缓慢向上漂移的趋势，受此影响，每一段数据的起点都不在同一个地方，会使数据的绝对波幅变高。若脑电信号出现了基线位置严重漂移的情况，就会影响数据的质量并最终影响特征分类的准确性。

基线校正可以校正这种漂移带来的影响，校正的核心是通过滤波来抑制基线漂移。方法有很多，例如IIR高通滤波器、小波变换、中值滤波等。图9-12所示为采用MATLAB的EEGLAB工具箱自带的基线校正处理后的EEG波形。

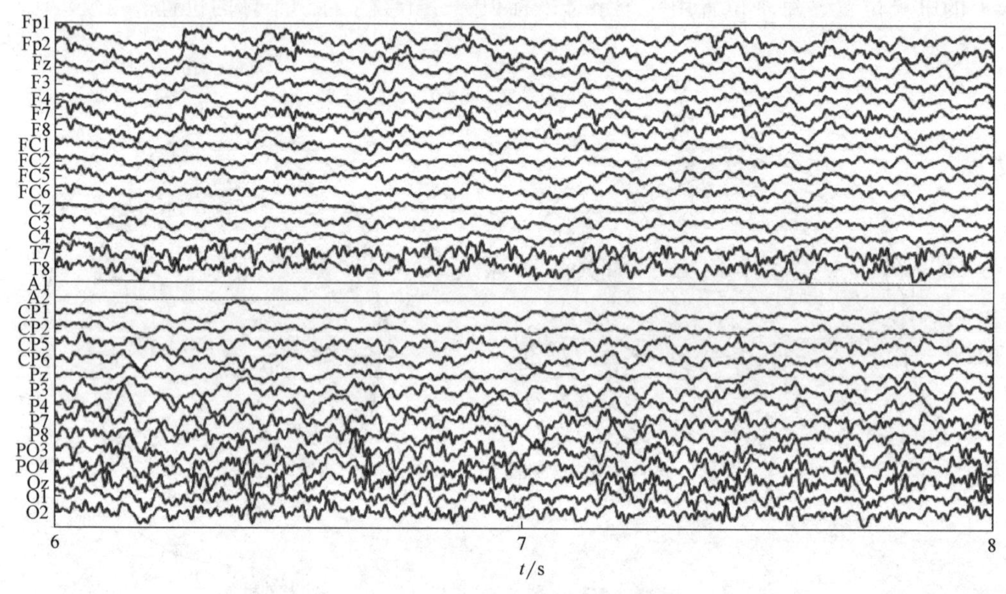

图9-12 基线校正后的EEG波形

2. 滤波

在脑电信号采集的过程中，由于输电线存在50Hz或者60Hz的线噪声，以及其他各种高、低频的噪声，通常都需要进行滤波处理。这些噪声来自于不同干扰源的叠加伪迹并混入脑电设备显示的记录里，但是可以通过数字滤波器预处理这些原始脑电数据，能够很好地保留或去除特定的频率信号。

根据保留和去除频率的不同，滤波器主要分为4种，如图9-13所示，分别为低通滤波器、高通滤波器、带通滤波器和带阻滤波器（又称陷波滤波器）。

低通滤波器（见图9-13a）可以保留低于某一阈值的信号（低频率的信号通过），而大于该阈值的高频信号将被去除或被衰减。

与此相反，高通滤波器（见图9-13b）只保留频率大于某一特定值的信号，而频率低于该值的低频信号被去除或衰减。

带通滤波器（见图9-13c）是频率在下限和上限之间的信号保持不变，而低于下限或高

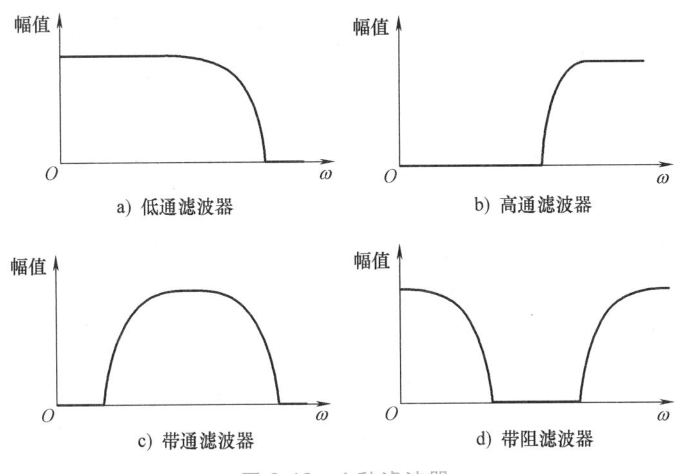

图 9-13 4 种滤波器

于上限的信号将被去除或衰减。

对于带阻滤波器（见图 9-13d），频率在下限和上限之间的信号被去除或衰减，而低于下限或高于上限的信号则保持不变。

在选择合适的滤波器时，应考虑脑电信号的伪影频率范围。例如，限值为 0.1Hz 的高通滤波器应用于 EEG 信号以消除低频漂移；对 EEG 信号应用低通滤波器（限值为 30Hz）以去除高频噪声（肌肉活动引起的干扰）。而输电线使用频率为 50Hz 或 60Hz 的正弦电压（在欧洲、亚洲大部、非洲和南美部分地区使用 50Hz，北美和南美部分地区及其他地区为 60Hz），电压一般为 110V 或 230V，是 EEG 电压（50～100μV）的 200 万倍（或 126dB）。因此为了消除输电线频率，通常使用带阻滤波器来去除窄带内的信号，并使其余频谱内的信号几乎不失真。

除了考虑伪影的频带之外，有时候研究者会对脑电的某个特定频率范围感兴趣。例如需要刺激调制 α 信号，则在 α 频率范围内（8～13Hz）使用带通滤波器，该范围之外的信号会被剔除。

值得注意的是，滤波并不能完美地获得研究者想要的频段，例如对于 20Hz 的低通滤波，滤波的操作并不是指高于 20Hz 的信号就完全被滤掉，而是以 20Hz 为截止频率，高于这个截止频率的信号会被逐渐衰减掉。

3. 通道定位

EEG 数据在 EEGLAB 工具箱内仅仅读到每一个通道的名称和数值，并不知道每个通道代表电极在头皮的具体位置，因此需要加载一个与记录数据相匹配的通道位置信息，如图 9-14 所示。

在参考电极组合中，每个通道代表任何给定的电极对单个选择电极（参考电极）的电位差。在这种结构中，它同时具有检测局部和远电位的优点。与双电极组合相比，参考电极组合的电极电位振幅更接近于电极记录的绝对电极电位。电极电位对后续的独立成分分析非常重要，会影响后续的预处理结果。

4. 通道选择

在采集脑电信号的过程中，也会记录到并不需要的通道信息，可以将其剔除掉，不纳入

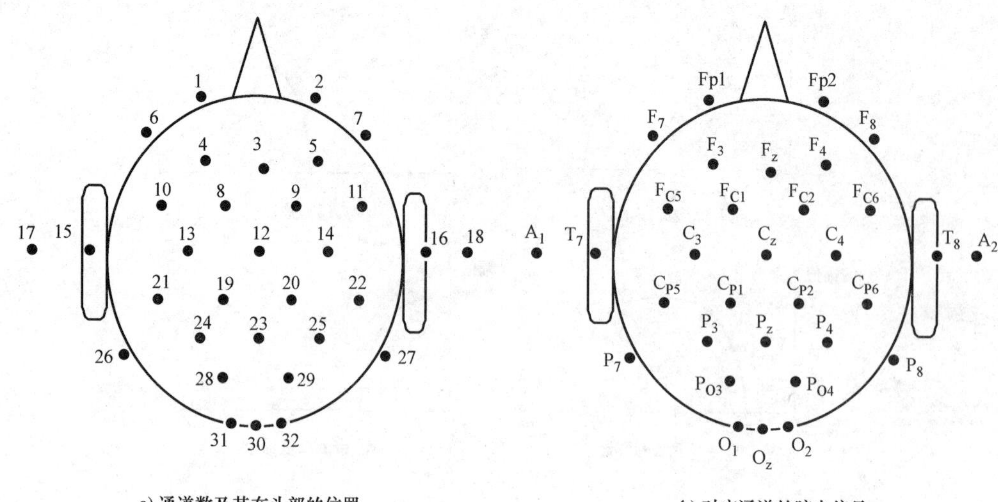

图 9-14　通道定位

后续的分析中，例如眼电通道。在 SSVEP-BCI 系统中，32 导脑电帽采集数据中选用 8 个电极通道，如图 9-15 所示。图 9-15a 为 2D 通道，图 9-15b 为 3D 通道，其通道分别为 P_z，P_3，P_4，P_{O3}，P_{O4}，O_z，O_1，O_2。

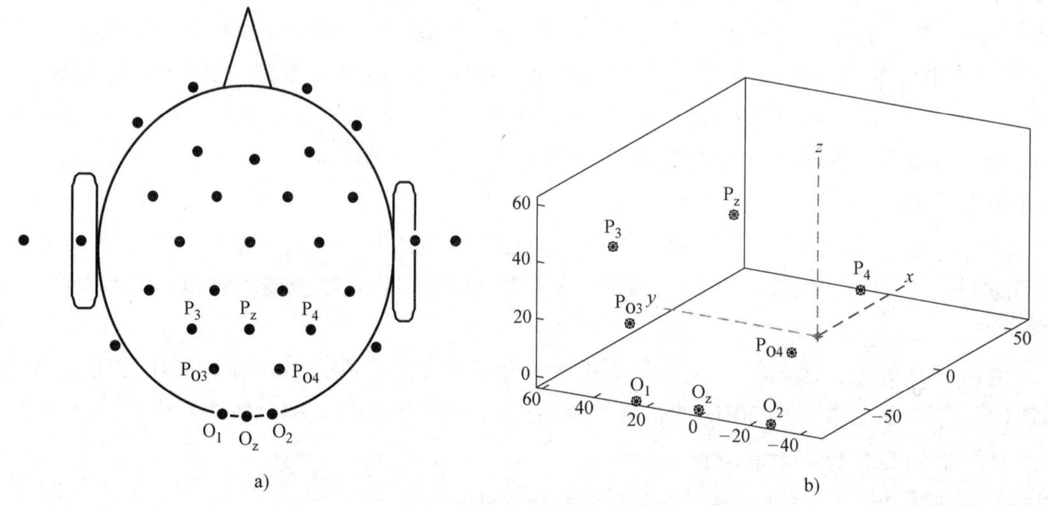

图 9-15　电极通道示意图

5. 主成分分析

主成分分析（PCA）是线性模型中最常用的一种参数估计方法，基本思想是将 n 维的特征映射到 k 维，而这 k 维就是主成分。具体思路是：信号提取出来后利用正交原理将相关的自变量变换成一组相互独立的变量，选择一部分重要成分作为自变量，再利用最小二乘法进行模型参数估计。对于 EEG 各通道分布，就是将信号分解成相互独立的成分，剔除伪影成分，最后重构 EEG，这样可以达到降噪的目的。

PCA 主要是通过计算协方差矩阵来获得特征值和特征向量，进而选择特征值最大（即方差最大）的 k 个特征所对应的特征向量组成矩阵，就可以将数据矩阵转换到新的维数空间中，实现数据特征的降维并去除伪影。

6. 独立成分分析

独立成分分析（ICA）实质上是一种盲信源分离（Blind Source Separation，BSS）方法，最早起源于鸡尾酒舞会问题（Cocktail Party Problem），即 N 个人同时在一个舞会聊天，同时舞会的周围布置有 N 支传声器，这些传声器也都同时在不同的角度记录了舞会中所有人声音混合之后的信号，如图 9-16 所示。

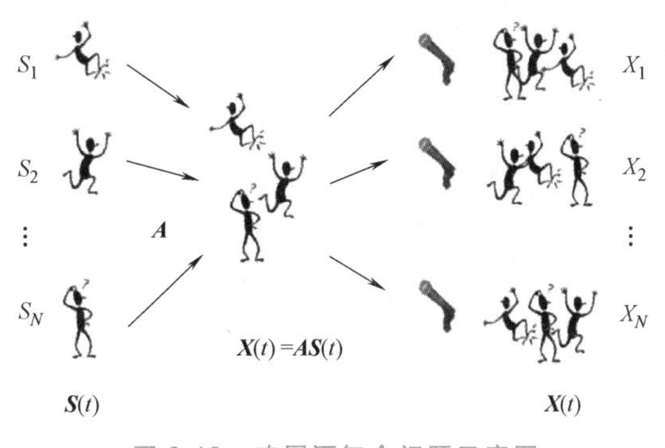

图 9-16　鸡尾酒舞会问题示意图

此方法试图将一个相关的对话与鸡尾酒舞会中其他对话的声音隔离。与此相应，在脑电信号处理上就是将 ICA 应用于 EEG 数据以及 EEG 信号的时间序列并分解成一组成分。更具体地说，就是 EEG 数据被转换为应用于整个多通道数据的空间滤波器的输出集合，而不是单个通道数据记录的集合，要在 EEG 数据中识别出独立的方差源。

在图 9-16 中，设 $\boldsymbol{X}(t)=[x_1(t),x_2(t),\cdots,x_N(t)]^{\mathrm{T}}$ 为 N 维观测信号，$\boldsymbol{S}(t)=[s_1(t),s_2(t),\cdots,s_M(t)]^{\mathrm{T}}$ 是 M 个相互统计并且相互独立的源信号（由观测信号产生），源信号 $\boldsymbol{S}(t)$ 经过一个未知的矩阵 $\boldsymbol{A}$ 线性混合产生观测信号 $\boldsymbol{X}(t)$，即 $\boldsymbol{X}(t)=\boldsymbol{AS}(t)$。现在的工作就是在混合矩阵 $\boldsymbol{A}$ 和源信号 $\boldsymbol{S}(t)$ 都未知的情况下寻找一个线性变换矩阵 $\boldsymbol{W}$，使其输出的信号 $\boldsymbol{U}(t)=\boldsymbol{WX}(t)=\boldsymbol{WAS}(t)$，这样尽可能地接近源信号 $\boldsymbol{S}(t)$。

在单通道采集的原始脑电数据中，记录数据矩阵的每一行代表了各通道与参考通道之间电压差之和的时间过程。ICA 分解之后，每一行表示从通道数据空间滤波的一个独立分量的时间历程。ICA 过程的输出是统计独立分量（IC）的波形，以及将 EEG 信号转化为 IC 数据的矩阵和逆矩阵，这样的输出提供了有关 IC 矩阵的时间和空间特性。

非侵入性记录的脑电数据可以看作是真实脑电信号和伪影的总和，但是它们相互独立。为了去除脑电数据中的伪影，首先将计算出的 IC 也分为人工或者神经相关的成分。如果检测并标记为与伪影相关的 IC 成分就剔除它们，并且重新混合剩余的数据。在伪影校正中，ICA 用于识别与眼球运动或者心跳有关的伪影。

这些伪影在地形图、时间和频谱上具有相似的特征，通常可以自动识别。脑电信号的异常地形图通常表现为：①地形图中的功率仅仅集中在额叶（眼部伪影）；②不连续的地形图（噪声伪影）；③单电极内的地形限制（电极伪影）。

跨实验时间分布的异常表现为：①提取的时间段不一致（平均波形没有明显的峰值）；②周期波形（工频干扰）；③噪声模式（类似于高斯噪声）。当存在以上这些噪声时就需要剔除。图 9-17 所示为剔除噪声后的 ICA 成分图。

使用 ICA 去除伪影的效果是有效的，因为它不需要假设单个信号具有正交或高斯行为。与此不同，PCA 需要假设所有信号都正交，为此需要创建正交基向量，其中每个向量将尽可能多的计算方差，而第一个向量在数值上明显大于所有的后续向量。当信噪比数值较低时，后续向量的重要信息会丢失。

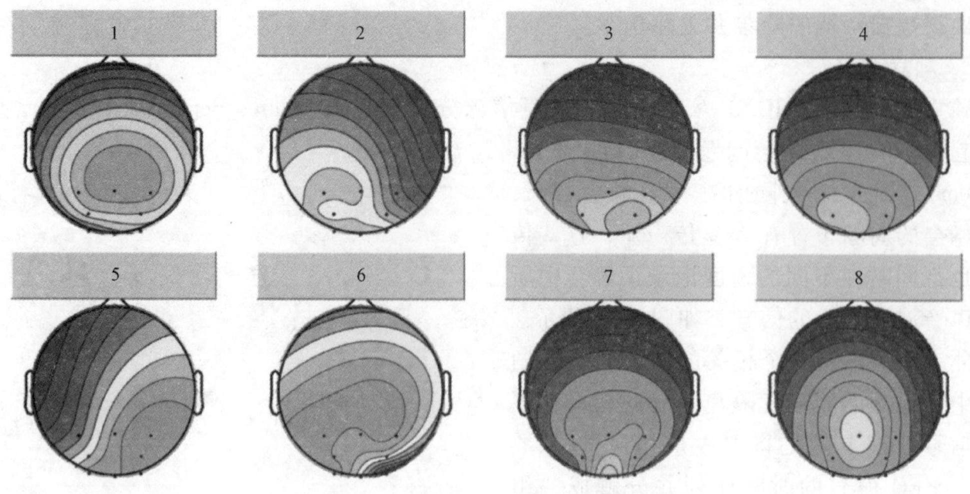

图 9-17 剔除噪声后的 ICA 成分图

9.3 EEG 特征提取方法

如图 9-2 所示，对 EEG 信号进行采集后，特征提取算法非常重要。目前主流算法主要有自适应分类器、矩阵/张量分类器、机器学习以及深度学习 4 类。

1. 自适应分类器

EEG 信号为非平稳信号，在传统的分析方法里，信号仍然是时域上的离散序列，其波形沿着时间点波动变化。时间序列信号在一个通道上的连续 EEG 数据，在时域中表示为信号幅度相对于时间的变化，或者在频域中表示为信号功率相对于频率的变化。

图 9-18 所示为由 MATLAB 的 EEGLAB 工具箱绘制的 O_z 电极的时频图分为两个子图。

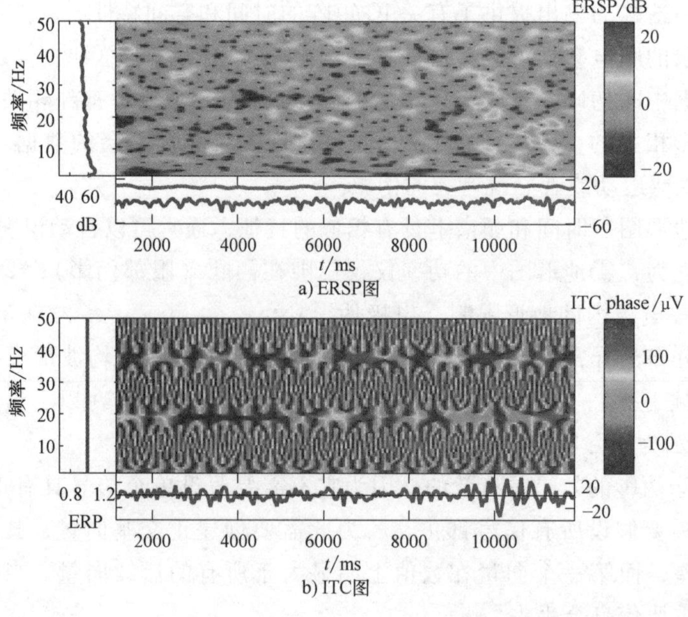

图 9-18 O_z 通道下的时频图

图 9-18a 为 ERSP（Event Related Spectral Power，事件相关光谱功率）图，该图左方为基线的平均功率谱，表示每个时间点、每个频率的频谱功率变化波形。图 9-18b 为 ITC（Inter-Trial Coherence，导联内相干性）图，表明单个实验中给定时间和频率的 EEG 活动变为锁相（对于锁定时间的实验事件，相位不是随机的）。

频谱分析可以将信号从时域分析转变到频域，并可以描述信号的功率或能量的分布，还可以直接观察 EEG 中 δ、θ、α、β 等节律的分布与变化情况。

为了弥补 EEG 信号的非平稳特性，选择自适应分类器能够根据新输入的 EEG 数据在线更新参数，跟踪 EEG 随时间变化的特征。自适应分类器可分为监督、无监督和半监督三类。

监督式就像有老师在做指导，需要对已经标记过的 EEG 数据做最初的训练以及对标记后的新输入 EEG 数据做更新训练。无监督式需要评估没有标记过的新输入 EEG 数据，进而做更新训练。半监督式介于两者之间，既需要标记原始数据做初始训练，然后又评估为标记过的新输入数据，在此基础上根据评估结合标记原始数据来进行更新训练。

麻省理工学院的研究团队做过一个非常有趣的实验，针对 BCI 的机器人系统，他们利用误差相关电位来实现自适应。当物品放置到错误的位置时，被试者的大脑会产生误差相关电位信息，此时 BCI 系统将检测到此信息并控制机器人将物品放到正确的位置。

2. 矩阵/张量分类器

矩阵/张量分类器主要是指黎曼几何分类器（RGC），它将 EEG 数据直接映射到流行的切线空间进行操作，即通过协方差矩阵或者张量非典型特征来表示 EEG 信号的特征，直接进行分类，从而不需要单独找分类器。

3. 机器学习

EEG 信号具有毫秒级的时间分辨率，已被广泛应用于研究人类感知和认知的神经动力学。神经成像实验主要是使大脑状态可分，从而可以将采集到的 EEG 数据通过认知或感知反应进行建模。传统的分析方法通常使用回归来建立基于假设的 EEG 信号特征之间的关系，或者通过分析每个样本来确定时域、频域的特征。如果大脑在某个特定的时间点得到的反应在两种不同的状态下有所不同，则会通过机器学习来解码被试者的认知反应。

机器学习分类器是一种函数，它将大脑活动的各种特征值作为独立变量或者条件的预测因子，在此基础上预测条件所属的类别。在 EEG 实验中，可以从时间、频率或空间域中提取特征。

把一个样本（试次或者被试者）表示为向量 $\boldsymbol{X} \in R^{N\times K}$，它的分类标签为 $y \in R^{N\times 1}$。分类器可以通过学习多个参数进而估算每个特征的权重，使用训练数据建立特征和分类标签之间的关系。因此，给定一个样本 X，分类器形式是预测标签 $y=f(X)$ 的函数 f。其中函数 f 可以是分类结果（它的输出值为有限数量分类的离散值），也可以是回归结果（输出是连续变量）。

机器学习分类器需要训练，通过训练分类器来学习特征和它们对应的类标签之间的函数 f。经过训练后，分类器可以应用于测试数据来确定特征里是否包含样本类别之间的分辨信息。如果经过训练的分类器捕捉到特征和标签之间的关系，则会预测到测试数据之前没有的样本类别。通常情况下，假设训练和测试数据从“样本分布”中独立提取。

4. 深度学习

通过机器学习技术可以从脑电信号中提取有效信息，它在不同的 EEG 信号分类研究任务中发挥着重要作用。基于 EEG 的识别系统核心是开发实用的算法，这些算法被认为是康复治疗的新工具。尽管已经得到了很大的进展，但是从脑电信号中提取信息的准确性仍有相当大的提高空间。因此，机器学习领域的一个方向引起了研究者的极大兴趣，那就是深度学习。

深度学习框架是将脑电信号（或原始信号）的各种特征值作为网络输入，并预测样本类别的函数。常用的方法有卷积神经网络（Convolutional Neural Network，CNN）和递归神经网络（Recurrent Neural Network，RNN）。但是从目前的研究来看，深度学习并没有显示出特别的优势，一个原因是深度神经网络通常具有大量的参数，需要更多的训练数据进行参数校准，但是对于 EEG 数据来说数据规模较小。

有研究者将 CNN 应用于脑机接口中，设计的网络包含两个卷积层以及一个全连接层，这两个卷积层分别用于学习 EEG 数据的空间滤波器和时间滤波器，但是该网络最后的效果略低于支持向量机方法。

9.4 脑机接口系统的评价指标

由于 EEG 信号的信噪比不高，因此在性能方面需要结合研究者的实验意图以及应用类型来进行选择。最简单也是最经典的一个评价方法就是和大多数图像分类评估方法一样，利用分类的正确率，即系统正确输出的目标结果与所有的输出结果之间的比值来进行评价，它主要反映的是目标识别正确的概率。

在多目标识别的 SSVEP-BCI 系统中，想要达到的最理想状态是单位时间内输出的目标既正确又快速，而且目标多。

单纯的分类正确率已经不能满足系统的性能要求。在 BCI 研究中，ITR 算是一个应用广泛的评价指标，其定义为每分钟内的传输信息量（bit/min）。BCI 系统每完成一次判断所要输出的信息量由式（9-1）实现，即

$$B=\log_2 N+p\log_2 N+(1-p)\log_2\left(\frac{1-p}{N-1}\right) \tag{9-1}$$

式中，N 为刺激范式的目标数量；p 为被试者的平均分类正确率；B 为指令输出的信息量。

因为 ITR 是评估单位时间内的信息量，若设输出一个指令所需要的时间为 T，则通过式（9-1）得出

$$\mathrm{ITR}=B\left(\frac{60}{T}\right) \tag{9-2}$$

由式（9-1）和式（9-2）可知，ITR 的大小受到 3 个因素的影响：目标的数量 N、分类正确率 p 和输出一个指令所需要的时间 T。所以，提高 ITR 就是要增加刺激范式中目标的数量 N，而想要提高分类正确率 p，可以通过提高系统的信噪比和增加目标的可区分性来实现。

SSVEP 的信噪比（SNR）被定义为刺激频率的 SSVEP 信号的幅值和相邻频段的平均幅值之比，即

$$\mathrm{SNR}=\frac{KF(f)}{\sum_{k=1}^{\frac{K}{2}}\left[F(f+k\Delta f)+F(f-k\Delta f)\right]} \tag{9-3}$$

其中，Δf 代表信号幅值谱频率的分辨率，例如设 $\Delta f = 1\text{Hz}$，$K = 4$。一般情况下也可取 20lgSNR，将单位变为 dB。

如前所述，采集到的 EEG 信号含有大量的噪声和伪迹（肌电、运动、眨眼、呼吸等），可以采用多种滤波方式去除伪迹，通过叠加平均的方法来提高信噪比。例如时域的滤波和消除 50Hz 工频干扰，都是提取有用的信号并提高信噪比的有效方法。

9.5 基于 SSVEP 的机器人控制系统

9.5.1 基于 BCI 的机器人控制系统分类

近年来，基于 BCI 的机器人控制系统得到众多关注和青睐。国内外机器人领域、神经工程领域、计算机领域都开展了基于 BCI 的机器人控制系统的研究工作。例如，开发基于 BCI 的电动轮椅、机械臂、各种医疗康复设备等。

美国明尼苏达大学的贺斌团队让被试者只凭借“意念”在复杂的三维空间内实现物体控制，包括操纵机械臂抓取、放置物体和控制飞行器飞行。经过训练，被试者抓取物体的成功率在 80%以上，把物体放回货架的成功率超过 70%。

机械臂作为典型的串联机器人，成为在运动轨迹优化算法研究、PID 等传统控制的改进以及多自由度机械臂的设计和各种先进控制研究中的被控对象。机械臂也放到基于 BCI 的机器人控制系统中，下面介绍 3 种典型的 EEG-BCI 控制系统。

1）基于运动想象的机器人控制系统。实验人员只需提供较少的指令集，但是需要长期的训练数据。优点是因为运动想象是内源性输入信号，所以不需要外部刺激模块范式及整个系统的搭建。缺点是无法满足多自由度机器人对多个方向和多级速度控制的需求。

Pfurtscheller 等人提出并验证了瘫痪病人利用运动想象范式来诱发 EEG 信号 β 波，进而完成控制。患者经过长期的训练，基于对右手和腿的运动想象来控制矫正器的开合的正确率接近 100%。天津大学明东教授团队利用运动想象范式控制电刺激仪，对中风患者闭塞的神经通路及肌肉组织进行刺激，帮助一位长期中风病人恢复了写字的能力。

2）基于 P300 事件相关电位的 BCI 机器人控制系统。该系统可以提供 30 个以上的编码指令，但是在实验过程中为了保证识别的准确度，每个指令需要重复至少 2 次，而且很难做到单次识别。由于信号是外源性输入信号，被试者长时间注视刺激范式会产生视觉疲劳。这是该方法的不足之处。

Garett D 团队延伸了 P300 字符拼写器的部分功能，完成了对六自由度机械臂的控制。Mayur 团队将七自由度的机械臂与电动轮椅进行组合，搭建了基于 P300 范式，并且兼具抓取动作及导航功能的移动平台。

3）基于 SSVEP 的 BCI 机器人控制系统。它可以提供 40 个以上的多指令集，并且范式需要较少的训练。相比于前两者而言，有更高的信噪比和 ITR。唯一受限的地方是被试者长时间注视刺激范式会产生一定的视觉疲劳。

为了减少视觉疲劳，在 SSVEP 刺激范式的编码目标、目标间距以及刺激颜色等方面进行改善。清华大学高上凯教授、高小榕教授团队在刺激编码以及分类识别算法领域开辟了先河，研究成果处于世界领先水平。

基于以上 3 种 BCI 的机器人系统分析，下面选用较经典的基于 SSVEP 的机械臂控制系统进行阐述。

9.5.2　基于 SSVEP 的机器人控制系统组成

越来越多的研究者希望通过控制外部设备来真正实现 BCI 的应用，帮助渐冻症患者或者残障人士更方便地解决日常生活（操控智能设备），回归普通人生活。机械臂在机器人领域中是使用较广泛的自动化机械装置，如何让控制机械臂同控制自身手臂一样自由灵活成为一个重要研究内容。

基于 SSVEP-BCI 的机械臂控制系统主要包括 5 个模块，分别是脑电信号采集、特征提取、特征识别、命令输出和机械臂，如图 9-19 所示。

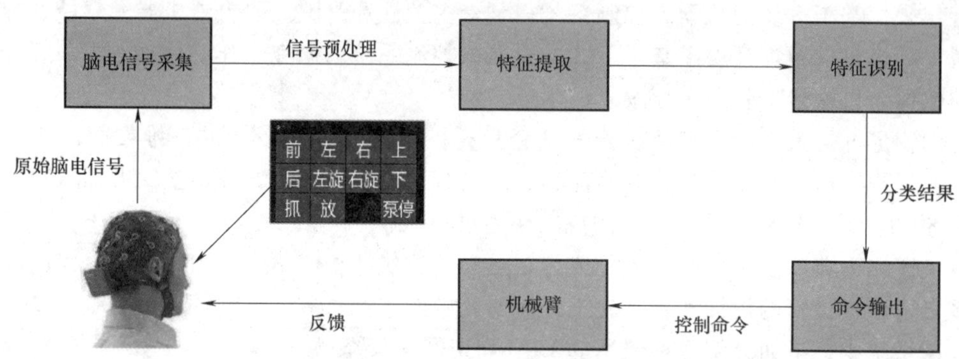

图 9-19　基于 SSVEP-BCI 的机械臂控制系统的应用流程图

被试者根据刺激范式的实验意图以及机械臂的当前位置，通过反馈并选择实验范式的控制指令，同时脑电采集设备对被试者的脑电信号进行一系列的处理（预处理、特征提取和特征识别）后，将识别到的指令映射为对机械臂的控制命令，机械臂根据接收到的指令执行动作。

图 9-20　六自由度模块化机械臂系统

选用的六自由度模块化机械臂系统如图 9-20 所示，包括硬件和软件系统。硬件系统是通过 CAN 总线的方式建立起以 PC 为核心的小型分布式控制系统，控制机械臂的 6 个自由度协调运行。硬件系统总体框图如图 9-21 所示。

软件系统分为 PC 与运动控制卡的通信、上位机控制程序。PC 与运动控制卡通过 USB 转 CAN 卡通信，该功能通过动态链接库实现，用户只需调用库函数即可。上位机控制程序包括机械臂仿真软件和实体机械臂控制软件。

仿真软件使用 OpenGL 语言开发。该语言的特点是能够将三维图形在三维空间内显示，并可对其中的某个模型进行平移、旋转、缩放等功能。这样用户可以在没有连接实体机械臂

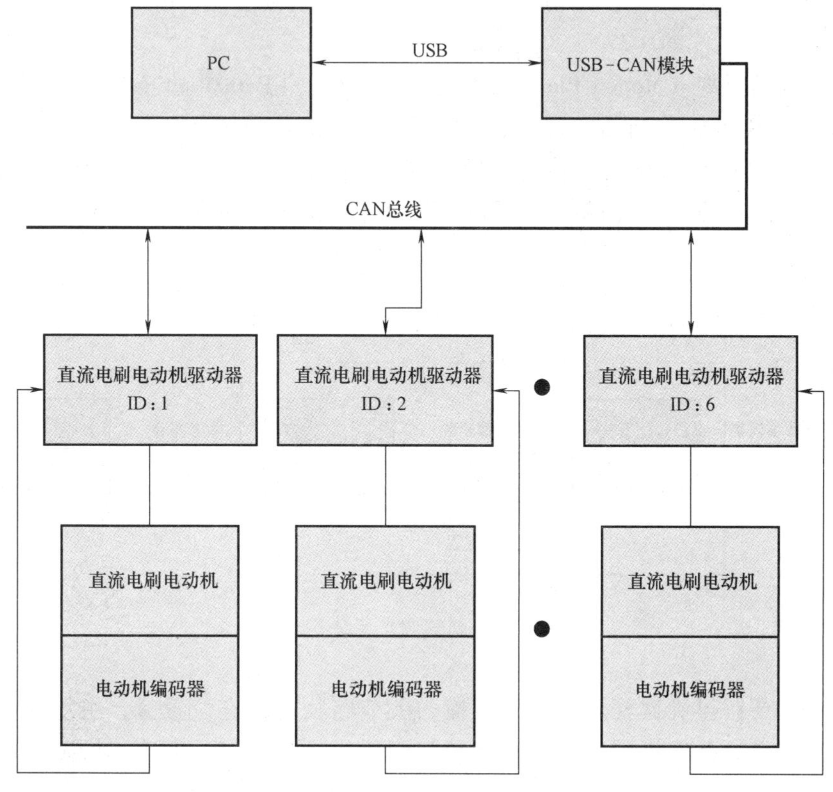

图 9-21　硬件系统总体框图

的情况下利用计算机在该仿真平台上验证用户自定义的算法。

9.5.3　机械臂的运动学分析和轨迹规划

1. 机械臂的运动学分析

机械臂是由一系列的关节和连杆按照一定顺序连接组成的。关节可以平移或者旋转，连杆的长度有的可以伸缩，也有的是固定长度。为了能更好地描述机械臂的运动轨迹，需要考虑机械臂运动规划的位置信号和时间信号，即轨迹中点到点之间的运行时间。

对机械臂的轨迹规划需要建立机械臂的运动学模型，因为这也是本书其他章节所涉及的机器人控制方面的内容，所以将这部分内容放到了本书的附录 A 中。

参阅本书附录 A 可知，Jacques Denavit 和 Richard Hartenberg 提出的描述机器人机构的方法是利用参数对运动学进行推导，即机械臂的空间位置描述和姿态的 D-H 参数。机器人的每个连杆可以直接用 4 个运动学参数描述，其中两个参数描述连杆本身，其余两个参数描述该连杆和与之相邻两杆之间的连接关系。

为机械臂建模的前提是确定关节坐标系，在各个连杆处有一个坐标系，从基座开始，由低到高逐个建立连杆坐标系，最终到机械臂的末端（机械爪）。

连杆机械臂的运动学可以分为正运动学和逆运动学。正运动学是给定机械臂各关节角度变量的值来确定末端执行器（机械爪）的位置和姿态。而逆运动学则恰恰相反，是根据给定的末端执行器的位置和姿态来确定机械臂各关节角度变量的取值。正运动学解决的问题是现在在哪里，而逆运动学解决的问题是现在怎么行动才能到达想要的地方。

2. 机械臂的轨迹规划

机械臂的运动规划（Motion Planing）包括路径规划（Path Planing）和轨迹规划（Trajectory Planing），如图 9-22 所示。运动规划的目标是根据给定的任务起始点（或者若干中间点）对机械臂建立运动方程，使其满足特定约束（运动学约束、动力学约束、路径约束、障碍约束、几何约束等），并求解得到函数表达式或数值点序列。

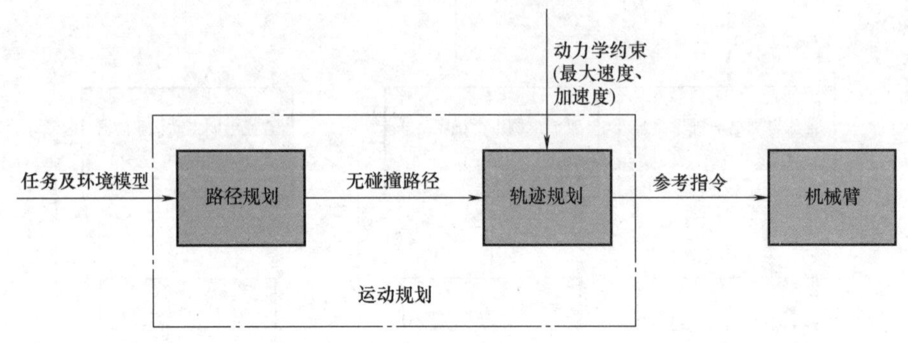

图 9-22 机械臂的运动规划

路径规划是要获得机械臂运动时无碰撞的关节路径，只有位置量，主要解法是基于采样。路径规划的目标是使机械臂的运动路径与障碍物尽量保持远距离，同时路径的长度尽量短。

轨迹规划可以看作路径规划的后续过程，它的输入是路径规划，输出是带有时间参数的轨迹。

在满足特定约束下在最短时间内完成运动路径，这个约束可能是速度、加速度等，还要涉及优化问题。其目标是在运动空间中使机械臂尽可能有短的运行时间，或者消耗尽可能少的能量。当完成指定任务时，机械臂需要规划期望的运动轨迹。这就需要在一定的运行时间内计算出位置、速度和加速度，之后再生成运动轨迹。

因为运动规划也是本书很多章节涉及的内容，所以将它作为附录 B 放在本书的后面。由附录 B 可知，运动轨迹规划可以在笛卡儿空间或者关节空间下进行。考虑到机械臂的末端执行器操作方便，因此选择在笛卡儿空间做规划。

机械臂运动因为存在匀速阶段，所以选用基于梯形速度分布的轨迹规划。它是一个分段函数，基本流程是先加速、后匀速、再减速的三段函数过程。若间隔时间较短可以忽略中间的匀速阶段，因此也可以选用固定加/减速时间和匀速模式。

最后结合空间运动轨迹曲线的坐标，得到末端执行器的变换矩阵，再根据逆运动学求解，就能够得到机械臂各关节的偏转角，最终执行在各关节坐标系下的空间运行轨迹。

9.5.4 基于 SSVEP-BCI 的机械臂实验

基于 SSVEP-BCI 的机械臂由两个系统构成，分别为 BCI 脑电采集子系统和机器人控制子系统。将被试者的脑电信号进行特征提取并识别转化为控制机械臂末端执行器的运动，使机械臂完成抓取和移动，在已知的起点和终点之间沿着规划轨迹进行移动。

BCI 脑电采集子系统和机器人控制子系统是通过 UDP 协议实现通信的。BCI 脑电采集子系统由无线脑电采集系统、LCD 显示器和脑电数据在线处理组成。脑电采集设备负责将记录到的脑电信号通过 A/D 将模拟信号转化成数字信号，经过在线实时处理（特征提取和转换算法）生成机械臂可以识别的控制指令。

基于 SSVEP-BCI 的脑电采集系统对于机械臂的一些固有动作通过 MATLAB 的 PSYCHTOOLBOX（PTB）工具箱进行编写，形成特定的刺激范式。最早的 PTB 于 1997 年由 Brainard 和 Peli 编写，是为了方便心理学实验写成的工具包。PTB 可以制作刺激、呈现刺激和记录数据的函数。它基于 MATLAB 平台，并不仅仅局限于分析脑电、眼电，主要用于编写实验范式，以及分析行为数据、核磁、脑磁等。

在实验过程中，显示器一直在显示内容，而 PTB 程序也不停地生成新的刺激图像、范式。PTB 正是使用了双缓冲器模型解决两部分的衔接工作，所以非常完美。缓冲器来回交替就可以快速呈现出各种复杂的刺激。

本实验最后形成的刺激范式如图 9-23 所示。

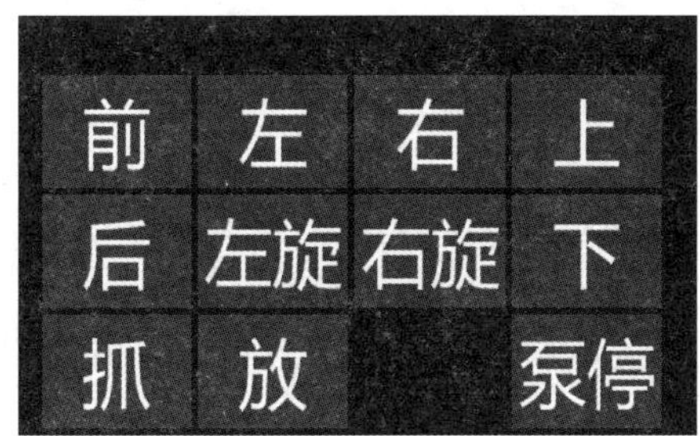

a) 被试者注视的画面

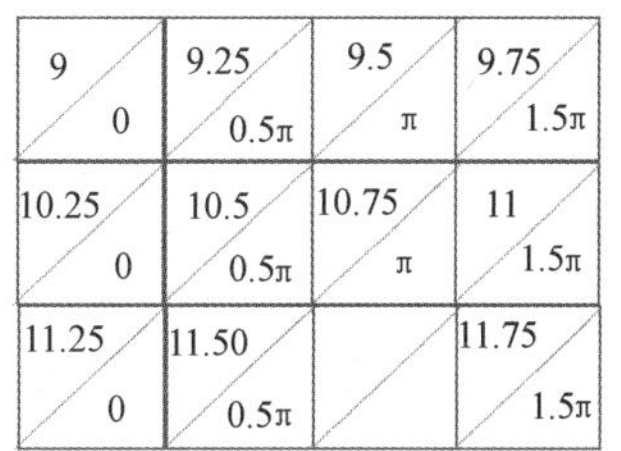

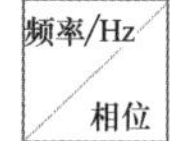

b) 刺激范式下不同的频率和相位

图 9-23　基于 SSVEP-BCI 的机械臂刺激范式

在采集脑电数据时，时间戳（Trigger 或叫作 Marker）通常采用并口接口，Pin2-9 为数据位（8 位），可以写入数据（用于 EEG 实验的发送刺激代码）。在 EEG 实验中，会对不同的频率识别进行标记，用 PortTalk 的 Inpout 制作寄存器访问可能的驱动程序或者调用并口的针脚，MATLAB 的数据采集工具箱能够从包含 BIOS 数据的 Windows 内存保护区自动读取端口地址。

在博睿康公司提供的脑电采集软件上通过 TCP/IP 来实时获取采集到的数据，应用到相应的试验分析中。本文使用 IP 地址 127.0.0.1 和 port 数据 8712 来获取数据。

BCI 系统采集完脑电信号后经过实时处理，通过 UDP 实现与控制设备的建联，将 IP 地址改为广播地址。使用 UDP 进行信息的传输不需要建立任何连接，也就是客户端向服务器发送信息时，客户端只需要给出服务器的 IP 地址和端口号，进而将信息封装成一个可以发送的报文中等待发送。服务器端是否存在或者是否接收到，这些都不是客户端所担心的事情。

与 TCP/IP 相比，虽然 UDP 传输数据不可靠稳定，但是传输速度很快，操作简单，要求系统资源较少，可以实现广播发送，也就是一对多发送。UDP 在越来越多的场景实验下取代了 TCP/IP，尤其是在实时传输方面，网速的提升给 UDP 提供了可靠的网络保障。在实时要求较为严格的情况下可以采用自定义的重传策略，能够把丢包现象产生的延迟降到最低。

基于 SSVEP-BCI 的机械臂对于实时传输的要求非常高，传输快是目标之一，UDP 满足这一需求。

UDP 和 TCP/IP 相同，都分为客户端和服务端。首先，服务器对端口进行绑定，创建 socket 时选择 SOCK_DGRAM，在这里不必调用 listen 方法，而是直接接收数据。然后，recvfrom（）用来返回数据以及客户端的地址与端口，这时服务器收到数据后直接调用 sendto（），将数据通过 UDP 发给客户端。客户端在使用 UDP 时，需要创建基于 UDP 的 socket，但是不需要调用 connect（），直接通过 sendto（）将数据发给服务器。部分程序如下：

```
s = socket. socket( socket. AF_INET, socket. SOCK_DGRAM)
s. bind( ( '127. 0. 0. 1', 9999) )   #绑定端口
print( 'Bind UDP on 9999' )
while True:
  data, addr = s. recvform( 1024)
  print( 'Received from %s:%s. ' %addr)
  s. sendto( b'Hello, %s!' % data, addr)
```

机械臂接收到的指令控制数据为各关节的角度值，具体程序如下：

```
move j( [ j1, j2, j3, j4, j5, j6], a, v)
```

其中，j1～j6 表示 6 个关节的角度，a、v 分别表示关节加速度和关节速度。这样可以根据指令来执行机械臂的关节轨迹规划，最后发送给机械臂的控制器。

综上所述，本实验的步骤为：①采集被试者的脑电数据并记录为被试者的脑电意图；②将保存的数据在 MATLAB 软件中进行特征提取等数据处理分析；③最后转化为机械臂的控制指令并发送到控制器上。

通过对机械臂进行离线分析，针对图 9-23a 中“抓”的动作对每个关节做了标定记录。每个关节的速度和位移都在发生变化，如图 9-24 所示，选取其中的 3 个关节进行分析。

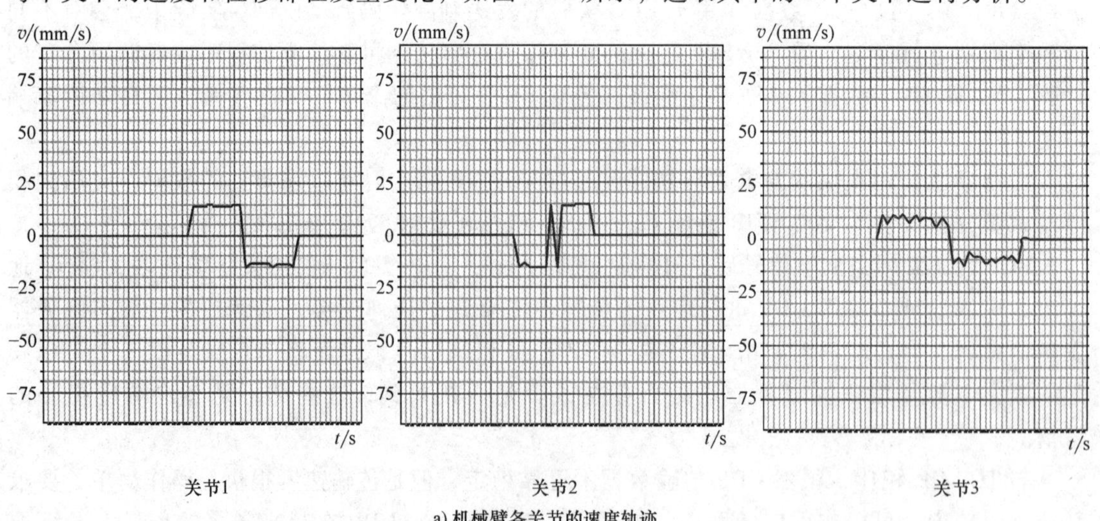

a) 机械臂各关节的速度轨迹

图 9-24　机械臂的各关节轨迹规划

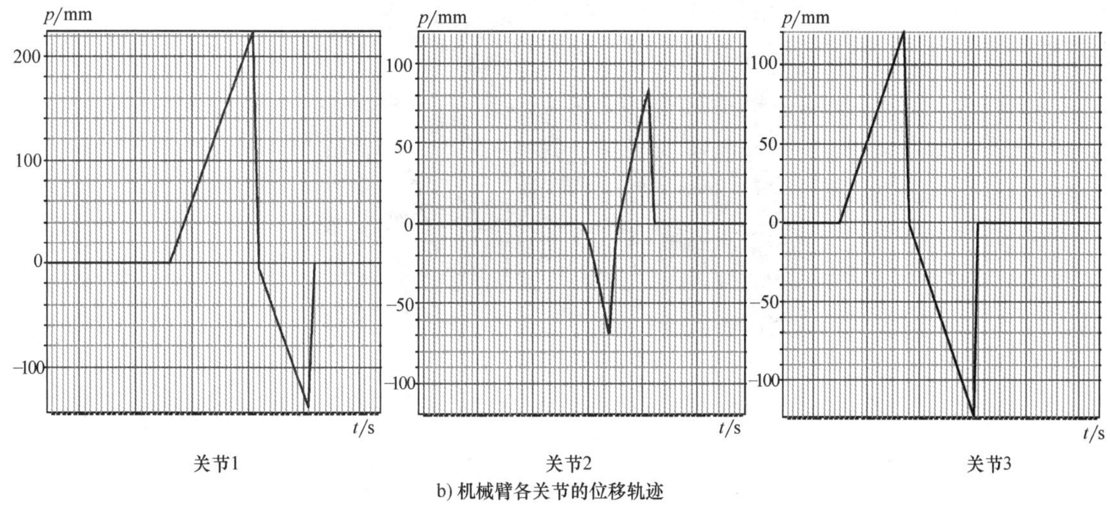

b) 机械臂各关节的位移轨迹

图 9-24　机械臂的各关节轨迹规划（续）

机械臂的关节在收到指令后开始做标定动作。在进行标定动作之前还需要检测当前机械臂的伺服电动机编码器的值，在最大正限位处和最大负限位处分别记下数值，最后回到零点位置。从图 9-24a 中可以看到运动过程中机械臂出现了抖动现象，可以判断标定关节 3 的 PID 控制器出现了干扰，因此需要加入补偿器对控制器进行改进以消除干扰。

9.6　多模态的机器人控制系统

目前，基于单一范式系统的 BCI 还是存在一些问题的。因此，研究者也开展了多模态（脑电-肌电、脑电-眼动等）或者混合 BCI 机器人控制系统的研究，发现混合范式下的 BCI 系统在控制方面显得更加稳定。

西安交通大学、北京航空航天大学、香港科技大学等高校和科研机构提出利用眼电图（EOG）、脑电图（EEG）和肌电图（EMG）的组合，开发一种新的多模态人机接口系统（mHMI）来产生控制指令。

1. 实验设计

研究人员设计的 mHMI 原型将 EOG、EEG 和 EMG 模式整合成一个完全集成的系统，允许残障人士能够控制他们的周边活动，要求每个被试者两只手臂放在桌上舒适地观看便携式计算机的屏幕。如图 9-25 所示，其中图 9-25a 为 mHMI 的原型模型和实验条件，图 9-25b 为控制系统和软体机械手的原理图。

该实验包括两个阶段，分为训练阶段和测试阶段。如图 9-26 所示，图 9-26a 根据屏幕显示或计算机发出的提示，对训练和测试阶段的试验程序设置 EOG、EEG、EMG 模式的时间分别为 $0 \sim t_1$、$t_2 \sim t_3$、$t_4 \sim t_5$。模式切换的时间范围分别为 $t_1 \sim t_2$、$t_3 \sim t_4$、$t_5 \sim t_6$。图 9-26b 为模式-交替圆环，根据被试者的意图描述 3 种模式的模式-交替过程。

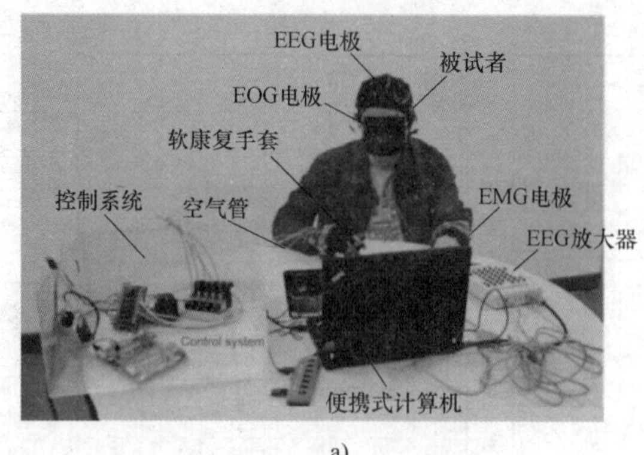

a)

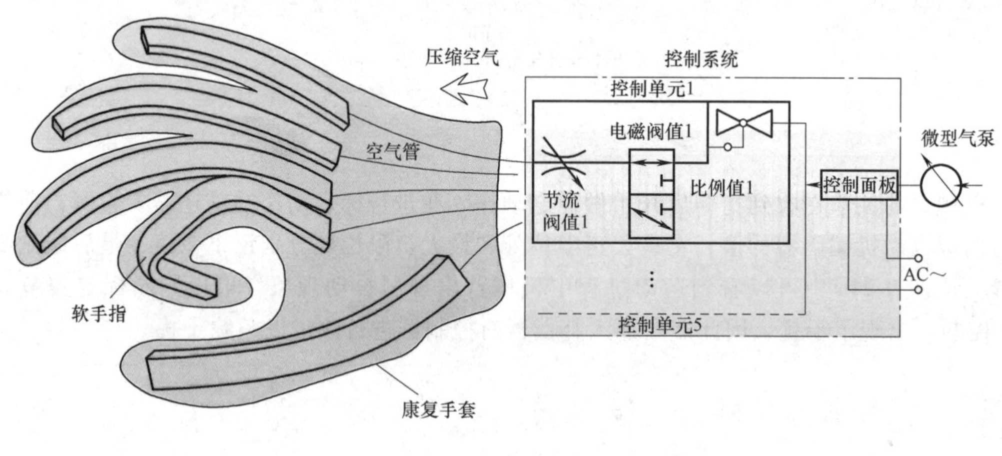

b)

图 9-25　多模态人机接口系统

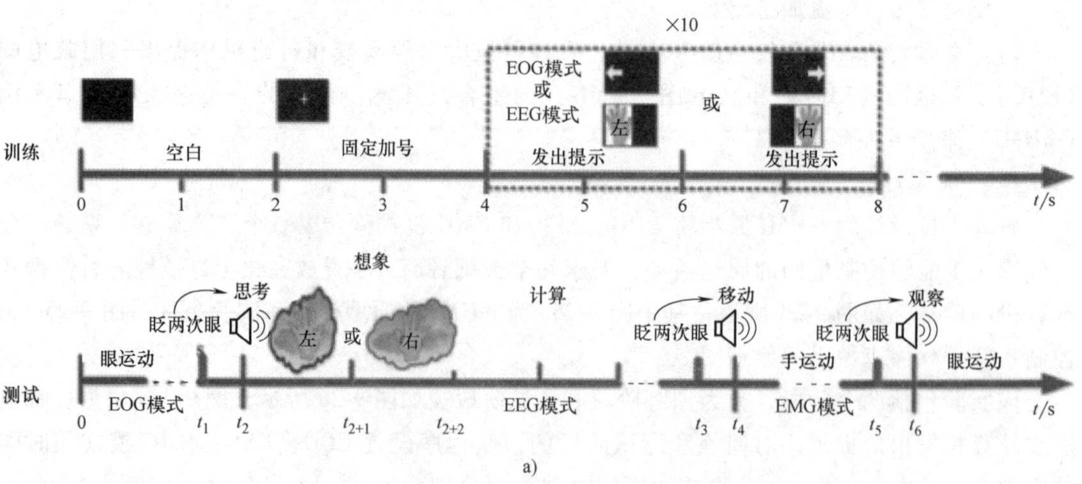

a)

图 9-26　训练和测试范式的试验结构以及模式转换的过程

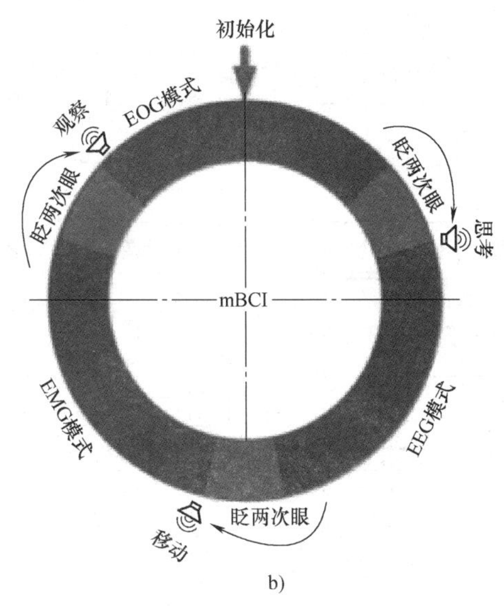

图 9-26　训练和测试范式的试验结构以及模式转换的过程（续）

由于被试者熟悉该实验，所以训练时间不到 2min，同时设置 EOG 和 EEG 模式的参数。在 EOG 模式下，向左或向右箭头的出现只是让被试者用眼睛追踪箭头的方向，并保持自然的动作。在 EEG 模式下，想象中的左右动作依次作为提示显示在屏幕上，显示相应手部动作的运动想象，持续 2s。EOG 和 EEG 模式都涉及 10 个试验，包括 5 个左箭头和 5 个右箭头，或者 5 次左手运动想象和 5 次右手运动想象。根据顺序的视觉提示刺激，要求 6 名被试者动作顺序相同。因此，每次 EOG 模式或 EEG 模式的试验持续了 44s。

2. 实验原理

在测试阶段，许多控制场景需要从用户的意图中检测到实时多任务控制命令。如图 9-27 所示，mHMI 系统基于 ERD 和 ERS、眼球运动和手势运动的组合，充分利用每种模式的优点。在检测被试者意图之前，通过每个模式采集 10 次试验的训练数据，分别计算阈值和训练分类器的参数，建立 EOG 和 EEG 的训练模型。mHMI 原型具有人机交互和软体机械手高效实时性控制的优势，原理如图 9-28 所示。

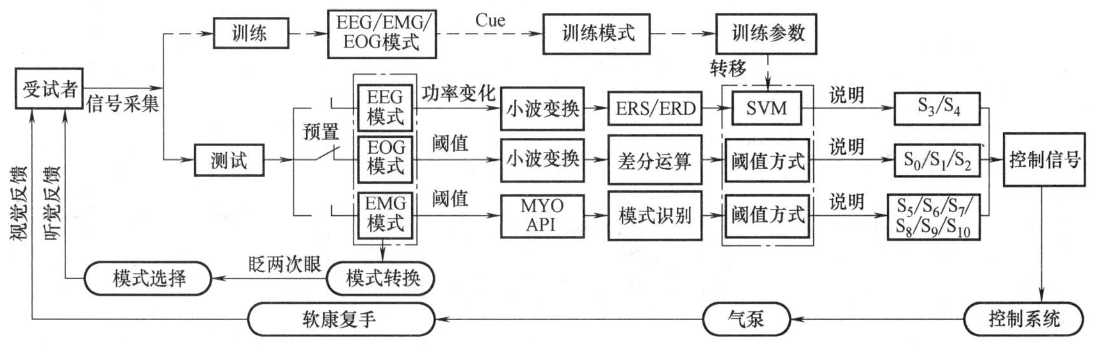

图 9-27　基于 mHMI 的运动意图检测和控制软体机械手的流程图

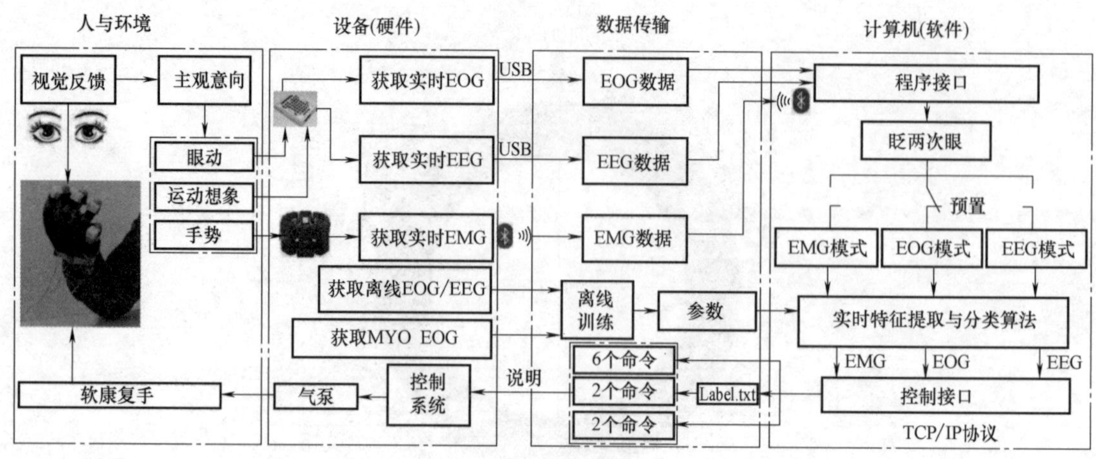

图 9-28　mHMI 的主要结构和工作流程原理图

3. 实验结果

在 EOG 模式下，根据不同的分布电压范围采用眼动检测方法。如图 9-29 所示，图 9-29a 描述原始 EOG 数据与小波去噪后的 EOG 数据的对比差异。图 9-29b 设定第一个阈值为 180μV，若信号大于阈值，则眨眼动作有意义，否则忽略。图 9-29d～f 描述的是扫视检测实验结果，图 9-29d 是 4 个扫视单的原始 EOG，图 9-29e 基于小波变换对其重构，将噪声信号分解成小的阶梯信号，从信号的点差分中得到单值脉冲信号，因此将阈值设置为 30μV 来识别脉冲信号。如果达到或者超过阈值，则视为扫视信号，否则忽略。校正后的扫视信号如图 9-29f 所示，若脉冲信号为正，则正确，否则表示向左看。

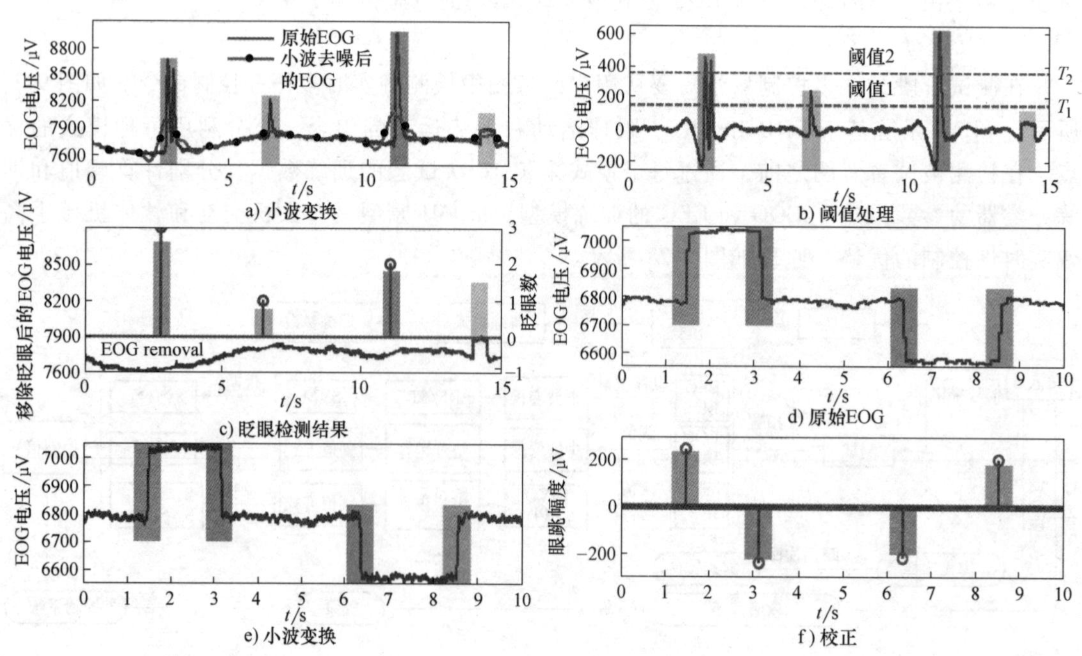

图 9-29　眨眼和扫视检测的识别结果

4. 性能分析

被试者每个动作的时间和动作正确或错误的次数都是在每次运行过程中计算的，其统计分析结果见表 9-2。

表 9-2　被试者的结果分析

受试者	动作时间/s	控制速度/(次/min)	误差次数	ACC(%)	ITR(bits/min)
S_1	3.24	18.52	4	96.12	54.82
S_2	3.54	16.95	6	93.23	46.50
S_3	3.60	16.67	7	93.45	45.99
S_4	3.96	15.08	5	95.29	43.66
S_5	3.48	17.24	7	93.06	47.11
S_6	3.42	17.54	8	91.83	46.39
AVG	3.54	17	6.17	93.83	47.41
SD	0.24	1.14	1.47	2	3.82

由表 9-2 可见，S_1 ~ S_6 这 6 名被试者的动作时间在 3.24 ~ 3.96s 之间，控制速度在 15.08 ~ 18.52 次/min 之间，误差为 4 ~ 8 次（6.17 ± 1.47 次）。平均正确率（ACC）为 91.83% ~ 96.12%（93.83% ± 2%）。

6 个被试者中，S_1 在控制速度和 ACC 方面都表现良好，这是因为被试者经过长期的培训并且熟悉控制过程。S_4 也取得了显著的成绩，单个动作时间是 3.96s，该控制策略下的分类为 95.29%。

被试者在软体机械手的帮助下能够根据自己的意图快速抓取日常生活中的各种物体。图 9-30a、b 是在 EEG 模式下分别显示拳头和三指握力的手动作。图 9-30c、d 是在 EOG 模式下五指推、拉的手动作。图 9-30e ~ i 是在肌电模式下，分别演示了手指松开、球捏、尖捏、多尖捏和圆柱形握力的手部动作。

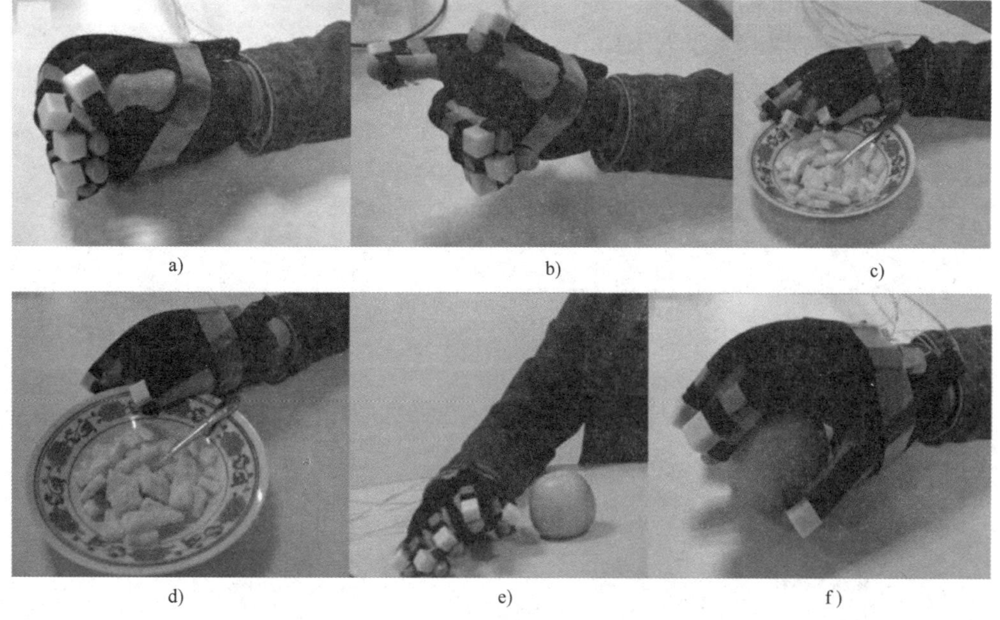

a)　b)　c)

d)　e)　f)

图 9-30　手部动作结果展示图

g) h) i)

图 9-30 手部动作结果展示图（续）

本章小结

与本书前面各章节介绍的机器人智能检测和先进控制不同，本章介绍利用脑机接口来检测自己的“想法”并用它来控制机器人。

脑机接口在脑与外部环境之间建立的一种全新的、不依赖于外部设备的直接交互。本章内容包括：脑机接口的定义、类型和系统组成，脑电信号的采集与处理，脑电信号特征提取的方法，脑电接口系统的评价指标，还以一个基于 SSVEP 的机器人控制系统为例做了详细说明，最后还介绍了一个多模态的机器人控制系统。

思考与练习题

1. 脑机接口根据不同的模式类型可以分为哪几类？
2. 常见的脑机接口系统有哪些？
3. 基于 SSVEP 的 BCI 系统与 MI-BCI、P300-BCI 两个系统相比，有哪些特点？
4. 脑电数据的预处理包括哪些？
5. 在目前的 BCI 系统研究中，EEG 的特征提取方法有哪些？
6. 简述脑机接口的评价指标。
7. 基于 SSVEP 的机器人控制系统由哪几部分组成？

附　录

附录 A　机械臂的自由度、坐标变换和建模

A.1　机械臂的自由度

机械臂的自由度是指控制和确定机械臂各部位在空间的位置和姿态时所需要的独立变量的数目。

一般的机械臂是由多关节组成，每个关节可以看作一个独立运动的自由度。因此可以简单地认为机械臂的自由度就是关节的数目（当然，在严格讨论机器人自由度的时候还应该分析各关节的相关性）。机器人的自由度越多动作就越灵活，但自由度越多机器人的结构就会越复杂，控制也会相对变得困难。

先以最简单的单关节机械臂为例来说明。所谓单关节机械臂，就是以一个电动机（起到关节的作用）为圆心带动一个细长的连杆做圆周运动，即

单关节机械臂=关节(电动机)+连杆

这一结构非常简单，但几乎所有的机器人结构模型和运动控制都以它为基础。例如，两个单关节机械臂串联起来就可以组成一个机器人的大臂和前臂的模型。

如图 A-1 所示，将单关节机械臂水平放置，在连杆的一端作为轴心端（也就是关节）安装直流电动机和减速器，另一端是连杆的自由端。

有了单关节机械臂的基础，就可以分析多关节机械臂。如图 A-2 所示，利用一个三自由度机械臂可以控制机械手的末端移动到某个指定的空间位置。

但是如果不仅要定位机械手的末端，还要控制末端的姿态（即控制手指的方位，也就是需要手腕具有旋转功能），就要如图 A-3 所示具有 5 个自由度。位置和姿态合称位姿，对机械臂末端位姿的控制至少需要 5 个自由度。

A.2　机器人的坐标系和坐标变换

1. 机器人的坐标系

本书前面章节接触到了机器人的几个常用坐标系。为了对机器人的关节运动进行描述，下面再次给出 3 个常用坐标系的说明和示意图，如图 A-4 所示。很多情况下在对机械臂进行运动分析时，这 3 种坐标系根据需要是可以进行转换的。

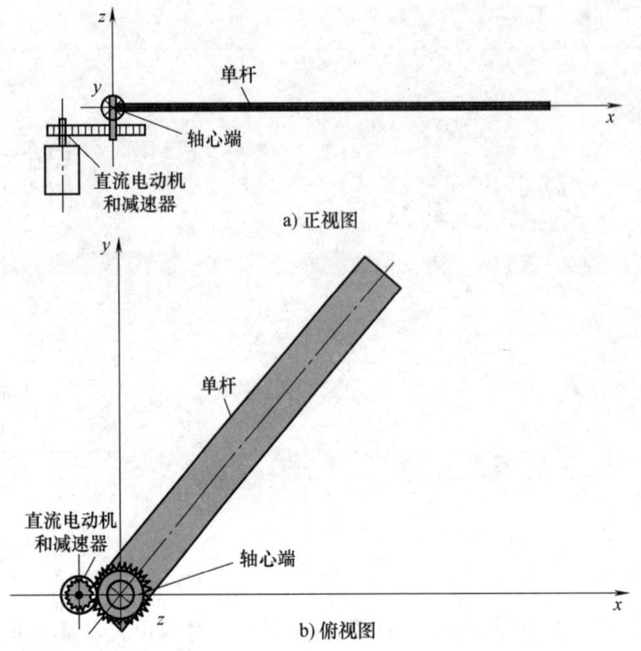

图 A-1 单关节机械臂的构成

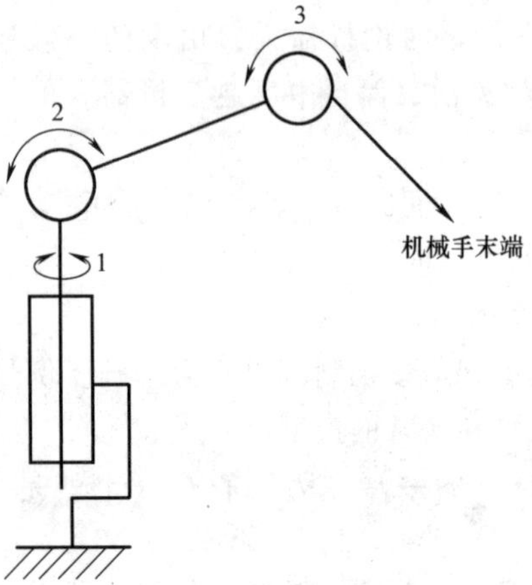

机械手末端

图 A-2 三自由度机械臂

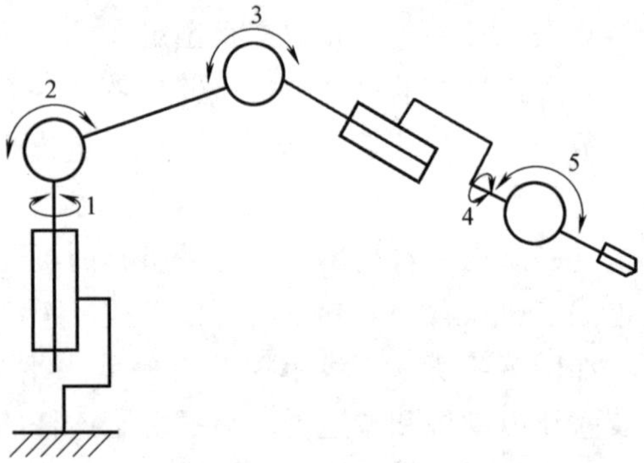

图 A-3 五自由度机械臂

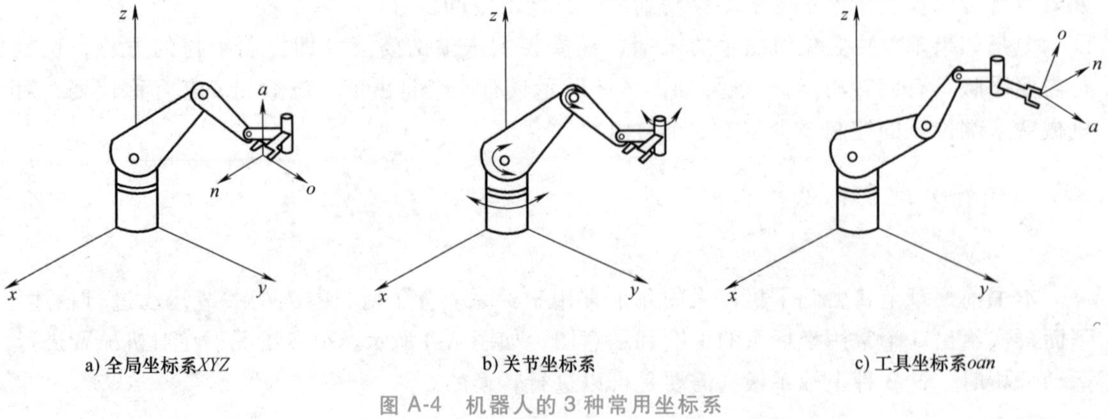

a) 全局坐标系*XYZ*

b) 关节坐标系

c) 工具坐标系*oan*

图 A-4 机器人的 3 种常用坐标系

1）全局坐标系是一种通用的世界坐标系，它独立于机器人系统之外，由 X、Y、Z 轴定义，如图 A-4a 所示。机器人的所有运动和姿态都是沿这 3 个主轴的方向和旋转来定义的。该坐标系常用来定义机器人本体相对于外部其他物体的运动轨迹。

2）关节坐标系用来描述机器人每一个独立运动的关节，如图 A-4b 中的各关节处的旋转箭头。机器人的任何运动（包括直线运动和旋转运动）都可以由所有独立关节的运动复合而成，而每个关节都可以建立起单独的关节坐标系。

3）工具坐标系描述的对象是机械臂末端（手爪）相对于固定在末端执行器上的腕部关节的运动，如图 A-4c 中的 *oan* 坐标系。机器人的手部在运动的时候，相对于腕部时刻在变化。在机器人的控制中，工具坐标系是极其重要的。因为当机械臂末端在靠近物体后进行抓取或者安装零件时，使用工具坐标系非常方便。

2. 机器人的坐标变换

从前面章节的介绍可以知道，在机器人控制中需要用到不同的坐标系，在不同坐标系之间是可以转换的，主要是坐标系间的平移和旋转变换。

（1）二维平面上同一点在不同的平移坐标系间的变换　如图 A-5 所示，同一个点 x 在坐标系 $A(x_A,\ y_A)$ 中表示为向量 ${}^A\boldsymbol{X}=[{}^Ax,{}^Ay]^{\mathrm{T}}$，在坐标系 $B(x_B,\ y_B)$ 中表示为向量 ${}^B\boldsymbol{X}=[{}^Bx,{}^By]^{\mathrm{T}}$。而坐标系 A 到坐标系 B 之间的平移向量为 ${}^A\boldsymbol{q}_B=[q_x,\ q_y]^{\mathrm{T}}$，则 ${}^A\boldsymbol{X}$ 和 ${}^B\boldsymbol{X}$ 的关系为

$$\begin{bmatrix}{}^Ax\\{}^Ay\end{bmatrix}=\begin{bmatrix}{}^Bx\\{}^By\end{bmatrix}+\begin{bmatrix}q_x\\q_y\end{bmatrix}$$

即

$${}^A\boldsymbol{X}={}^B\boldsymbol{X}+{}^A\boldsymbol{q}_B \tag{A-1}$$

（2）二维平面上同一点在不同的旋转坐标系间的变换　如图 A-6 所示，坐标系 $B(x_B,\ y_B)$ 是由坐标系 $A(x_A,\ y_A)$ 逆时针旋转 θ 得到的。因此对于平面上的点 x，在坐标系 A 中的坐标

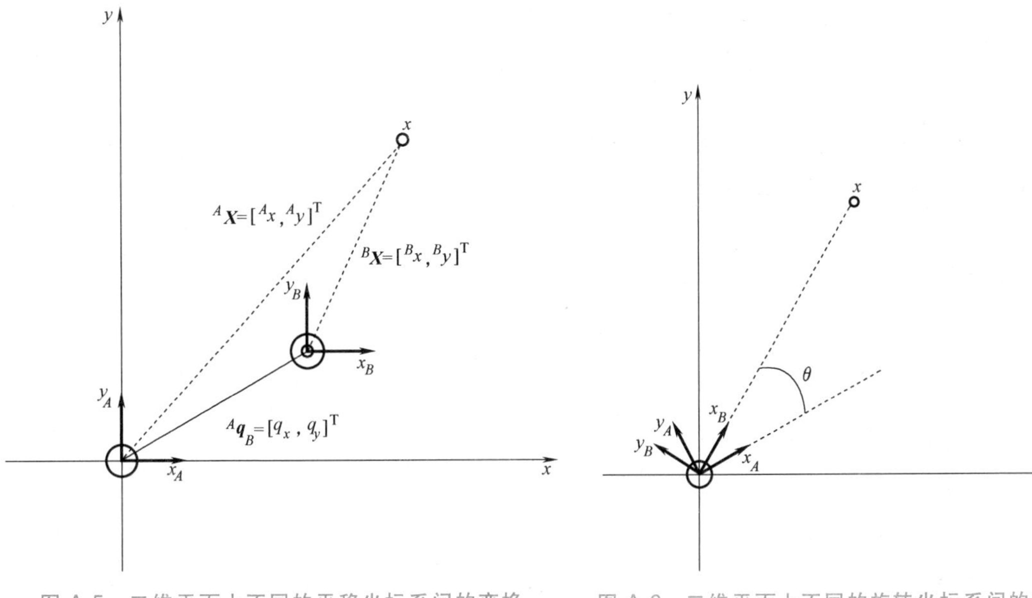

图 A-5　二维平面上不同的平移坐标系间的变换　　图 A-6　二维平面上不同的旋转坐标系间的变换

${}^{A}\boldsymbol{X}=[{}^{A}x,{}^{A}y]^{\mathrm{T}}$ 与在坐标系 B 中的坐标 ${}^{B}\boldsymbol{X}=[{}^{B}x,{}^{B}y]^{\mathrm{T}}$ 之间就存在旋转变换关系（以逆时针为正）。

旋转矩阵为

$$ {}^{A}\boldsymbol{R}_{B}=\begin{bmatrix}\cos\theta & -\sin\theta\\ \sin\theta & \cos\theta\end{bmatrix} \tag{A-2}$$

变换结果为

$$ {}^{A}\boldsymbol{X}={}^{A}\boldsymbol{R}_{B}\,{}^{B}\boldsymbol{X} \tag{A-3}$$

即

$$\begin{bmatrix}{}^{A}x\\ {}^{A}y\end{bmatrix}=\begin{bmatrix}\cos\theta & -\sin\theta\\ \sin\theta & \cos\theta\end{bmatrix}\begin{bmatrix}{}^{B}x\\ {}^{B}y\end{bmatrix}=\begin{bmatrix}{}^{B}x\cos\theta-{}^{B}y\sin\theta\\ {}^{B}x\sin\theta+{}^{B}y\cos\theta\end{bmatrix}$$

（3）二维平面上的不同坐标系间平移与旋转的复合变换　设点 x 的坐标在坐标系 A 和坐标系 B 中分别为 ${}^{A}\boldsymbol{X}$ 和 ${}^{B}\boldsymbol{X}$。坐标系 A 到坐标系 B 的变换如下：首先坐标系 A 到 B 逆时针旋转 θ（旋转向量为 ${}^{A}\boldsymbol{R}_{B}$），然后再平移（平移向量为 ${}^{A}\boldsymbol{q}_{B}=[q_x，q_y]^{\mathrm{T}}$），则不同坐标系间旋转与平移的复合变换公式为

$$ {}^{A}\boldsymbol{X}={}^{A}\boldsymbol{R}_{B}\,{}^{B}\boldsymbol{X}+{}^{A}\boldsymbol{q}_{B} \tag{A-4}$$

（4）三维空间中不同坐标系间的平移、旋转变换　与上面的二维空间变换相似，设在三维空间中同一个点 x 在坐标系 A 中表示为向量 ${}^{A}\boldsymbol{X}=[{}^{A}x,{}^{A}y,{}^{A}z]^{\mathrm{T}}$，在坐标系 B 中表示为向量 ${}^{B}\boldsymbol{X}=[{}^{B}x,{}^{B}y,{}^{B}z]^{\mathrm{T}}$。如果坐标系 A 到坐标系 B 存在平移向量 ${}^{A}\boldsymbol{q}_{B}=[q_x，q_y，q_z]^{\mathrm{T}}$，则 ${}^{A}\boldsymbol{X}$ 和 ${}^{B}\boldsymbol{X}$ 的关系式为

$$\begin{bmatrix}A_x\\ A_y\\ A_z\end{bmatrix}=\begin{bmatrix}B_x\\ B_y\\ B_z\end{bmatrix}+\begin{bmatrix}q_x\\ q_y\\ q_z\end{bmatrix}$$

即

$$ {}^{A}\boldsymbol{X}={}^{B}\boldsymbol{X}+{}^{A}\boldsymbol{q}_{B} \tag{A-5}$$

而在三维空间中，如果坐标系 B 是分别围绕坐标系 A 的 x 轴、y 轴、z 轴逆时针旋转 θ 之后得到的，那么绕各轴的旋转矩阵分别为

绕 x 轴旋转：

$$ {}^{A}\boldsymbol{R}_{B}=\begin{bmatrix}1 & 0 & 0\\ 0 & \cos\theta & -\sin\theta\\ 0 & \sin\theta & \cos\theta\end{bmatrix} \tag{A-6}$$

绕 y 轴旋转：

$$ {}^{A}\boldsymbol{R}_{B}=\begin{bmatrix}\cos\theta & 0 & \sin\theta\\ 0 & 1 & 0\\ -\sin\theta & 0 & \cos\theta\end{bmatrix} \tag{A-7}$$

绕 z 轴旋转：

$$
{}^{A}\boldsymbol{R}_{B}=\begin{bmatrix}\cos\theta & -\sin\theta & 0\\ \sin\theta & \cos\theta & 0\\ 0 & 0 & 1\end{bmatrix} \tag{A-8}
$$

因此，如果两个坐标系 A 到 B 之间同时存在旋转和平移，那么

$$
{}^{A}\boldsymbol{X}={}^{A}\boldsymbol{R}_{B}{}^{B}\boldsymbol{X}+{}^{A}\boldsymbol{q}_{B} \tag{A-9}
$$

(5) 坐标变换矩阵的整合　如果两个坐标系之间同时存在旋转和平移关系，可以将坐标系间的变换整合在一个矩阵内。同时，因为方阵更便于计算，并且根据下节将要介绍的应用于机械臂的空间位置和姿态描述的 D-H 法，建立从坐标系 A 到坐标系 B 的旋转和平移整合的 4×4 矩阵为

$$
\begin{bmatrix} & {}^{A}\boldsymbol{R}_{B} & & {}^{A}\boldsymbol{q}_{B}\\ 0 & 0 & 0 & 1\end{bmatrix} \tag{A-10}
$$

因此，三维空间上任一点 x 在坐标系 A 和坐标系 B 中的坐标向量分别为 ${}^{A}\boldsymbol{X}=[{}^{A}x,{}^{A}y,{}^{A}z]^{\mathrm{T}}$ 和 ${}^{B}\boldsymbol{X}=[{}^{B}x,{}^{B}y,{}^{B}z]^{\mathrm{T}}$，扩充成四维向量为

$$
\begin{bmatrix}{}^{A}\boldsymbol{X}\\ 1\end{bmatrix}=\begin{bmatrix}{}^{A}x\\ {}^{A}y\\ {}^{A}z\\ 1\end{bmatrix},\quad \begin{bmatrix}{}^{B}\boldsymbol{X}\\ 1\end{bmatrix}=\begin{bmatrix}{}^{B}x\\ {}^{B}y\\ {}^{B}z\\ 1\end{bmatrix} \tag{A-11}
$$

在此基础上，对于同一个点 x 就可以将坐标系的旋转加平移转换关系下的坐标变换整合为

$$
\begin{bmatrix}{}^{A}\boldsymbol{X}\\ 1\end{bmatrix}=\begin{bmatrix} & {}^{A}\boldsymbol{R}_{B} & & {}^{A}\boldsymbol{q}_{B}\\ 0 & 0 & 0 & 1\end{bmatrix}\begin{bmatrix}{}^{B}\boldsymbol{X}\\ 1\end{bmatrix} \tag{A-12}
$$

(6) 二维平面上同一坐标系下的平移与旋转变换　与上面求解同一点在不同坐标系下的坐标转换不同，下面介绍某一点在同一个坐标系下的平移和旋转运动。设物体在坐标系 A 下从运动前的坐标为 $(x_0,\ y_0)$，先绕坐标原点逆时针旋转 θ 后到达 $(x_1,\ y_1)$，再平移到坐标 $(x_2,\ y_2)$。求物体运动前后的坐标变换矩阵 $\boldsymbol{T}$。求解过程如下：

物体由 $(x_0,\ y_0)$ 围绕原点逆时针旋转 θ 到达 $(x_1,\ y_1)$ 的坐标为

$$
\begin{bmatrix}x_1\\ y_1\\ 1\end{bmatrix}=\begin{bmatrix}\cos\theta & -\sin\theta & 0\\ \sin\theta & \cos\theta & 0\\ 0 & 0 & 1\end{bmatrix}\begin{bmatrix}x_0\\ y_0\\ 1\end{bmatrix} \tag{A-13}
$$

再由 $(x_1,\ y_1)$ 平移到 $(x_2,\ y_2)$，得到

$$
\begin{bmatrix}x_2\\ y_2\\ 1\end{bmatrix}=\begin{bmatrix}\cos\theta & -\sin\theta & 0\\ \sin\theta & \cos\theta & 0\\ 0 & 0 & 1\end{bmatrix}\begin{bmatrix}x_0\\ y_0\\ 1\end{bmatrix}+\begin{bmatrix}x_2-x_1\\ y_2-y_1\\ 1\end{bmatrix} \tag{A-14}
$$

通过整合可以得到

$$
\begin{bmatrix}x_2\\ y_2\\ 1\end{bmatrix}=\begin{bmatrix}1 & 0 & x_2-x_1\\ 0 & 1 & y_2-y_1\\ 0 & 0 & 1\end{bmatrix}\begin{bmatrix}\cos\theta & -\sin\theta & 0\\ \sin\theta & \cos\theta & 0\\ 0 & 0 & 1\end{bmatrix}\begin{bmatrix}x_0\\ y_0\\ 1\end{bmatrix}
$$

$$=\begin{bmatrix}\cos\theta & -\sin\theta & x_2-x_1\\ \sin\theta & \cos\theta & y_2-y_1\\ 0 & 0 & 1\end{bmatrix}\begin{bmatrix}x_0\\ y_0\\ 1\end{bmatrix} \tag{A-15}$$

所以在某一坐标系下物体先旋转后平移运动的坐标变换矩阵 $\boldsymbol{T}$ 为

$$\boldsymbol{T}=\begin{bmatrix}\cos\theta & -\sin\theta & x_2-x_1\\ \sin\theta & \cos\theta & y_2-y_1\\ 0 & 0 & 1\end{bmatrix} \tag{A-16}$$

下面再给出一个先平移后旋转的例子。设物体在坐标系 A 下首先从（x_0，y_0）平移到（x_1，y_1），再逆时针旋转 θ 后到达坐标（x_2，y_2）。求物体运动前后的坐标变换矩阵 $\boldsymbol{T}$。

与前一个例子的解题思路类似，先平移后旋转的变化过程为

$$\begin{aligned}\begin{bmatrix}x_2\\ y_2\\ 1\end{bmatrix}&=\begin{bmatrix}\cos\theta & -\sin\theta & 0\\ \sin\theta & \cos\theta & 0\\ 0 & 0 & 1\end{bmatrix}\left\{\begin{bmatrix}x_0\\ y_0\\ 1\end{bmatrix}+\begin{bmatrix}x_1-x_0\\ y_1-y_0\\ 1\end{bmatrix}\right\}\\ &=\begin{bmatrix}\cos\theta & -\sin\theta & 0\\ \sin\theta & \cos\theta & 0\\ 0 & 0 & 1\end{bmatrix}\begin{bmatrix}1 & 0 & x_1-x_0\\ 0 & 1 & y_1-y_0\\ 0 & 0 & 1\end{bmatrix}\begin{bmatrix}x_0\\ y_0\\ 1\end{bmatrix}\end{aligned} \tag{A-17}$$

因此在某一坐标系下物体先平移后旋转的坐标变换矩阵 $\boldsymbol{T}$ 为

$$\boldsymbol{T}=\begin{bmatrix}\cos\theta & -\sin\theta & 0\\ \sin\theta & \cos\theta & 0\\ 0 & 0 & 1\end{bmatrix}\begin{bmatrix}1 & 0 & x_1-x_0\\ 0 & 1 & y_1-y_0\\ 0 & 0 & 1\end{bmatrix} \tag{A-18}$$

A.3 机械臂的建模

在机器人的运动控制中有两个非常重要的运动学概念，即正运动学和逆运动学。

假设机械臂的各部分臂长和关节角度都已知，那么很容易计算出机器人的手爪在空间的位姿（位置和姿态），这一过程就被称为正运动学分析。也就是说，如果已知机器人所有的关节角度值，用正运动学方程就能计算任一瞬间机器人手爪的位姿。因此，正运动学是通过关节角度的变化来求得手爪位姿的分析方法。

与正运动学不同，如果想要将机器人的手爪定位在空间的某个位置，就必须反过来求取机器人每一个关节的角度。也就是说，只有机器人各关节的角度达到指定数值时才能保证将手爪定位在所期望的地方，这就是逆运动学分析。此时手爪的位姿是已知的，而各关节的角度值是需要通过计算求取的。

简而言之，正运动学就是由已知的各关节角度确定机器人手爪的位姿，而逆运动学就是由设定的手爪位姿反推各关节的角度。事实上，逆运动学方程更为重要。这是因为在一般情况下，机器人为了获得期望的位姿，需要求解各关节在各时刻的角度值。

由前面论述可知，机械臂可以看作是由一系列的关节和连杆按照一定顺序连接组成的。关节可以平移或者旋转，连杆的长度有的可以伸缩，有的是固定长度。为了能更好地描述机械臂的运动轨迹，需要考虑机械臂运动规划的位置信号和时间信号，即轨迹中点到点的运行时间。

对机械臂进行运动学分析首先需要建立机械臂的运动学模型。D-H 法是 Jacques Denativ 和 Richard Hartenberg 提出的针对机器人运动学进行建模的标准方法，为机器人的每个关节处的杆坐标系建立一个 4×4 的齐次变换矩阵，以此来表示此关节处的单杆与前一个单杆坐标系的关系。

D-H 法的总体思想是首先给每个关节指定坐标系，然后确定从一个关节到相邻的下一个关节的递推，这体现出两个相邻关节坐标系之间的变化。通过逐次变换，将所有变化结合起来就能确定机器人的末端关节与基座（固定于世界坐标系）之间的总变化，从而建立起运动学方程并求解。

D-H 法中，机器人的每个连杆可以直接用 4 个运动学的参数描述，其中两个参数描述连杆本身，其余两个参数描述相邻两杆之间的连接关系。这 4 个参数分别为 a、d、α、θ。

1）连杆长度（a_i）：两个关节轴之间公共法线的长度，是沿着坐标轴 x_{i-1} 从 z_{i-1} 轴到 z_i 轴的距离。

2）连杆偏距（d_i）：一个关节与下一个关节的公共法线和它本身与上一个关节的公共法线沿这个关节轴的距离，是沿着坐标轴 z_{i-1} 从 x_{i-1} 轴到 x_i 轴的距离。

3）两关节轴之间的旋转角（α_i）：一个关节轴相对于另一个关节轴绕它们的公共法线旋转的角度，是绕着 x_i 轴从 z_{i-1} 轴到 z_i 轴的角度。

4）两连杆之间的旋转角（θ_i）：一个关节与下一个关节的公共法线和它本身与上一个关节的公共法线绕这个关节轴的转角，是绕着坐标轴 z_i 从 x_{i-1} 轴到 x_i 轴的角度。

为机械臂建模的前提是确定关节坐标系，从基座开始由低到高在各个连杆处逐个建立连杆坐标系。规定与基座连接的坐标系标定为 {0}，与后面各连杆连接的坐标系依此标定，如图附 A-7 所示。

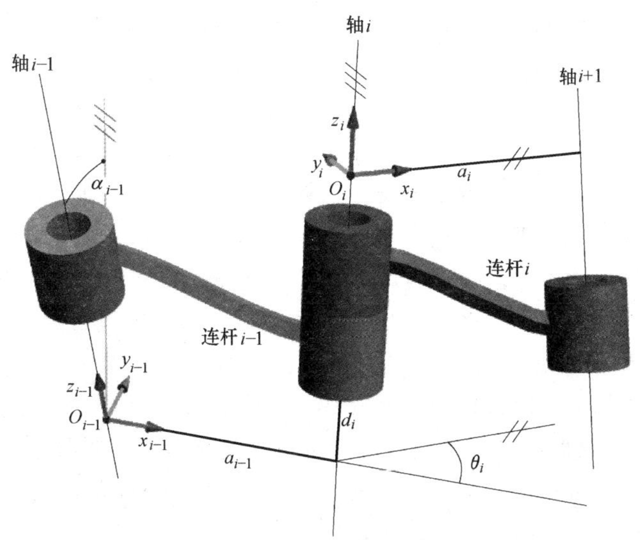

图 A-7 机械臂关节坐标系的设定

本节为机械臂的建模和运动学分析提供了一些基础知识，限于篇幅和本书的编写目的（智能检测与先进控制）而未能详细展开，更加详细的内容请参阅与机器人运动学和动力学相关的文献。

附录 B 机械臂的运动规划

机械臂的运动规划（Motion Planing）包括路径规划（Path Planing）和轨迹规划（Trajectory Planing），如图 B-1 所示。运动规划的目标是根据给定的任务起始点（或者若干中间点）和终止点对机械臂建立运动方程，使其满足特定约束（运动学约束、动力学约束、路径约束、障碍约束、几何约束等），并求解得到函数表达式或数值点序列。

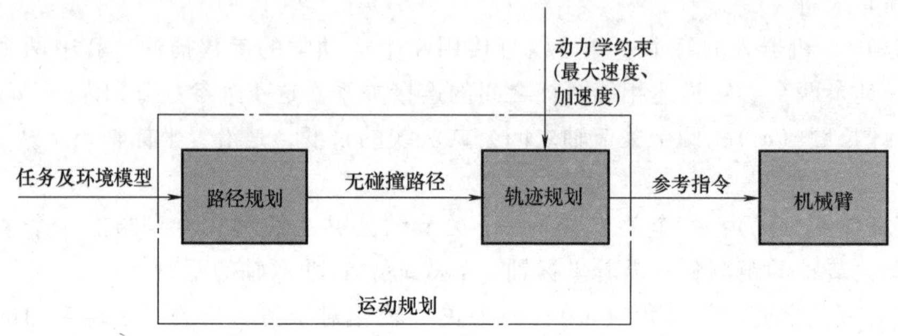

图 B-1 机械臂的运动规划

在图 B-1 中，路径规划要获得机械臂运动时无碰撞的关节路径，它只有位置量，主要解法是基于采样。其目标是使机械臂的运动路径与障碍物尽量保持远距离，同时机械臂的运动路径尽量短。

轨迹规划可以看作是路径规划的后续过程，如图 B-1 所示，它的输入是路径规划，而它的输出是带有时间参数的轨迹。轨迹规划的任务是在满足特定约束下设计机械臂在最短时间内完成规划好的路径（这个约束可能是速度、加速度等，还要涉及优化问题）。轨迹规划的目标是机械臂在运动空间中按照规划的路径运动时的运行时间尽可能短，或者消耗尽可能少的能量。

B.1 单关节机械臂的路径规划

在完成指定任务时，需要规划机械臂的运动轨迹。这就需要在一定的运行时间内计算出位置、速度和加速度，之后再生成运动轨迹。下面先以最简单的单关节机械臂为例来说明。

单关节机械臂的运动过程就是通过电动机的转动使得连杆围绕轴心端在水平面上以逆时针方向从初始位置开始旋转。参考附录 A 中的图 A-1，单关节机械臂的运动如图 B-2 所示。连杆的长度为 $L=0.2\text{m}$，轴心端坐标为连杆的自由端的初始位置坐标为（0.2，0，0）。

规划的运动过程如下：以连杆的长度 $L=0.2\text{m}$ 作为半径，在初始位置从静止开始沿着图 B-2 所示的虚线圆轨迹逆时针加速旋转，然后维持匀速旋转一段时间后再开始减速，最终停止在初始位置，形成以坐标（0，0，0）为圆心，半径为 0.2m 的圆。连杆完成的运动过程为静止→加速→匀速→减速→停止，此时连杆刚好旋转一周。

在运动过程中，设定连杆的旋转角度与时间的关系如图 B-3 所示。设时间变量 $\Delta=0.25\text{s}$。从静止状态开始加速旋转的过程持续 $t=2\Delta=0.5\text{s}$。之后进入匀速阶段并维持该速度运动，$t=2.5\text{s}-4\Delta=1.5\text{s}$。然后开始减速，减速阶段的持续时间 $t=2\Delta=0.5\text{s}$，直到 $t=2.5\text{s}$ 时恰好返回初始位置（此时纵坐标的角度值为 $2\pi\approx6.28$），连杆停止运动。

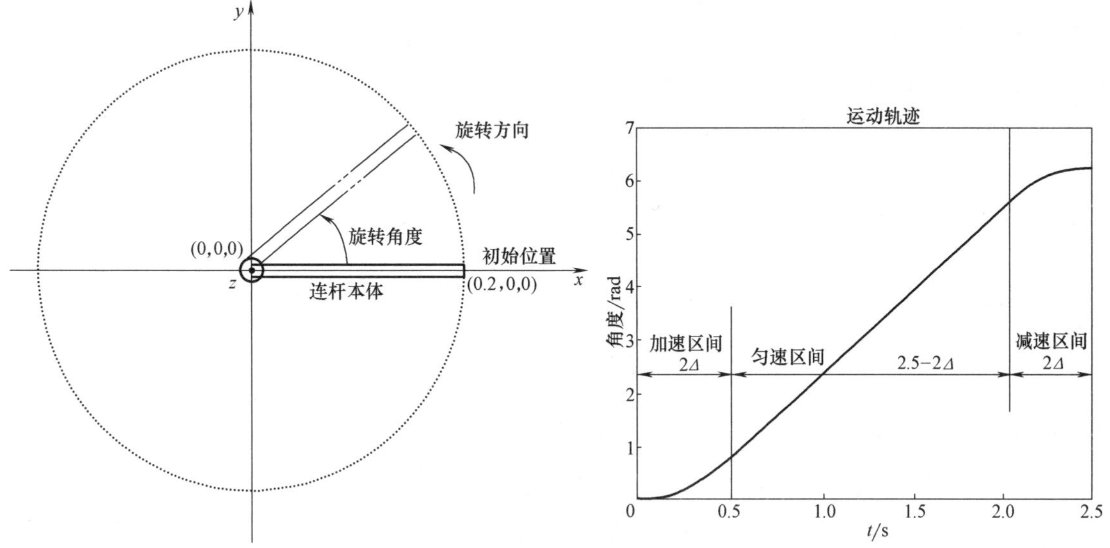

图 B-2 单关节机械臂的运动设置

图 B-3 单关节机械臂的旋转角度与时间的关系

因此整个运行过程分为如下 3 个区间（其中 $\Delta=0.25$s）：

1）加速区间：$0\leqslant t<2\Delta$。

2）匀速区间：$2\Delta\leqslant t<2.5-2\Delta$。

3）减速区间：$2.5-2\Delta\leqslant t<2.5$。

B.2 单关节机械臂的轨迹规划

机器人运动轨迹的规划就是指预先设计出机器人的运动轨迹，一般为生成期望轨迹上的若干个关键点（也称路径点），不仅要包括运动的起点和终点，还要包括介于起点和终点之间的若干中间点。

如果机器人的运动轨迹较为复杂，就需要将轨迹分为若干较为简单的分区。而且为了轨迹的平滑与连续，要求所规划的运动轨迹在各分区边界的值（位置）必须是连续的，而且它的一阶导数（速度）甚至二阶导数（加速度）也应该是连续的。

图 B-3 给出了单关节机械臂的运动路径，并且确定了运动的起点和终点，以及运动过程中加速、匀速和减速的重要时间点。接下来就是确定图 B-3 所示曲线的轨迹方程即单关节机械臂的轨迹，以及机械臂平稳达到这些路径点的位置和时间。这就是机器人的轨迹规划。

机器人的轨迹规划一般分为关节空间和直角坐标空间规划两种。在关节空间进行轨迹规划是将机器人的各个关节变量表示为时间的函数，用这些关节函数及其一阶、二阶导数描述机器人的运动轨迹。

直角坐标空间轨迹规划是直接对机器人的手指或脚趾（以下简称为手爪）等控制器末端或者单关节机械臂的自由端的位置进行轨迹规划，即将手爪的位置、速度、加速度表示为时间的函数，在此基础上推导机械臂各个关节的角度、角速度和角加速度。

如果假设在一定时间内希望单关节机器人的手爪从起点移动到终点，并定义了初始时刻 t_0 的位置为起点值 η_0，结束时刻 t_f 的位置为终点值 η_f，那么应该利用直角坐标空间的轨迹规划。

现在求取一条通过起点和终点的光滑曲线函数 $\eta(t)$（作为机器人的运动轨迹）。连接两点的曲线可以有许多条，既可以是直线（距离最短），也可以是其他曲线。机械臂的运动距离越短越好，但是有时候会根据特殊需求而规划不同的运动轨迹。

首先选择一个三次多项式来做轨迹规划，即

$$\eta(t)=a_0+a_1t+a_2t^2+a_3t^3 \tag{B-1}$$

对其求导得到速度方程为

$$\dot{\eta}(t)=a_1+2a_2t+3a_3t^2 \tag{B-2}$$

在运动的起点和终点给出了轨迹函数 $\eta(t)$ 的两个位置约束条件：

$$\begin{cases}\eta(0)=\eta_0\\ \eta(t_f)=\eta_f\end{cases} \tag{B-3}$$

速度上的约束条件为

$$\begin{cases}\dot{\eta}(0)=\dot{\eta}_0\\ \dot{\eta}(t_f)=\dot{\eta}_f\end{cases} \tag{B-4}$$

将式（B-3）和式（B-4）分别带入到式（B-1）和式（B-2），利用这 4 个约束条件就可以唯一确定公式（B-1）中的 4 个参数值 a_0、a_1、a_2、a_3，即

$$\begin{cases}\eta_0=a_0\\ \eta_f=a_0+a_1t_f+a_2t_f^2+a_3t_f^3\\ \dot{\eta}_0=a_1\\ \dot{\eta}_f=a_1+2a_2t_f+3a_3t_f^2\end{cases} \tag{B-5}$$

解方程可以得到

$$\begin{cases}a_0=\eta_0\\ a_1=\dot{\eta}_0\\ a_2=\dfrac{1}{t_f^2}[3\eta_f-3\eta_0-(\dot{\eta}_f+2\dot{\eta}_0)t_f]\\ a_3=\dfrac{1}{t_f^3}[2\eta_0-2\eta_f+(\dot{\eta}_0+\dot{\eta}_f)t_f]\end{cases} \tag{B-6}$$

现在给式（B-1）再增加加速度上的约束。因此，轨迹函数的约束条件由 4 个变成了 6 个，即

$$\begin{cases}\eta(0)=\eta_0\\ \eta(t_f)=\eta_f\\ \dot{\eta}(0)=\dot{\eta}_0\\ \dot{\eta}(t_f)=\dot{\eta}_f\\ \ddot{\eta}(0)=\ddot{\eta}_0\\ \ddot{\eta}(t_f)=\ddot{\eta}_f\end{cases} \tag{B-7}$$

在约束条件变为 6 个之后，就可以相应地采用一个五次多项式来描述运动轨迹曲线，如

式（B-8）所示。事实上，曲线方程的次数越多曲线越平滑，但是计算量和控制的复杂程度也会提高。

$$\eta(t)=a_0+a_1t+a_2t^2+a_3t^3+a_4t^4+a_5t^5 \tag{B-8}$$

分别对式（B-10）取一阶和二阶导数，得到它的速度和加速度方程分别为

$$\begin{cases}\dot{\eta}(t)=a_1+2a_2t+3a_3t^2+4a_4t^3+5a_5t^4\\ \ddot{\eta}(t)=2a_2+6a_3t+12a_4t^2+20a_5t^3\end{cases} \tag{B-9}$$

将式（B-7）分别带入式（B-8）和式（B-9），得到

$$\begin{cases}\eta_0=a_0\\ \eta_f=a_0+a_1t_f+a_2t_f^2+a_3t_f^3+a_4t_f^4+a_5t_f^5\\ \dot{\eta}_0=a_1\\ \dot{\eta}_f=a_1+2a_2t_f+3a_3t_f^2+4a_4t_f^3+5a_5t_f^4\\ \ddot{\eta}_0=2a_2\\ \ddot{\eta}_f=2a_2+6a_3t_f+12a_4t_f^3+20a_5t_f^3\end{cases} \tag{B-10}$$

解上述方程组就可以得到 6 个变量的解为

$$\begin{cases}a_0=\eta_0\\ a_1=\dot{\eta}_0\\ a_2=\dfrac{\ddot{\eta}_0}{2}\\ a_3=\dfrac{20\eta_f-20\eta_0-(8\dot{\eta}_f+12\dot{\eta}_0)t_f+(\ddot{\eta}_f-3\ddot{\eta}_0)t_f^2}{2t_f^3}\\ a_4=\dfrac{30\eta_0-30\eta_f+(16\dot{\eta}_0+14\dot{\eta}_f)t_f+(3\ddot{\eta}_0-2\ddot{\eta}_f)t_f^2}{2t_f^4}\\ a_5=\dfrac{12\eta_f-12\eta_0-(6\dot{\eta}_f+6\dot{\eta}_0)t_f+(\ddot{\eta}_f-\ddot{\eta}_0)t_f^2}{2t_f^5}\end{cases} \tag{B-11}$$

将式（B-11）的结果带入式（B-8）就得到了机械臂末端（手爪）在直角坐标空间的运动轨迹函数（五次多项式），即逼近图 B-3 所示曲线的轨迹函数。

需要说明的是，无论用式（附 B-1）还是用式（B-8）来逼近机械臂末端手爪的轨迹函数，都存在较大误差，这是因为设定的机械臂存在加速、匀速和减速这 3 个区间。

为了更加精确地描述运动过程，应该在每一个区间分别求轨迹函数，因此这是一个分段函数。需要注意的是，在两个相邻区间的连接处要保证机械臂的运动位置、速度和加速度值连续，这样才能保证控制机械臂运动时在区间相接处保持稳定并且不抖动。

最后，求出手爪部位的直角坐标空间轨迹规划函数（即机器人手爪的位置变换曲线）后，还需要通过求解逆运动学方程才能转化为机械臂各关节的角度值。这是因为只有在关节空间内的各关节角度变化值才能直接控制机器人的各关节运动。

那么，在规划出机械臂手爪的运动轨迹 $\eta(t)$ 后，如何转化为关节空间的操作呢？这一

过程的步骤简述如下：

1）将某时刻 t_a 的位置作为初值 $\eta(t_a)$。

2）给时间一个小增量 Δ_t。

3）利用所选择的轨迹函数 $\eta(t)$ 计算出 $t_a+\Delta_t$ 时的位置 $\eta(t_a+\Delta_t)$。

4）利用机器人逆运动学方程，求解机械臂在 $t_a+\Delta_t$ 时各关节需要的角度值。

5）将步骤 4）的结果传递给控制器，控制机械臂各关节转动到所需角度。

6）返回到步骤 1）。

参考文献

[1] 戴凤智，乔栋. 工业机器人技术基础及其应用［M］. 北京：机械工业出版社，2020.

[2] 赵建伟. 机器人系统设计及其应用技术［M］. 北京：清华大学出版社，2017.

[3] 刘金琨. 机器人控制系统的设计与 MATLAB 仿真：先进设计方法［M］. 北京：清华大学出版社，2008.

[4] 戴凤智，张鸿涛，康奇家. 用 MATLAB 玩转机器人［M］. 北京：化学工业出版社，2017.

[5] 申雨千. 基于机器视觉的金属活塞表面缺陷检测研究［D］. 天津：天津科技大学，2021.

[6] 张宪民. 机器人技术及其应用［M］. 2 版. 北京：机械工业出版社，2017.

[7] 李言俊，张科. 自适应控制理论及应用［M］. 西安：西北工业大学出版社，2005.

[8] 霍伟. 机器人动力学与控制［M］. 北京：高等教育出版社，2005.

[9] 徐湘元. 自适应控制理论与应用［M］. 北京：电子工业出版社，2007.

[10] 董宁. 自适应控制［M］. 北京：北京理工大学出版社，2009.

[11] 吴振顺. 自适应控制理论与应用［M］. 哈尔滨：哈尔滨工业大学出版社，2005.

[12] 张秀玲. 神经网络自适应控制的进展及展望［J］. 工业仪表与自动化装置，2002（1）：10-14.

[13] 李人厚. 智能控制理论及方法［M］. 2 版. 西安：西安电子科技大学出版社，2013.

[14] 石辛民，郝整清. 模糊控制及其 MATLAB 仿真［M］. 2 版. 北京：清华大学出版社，2018.

[15] 席爱民. 模糊控制技术［M］. 西安：西安电子科技大学出版社，2008.

[16] 师黎. 智能控制理论及应用［M］. 北京：清华大学出版社，2009.

[17] 刘玉良，戴凤智，张全. 深度学习［M］. 西安：西安电子科技大学出版社，2020.

[18] 金耀初，蒋静坪. 人工神经网络在机器人控制中的应用［J］. 机器人，1992，14（6）：54-58.

[19] 姜春福，余跃庆. 神经网络在机器人控制中的研究进展［J］. 北京工业大学学报，2003，29（1）：5-11.

[20] 郑立斌，王红梅，顾寄南，等. RBF 神经网络在机器人视觉伺服控制中的应用［J］. 机床与液压，2015，43（15）：41-43.

[21] 张永飞，裴悦琨，姜艳超，等. 基于深度卷积神经网络的樱桃分级检测［J］. 食品研究与开发，2021，42（14）：138-144.

[22] 舒怀林. PID 控制与神经网络的结合及 PID 神经网络非线性控制系统［C］//中国自动化学会控制理论专业委员会. 第十九届中国控制会议论文集：二. 香港：第十九届中国控制会议，2000.

[23] 尹迪. 基于 SSVEP-BCI 的脑电信号识别及应用研究［D］. 天津：天津科技大学，2021.

[24] 叶忠用. 六轴机械臂在 SSVEP 脑机控制下在线轨迹生成问题研究［D］. 天津：天津科技大学，2020.

[25] ZHANG J H，WANG B Z，ZHANG C，et al. An EEG/EMG/EOG-based multimodal human-machine interface to real-time control of a soft robot hand［J/OL］. Switzerland：Frontiers in Neurorobotics，2019（13）.［2021-08-27］. DOI：10.3389/fnbot. 2019. 00007.